全国计算机等级考试二级教程

——MySQL 数据库程序设计

教育部教育考试院

主编　黄　靖

参编　袁　玫　覃爱明　桂　浩

高等教育出版社·北京

内容简介

本书根据教育部教育考试院最新颁布的《全国计算机等级考试二级MySQL数据库程序设计考试大纲》编写而成，内容紧扣考试大纲，取舍得当，是一本系统的考试教材。

全书共分十四章，内容包括：数据库技术的基本概念与方法、MySQL编程语言、数据定义、数据查询、数据更新、索引、视图、触发器、事件、存储过程与存储函数、访问控制与安全管理、备份与恢复、MySQL数据库的应用编程和开发实例等。书中各章后配有一定的思考与练习题，包括选择题、填空题、编程题和简答题，附录部分配有各章思考与练习题的参考答案。

图书在版编目(CIP)数据

全国计算机等级考试二级教程. MySQL数据库程序设计 / 教育部教育考试院编. --北京：高等教育出版社，2022.2（2025.2重印）

ISBN 978-7-04-057685-6

Ⅰ. ①全… Ⅱ. ①教… Ⅲ. ①电子计算机-水平考试-教材②关系数据库系统-程序设计-水平考试-教材 Ⅳ. ①TP3

中国版本图书馆CIP数据核字(2022)第012035号

策划编辑 何新权　　责任编辑 何新权　　封面设计 李树龙　　版式设计 徐艳妮

责任校对 高　歌　　责任印制 刘弘远

Quanguo Jisuanji Dengji Kaoshi Erji Jiaocheng——MySQL Shujuku Chengxu Sheji

出版发行 高等教育出版社

社　　址 北京市西城区德外大街4号

邮政编码 100120

印　　刷 北京宏伟双华印刷有限公司

开　　本 787mm×1092mm 1/16

印　　张 15.75

字　　数 380千字

购书热线 010-58581118

咨询电话 400-810-0598

网　　址 http://www.hep.edu.cn

http://www.hep.com.cn

网上订购 http://www.hepmall.com.cn

http://www.hepmall.com

http://www.hepmall.cn

版　　次 2022年2月第1版

印　　次 2025年2月第6次印刷

定　　价 33.00元

物 料 号 57685-B0

积极发展全国计算机等级考试
为培养计算机应用专门人才、促进信息产业发展作出贡献
（序）

中国科协副主席　中国系统仿真学会理事长
第五届全国计算机等级考试委员会主任委员
赵沁平

当今，人类正在步入一个以智力资源的占有和配置，知识生产、分配和使用为最重要因素的知识经济时代，也就是小平同志提出的“科学技术是第一生产力”的时代。世界各国的竞争已成为以经济为基础、以科技（特别是高科技）为先导的综合国力的竞争。在高科技中，信息科学技术是知识高度密集、学科高度综合、具有科学与技术融合特征的学科。它直接渗透到经济、文化和社会的各个领域，迅速改变着人们的工作、生活和社会的结构，是当代发展知识经济的支柱之一。

在信息科学技术中，计算机硬件及通信设施是载体，计算机软件是核心。软件是人类知识的固化，是知识经济的基本表征，软件已成为信息时代的新型“物理设施”。人类抽象的经验、知识正逐步由软件予以精确的体现。在信息时代，软件是信息化的核心，国民经济和国防建设、社会发展、人民生活都离不开软件，软件无处不在。软件产业是增长快速的朝阳产业，是具有高附加值、高投入高产出、无污染、低能耗的绿色产业。软件产业的发展将推动知识经济的进程，促进从注重量的增长向注重质的提高方向发展。软件产业是关系到国家经济安全和文化安全，体现国家综合实力，决定 21 世纪国际竞争地位的战略性产业。

为了适应知识经济发展的需要，大力促进信息产业的发展，需要在全民中普及计算机的基本知识，培养一批又一批能熟练运用计算机和软件技术的各行各业的应用型人才。

1994 年，国家教委（现教育部）推出了全国计算机等级考试，这是一种专门评价应试人员对计算机软硬件实际掌握能力的考试。它不限制报考人员的学历和年龄，从而为培养各行业计算机应用人才开辟了一条广阔的道路。

1994 年是推出全国计算机等级考试的第一年，当年参加考试的有 1 万余人，2019 年报考人数已达 647 万人。截至 2019 年年底，全国计算机等级考试共开考 57 次，考生人数累计达 8 935 万人，有 3 256 万人获得了各级计算机等级证书。

事实说明，鼓励社会各阶层人士通过各种途径掌握计算机应用技术，并通过等级考试对他们的能力予以科学、公正、权威性的认证，是一种比较好的、有效的计算机应用人才培养途径，符合我国的具体国情。等级考试同时也为用人部门录用和考核人员提供了一种测评手段。从有关公司对等级考试所作的社会抽样调查结果看，不论是管理人员还是应试人员，对该项考试的内容和

形式都给予了充分肯定。

计算机技术日新月异。全国计算机等级考试大纲顺应技术发展和社会需求的变化,从2010年开始对新版考试大纲进行调研和修订,在考试体系、考试内容、考试形式等方面都做了较大调整,希望等级考试更能反映当前计算机技术的应用实际,使培养计算机应用人才的工作更健康地向前发展。

全国计算机等级考试取得了良好的效果,这有赖于各有关单位专家在等级考试的大纲编写、试题设计、阅卷评分及效果分析等多项工作中付出的大量心血和辛勤劳动,他们为这项工作的开展作出了重要的贡献。我们在此向他们表示衷心的感谢!

我们相信,在21世纪知识经济和加快发展信息产业的形势下,在教育部考试中心的精心组织领导下,在全国各有关专家的大力配合下,全国计算机等级考试一定会以"激励引导成才,科学评价用才,服务社会选材"为目标,服务考生和社会,为我国培养计算机应用专门人才的事业作出更大的贡献。

前　言

随着我国计算机应用的进一步普及和深入，人们已经达成了一个共识：计算机知识是当代人类文化的重要组成部分；计算机应用能力是跨世纪人才不可缺少的素质。因此，许多单位把计算机知识和应用能力作为考核、录用工作人员的重要条件；许多人也在努力证实自身在这方面的实力。人们都在寻找一个统一、客观、公正的衡量标准，教育部考试中心组织的“全国计算机等级考试”自 1994 年举办以来，应试人数逐年递增，深受社会各界欢迎。

随着计算机应用的发展，等级考试的内容也在不断更新。根据教育部教育考试院最新颁布的《全国计算机等级考试二级 MySQL 数据库程序设计考试大纲》，我们编写了这本教程。本书紧扣考试大纲，内容取舍得当，是一本系统的考试教材。

全书共分十四章，内容包括：数据库技术的基本概念与方法、MySQL 编程语言、数据定义、数据查询、数据更新、索引、视图、触发器、事件、存储过程与存储函数、访问控制与安全管理、备份与恢复、MySQL 数据库的应用编程和开发实例等。本书力求在体系结构上安排合理、重点突出、难点分散，便于读者由浅入深逐步掌握；在语言叙述上注重概念清晰、逻辑性强、通俗易懂、便于自学。本书在讲解各理论知识的同时，列举了相应的例题，这些例题均在 MySQL 5.5 的环境下运行通过。根据等级考试要求，考试分为笔试和上机考试两部分。书中各章后配有一定的思考与练习题，包括选择题、填空题、编程题和简答题。其中，编程题与各章中的例题相似，以便读者上机练习；简答题则分别对应于各章的基本知识要点。为便于读者自我检查，附录部分配有各章思考与练习题的参考答案。

本书由教育部教育考试院组织编写，并由武汉理工大学黄靖老师主编，第二章、第十一章至第十四章及附录由黄靖编写，第一章和第六章由北京联合大学袁玫老师编写，第三章至第五章由首都经贸大学覃爱明老师编写，第七章至第十章由武汉大学桂浩老师编写。

华中科技大学卢炎生教授对本书进行了全面审阅。在本书的编写和出版过程中，教育部教育考试院和高等教育出版社给予了大力支持，在此一并表示衷心感谢。

由于水平有限，错误在所难免，敬请广大读者批评指正，以便我们修订改正。

编　　者

目　录

第一章　数据库技术的基本概念与方法

数据库技术诞生于20世纪60年代末期。经过几十年的发展,数据库相关的理论研究、应用技术都有了非常大的发展。数据库技术是信息系统的一项核心技术,已经成为现代计算机系统的重要组成部分。

1.1　数据库基础知识

数据库技术是计算机科学的重要分支,它能有效地帮助一个组织或企业科学、有效地管理各类信息资源。如今,作为信息系统基础与核心的数据库技术得到了广泛的应用,越来越多的应用领域都采用数据库技术进行数据的存储与处理。数据库的建设规模、数据库信息量的规模及使用频度已成为衡量一个企业、组织乃至一个国家信息化程度的重要标志。

1.1.1　数据库相关的基本概念

数据、数据库、数据库管理系统、数据库系统是与数据库技术最为密切相关的基本概念。

1. 数据

通常这样定义数据:描述事物的符号记录称为数据(Data)。数据有多种表现形式,可以是包括数字、字母、文字、特殊字符组成的文本数据,也可以是图形、图像、动画、影像、声音、语言等多媒体数据。例如,日常生活、工作中使用的客户档案记录、商品销售记录等都是数据。各种形式的数据经过数字化处理后可存入计算机,以便于进一步加工、处理、使用。

在现实世界中,人们可直接用中文、英文等自然语言描述客观事物、交流信息。在计算机中,为了存储和处理客观事物,需要抽象出所关注的事物特征。例如,在客户档案中,人们关注客户的姓名、性别、年龄、籍贯、所在城市、联系电话等特征,那么由这些具体的特征值所构成的一组数据就构成一条记录。例如,(张三,男,25,北京,上海,10012345678)就表示客户张三的信息。

需要注意的是,仅有数据记录往往不能完全表达其内容的含义,需要经过解释。例如,对于上面的客户记录,了解其含义的人会得到这样的信息:张三是男性,今年25岁,北京人,目前居住上海,他的联系电话是10012345678。而不了解数据含义的人,则难以直接从北京、上海两个地名理解所表达的意思。所以,数据以及关于该数据的解释是密切相关的。数据的解释是对数据含义的说明,也称为数据的语义。数据与其语义密不可分,没有语义的数据是没有意义和不完整的。

2. 数据库

所谓数据库(DataBase,DB),是长期储存在计算机内的、有组织的、可共享的数据集合。过去,针对一个具体应用项目,人们收集并抽取出所需的大量数据,保存起来以供进一步加工处理及使用,这些数据往往以文件的形式存放在文件柜里。如今,随着信息技术的迅猛发展,数据量急剧增加，人们借助计算机和数据库技术科学地保存和管理大量复杂的数据，以便能方便、快捷、充分地利用这些宝贵的信息资源。例如，把客户的档案记录、客户订购的商品信息、商品库存等数据有序地组织并存放在计算机内，构造客户订单的数据库，能够为企业的经营活动提供高效、准确的业务数据支持。

数据库中的数据按一定的数据模型组织、描述和存储，具有较小的冗余度、较高的数据独立性，系统易于扩展，并可以被多个用户共享。

3. 数据库管理系统

数据库管理系统（DataBase Management System，DBMS）是位于操作系统与用户之间的一层数据管理软件，是数据库系统的核心。DBMS 按照一定的数据模型科学地组织和存储数据，能够高效地获取数据，提供安全性和完整性等统一控制机制，有效地管理、维护数据，是数据库系统的核心。DBMS 的主要功能包括数据定义、数据操纵、数据库建立和维护、数据库运行管理等。

（1）数据定义

DBMS 提供数据定义语言（Data Definition Language，DDL）。用户通过 DDL 可以对数据库中的数据对象进行定义。

（2）数据操纵

DBMS 提供数据操纵语言（Data Manipulation Language，DML）。使用 DML，能够操纵数据，实现对数据库的基本操作，例如数据的查询、插入、删除和修改等。

（3）数据库的建立和维护功能

数据库的建立和维护功能主要包括数据库初始数据的输入、转换、数据库的转储、恢复、数据库的重组织功能和性能监视、分析等。这些功能通常是由一些实用程序来完成的。

（4）数据库的运行管理

数据库的建立、运用和维护等工作由 DBMS 统一管理、统一控制，以保证数据的安全性、完整性、多用户对数据的并发使用及发生故障后的系统恢复。

（5）提供方便、有效存取数据库信息的接口和工具

编程人员可通过程序开发工具与数据库接口编写数据库应用程序。数据库管理员（DataBase Administrator，DBA）可通过相应的软件工具对数据库进行管理。

4. 数据库系统

数据库系统（DataBase System，DBS）是指引入数据库技术的计算机系统。一个完整的数据库系统不仅包含数据库，还包含支持数据库的硬件、数据库管理系统及相关软件、数据库管理员和用户。在不引起混淆的情况下，常常将数据库系统简称为数据库。

1.1.2 数据库系统的特点

数据库系统主要具有以下几个方面的特点。

1. 数据结构化

在数据库系统中，数据不再针对某一应用，而是面向全局应用，具有整体的结构化。这里所说的“结构”是指数据的组织方式。不仅数据是结构化的，而且存取数据的方式也很灵活，可以存取数据库中的某一个数据项、一组数据项、一个记录或一组记录，并且数据库中的结构化数据由 DBMS 统一管理。DBMS 既管理数据的物理结构，也管理数据的逻辑结构；既考虑数据本身，

也考虑数据之间的联系。

2. 数据冗余度小

数据库系统从整体和全局上看待和描述数据，数据不仅面向某个应用，而且面向全局应用，从而可大大减少数据冗余，节约存储空间，避免因数据的重复存储和不同拷贝而造成数据之间的不一致性。例如，学生学籍管理、学校图书管理、校园卡管理等系统都要使用学生的信息，即学生信息被这些系统共享，由数据库管理系统统一进行管理。这种数据共享节约了存储空间，避免数据之间的不相容性与不一致。

3. 数据共享性好

同样，由于数据库系统是从整体和全局上看待和描述数据，使得数据不仅面向某个应用，而且面向整个系统，因此数据可以被多个用户和多个应用共享使用。数据共享可以大大减少数据冗余，节约存储空间，还能够避免由于数据冗余造成的同一数据重复存储而导致修改时的困难和可能造成数据的不一致。

4. 数据独立性高

数据独立性包括数据的物理独立性和数据的逻辑独立性。物理独立性是指用户的应用程序与存储在磁盘上数据库中的数据是相互独立的；逻辑独立性是指用户的应用程序与数据库的逻辑结构是相互独立的。也就是说，数据的逻辑结构改变了，用户程序也可以不变。数据独立性是数据库的一种特征和优点，它有利于在数据库结构改变时能保持应用程序尽可能地不改变或少改变，这样可减少应用人员的开发工作量。

5. 数据库保护

数据库管理系统具有对数据的统一管理和控制功能，主要包括数据的安全性、完整性、并发控制与故障恢复等，即数据库保护。

（1）数据的安全性

数据的安全性（Security）是指保护数据，以防止不合法的使用而造成数据的泄密和破坏，使每个用户只能按规定对某些数据以某些方式进行使用和处理，即保证只有赋予权限的用户才能访问数据库中的数据，防止对数据的非法使用。

（2）数据的完整性

数据的完整性（Integrity）是对数据的正确性、有效性和相容性要求，即控制数据在一定的范围内有效或要求数据之间满足一定的关系，保证输入到数据库中的数据满足相应的约束条件，以确保数据有效、正确。例如，确保“性别”的取值只能是“男”或“女”。

（3）并发控制

并发控制（Concurrency）是指当多个用户的并发进程同时存取、修改数据库时，可能会发生相互干扰而得到错误结果，并使得数据库的完整性遭到破坏，因而对多用户的并发操作加以控制和协调。例如，网上购买火车票的应用系统必须要确保不会由于多用户同时购买相同的车票而造成冲突、错误，即必须有并发控制的能力。

（4）故障恢复

计算机产生的硬件故障、操作员的失误以及人为的破坏都会影响数据库中数据的正确性，甚至造成数据库部分或全部数据的丢失，DBMS 必须具有将数据库从错误状态恢复到某一已知的正确状态的功能，这就是数据库的故障恢复（Recovery）。

1.1.3　数据库系统的结构

在一个组织的数据库系统中,有各种不同类型的人员(或用户)要与数据库打交道。他们从不同的角度以各自的观点来看待数据库,且所处的立足点也不同,从而形成了数据库系统不同的视图结构。因此,考察数据库系统的结构可以有多种不同的层次或不同的视角。若从数据库用户视图的视角来看,数据库系统通常采用三级模式结构,这是数据库管理系统内部的系统结构;若从数据库管理系统的角度来看,数据库系统的结构分为集中式结构、分布式结构、客户/服务器结构和并行结构,这是数据库系统的外部体系结构;若从数据库系统应用的角度来看,目前数据库系统常见的结构有客户/服务器结构和浏览器/服务器结构,这是数据库系统整体的运行结构。这里,主要介绍客户/服务器结构与浏览器/服务器结构。

1. 客户/服务器结构

在数据库系统中,数据库的使用者(如 DBA、程序设计者)可以使用命令行客户端、图形化界面管理工具或应用程序等来连接数据库管理系统,并可以通过数据库管理系统查询和处理存储在底层数据库中的各种数据。数据库系统的这种工作模式采用的就是客户/服务器(Client/Server,C/S)结构。在这种结构中,命令行客户端、图形化界面管理工具或应用程序等称为"客户端""前台"或"表示层",主要完成与数据库使用者的交互任务;而数据库管理系统则称为"服务器""后台"或"数据层",主要负责数据管理。这种操作数据库的模式也称为客户/服务器(C/S)模式,图 1.1 给出了这种工作模式的一般处理流程。

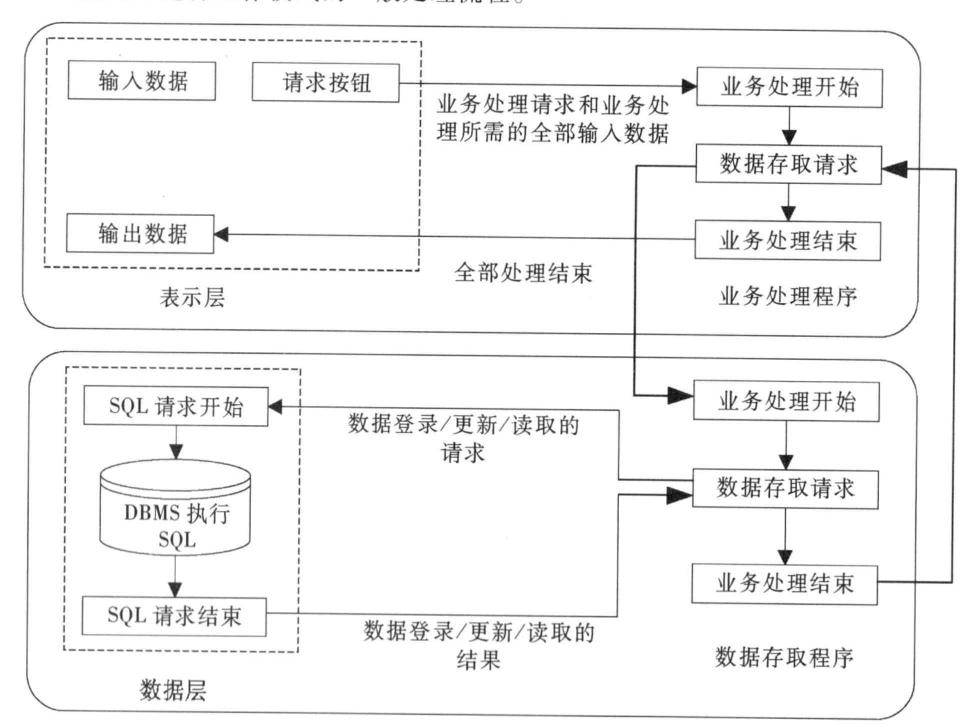

图 1.1　客户/服务器(C/S)模式的一般处理流程

在客户/服务器(C/S)模式中,客户端和服务器可以同时工作在同一台计算机上,这种工作方式称为“单机方式”;也可以“网络方式”运行,即服务器被安装和部署在网络中某一台机器上,而客户端被安装和部署在网络中不同的一台或多台主机上。客户端应用程序的开发,目前常用的工具主要有 Visual C++、.NET 框架、Delphi、Visual Basic 等。

2. 浏览器/服务器结构

浏览器/服务器(Brower/Server,B/S)结构是一种基于 Web 应用的客户/服务器结构,也称为三层客户/服务器结构。在数据库系统中,它将与数据库管理系统交互的客户端进一步细分为“表示层”和“处理层”。其中,“表示层”是数据库使用者的操作和展示界面,通常是用于上网的各种浏览器,由此减轻数据库系统中客户端的工作负担;而“处理层”也称为“中间层”,则主要负责处理数据库使用者的具体应用逻辑,它与后台的数据库管理系统共同组成功能更加丰富的“胖服务器”。数据库系统的这种工作模式被称为浏览器/服务器(B/S)模式,图 1.2 给出了这种工作模式的一般处理流程。

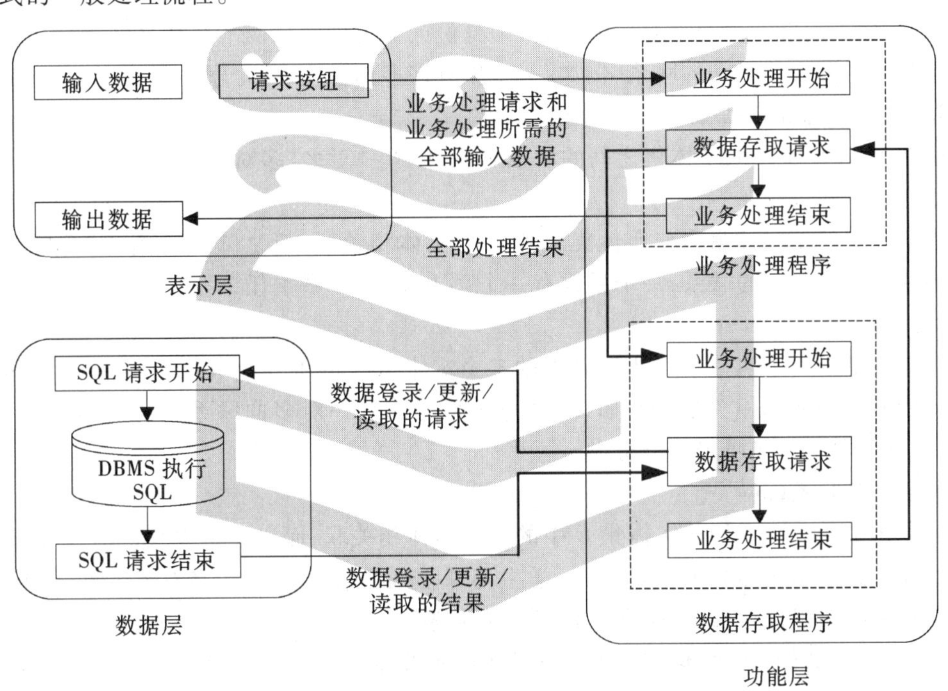

图 1.2 浏览器/服务器(B/S)模式的一般处理流程

目前,开发基于浏览器/服务器结构的数据库应用系统,主要使用的开发语言有 PHP、Java、Peal、C#等。

1.1.4 数据模型

数据库中的数据是有一定结构的,这种结构用数据模型(Data Model)表示。根据不同的应用目的,数据模型可以分为概念模型、逻辑模型和物理模型。

1. 概念模型

概念模型(Conceptual Model)用来描述现实世界的事物,与具体的计算机系统无关。现实世界是存在于人脑之外的客观世界。在设计数据库时,用概念模型来抽象、表示现实世界的各种事物及其联系。最典型的概念模型是实体联系(Entity-Relationship,E-R)模型。实体联系模型用“实体-联系”图表示,简称 E-R 图。

客观存在并可相互区别的事物称为实体(Entity)。实体可以是实际的事物,也可以是抽象的概念,如商品、学生、部门、课程、比赛等都可以作为实体。

实体的某种特性称为实体的属性(Attribute)。一个实体可以由多个属性描述。例如,学生具有学号、姓名、性别、出生日期等特性,也就是说学生实体具有学号、姓名、性别、出生日期等属性。每个学生是一个实体,所有学生构成一个实体集。

在现实世界中,事物内部的特性及各事物之间是有关系的。这些关系称为实体内部的联系及实体之间的联系(Relationship)。实体内部的联系通常是指实体各属性之间的联系,例如确定了身份证号,就一定能知道与之对应的姓名,即身份证号与姓名这两个属性之间有联系。实体之间的联系是指不同实体之间的联系,例如,一个班有许多的学生,一个学生只属于一个班级,学生与班级这两个实体之间有联系。

设有两个实体集 A、B,实体集之间的联系有一对一、一对多、多对多三种类型。

(1) 一对一联系(1∶1)

实体集 A 中一个实体最多与实体集 B 中一个实体相关联,反之亦然。例如,系与系主任两个实体的联系是一对一的联系,一个系只有一个系主任,一个系主任只在一个系任职。

(2) 一对多联系(1∶N)

实体集 A 中的一个实体与实体集 B 中的多个实体相关联,但实体集 B 中的一个实体至多与实体集 A 中的一个实体相关联。例如,班级与学生之间是一对多的联系,即每个班级包含多个学生,但是每个学生只能属于一个班级。

(3) 多对多联系(M∶N)

实体集 A 中的一个实体与实体集 B 中的多个实体相关联,而实体集 B 中的一个实体也可以与实体集 A 中的多个实体相关联。例如,学生与课程两个实体之间是多对多的联系,即一个学生可以选修多门课程,而每门课程可以有多个学生选修。

通常,使用 E-R 图(即实体-关系图)来描述现实世界的概念模型,即描述实体、实体的属性、实体之间的联系。例如,图 1.3 是一个描述学生、课程、班级等实体之间联系的 E-R 图,其中表示实体、联系、属性的图形含义如下:

- 实体:用矩形表示,矩形框内写明实体的名称。
- 属性:用椭圆形表示,并用无向边将其与相应的实体连接起来。
- 联系:用菱形表示,菱形框内写明联系的名称,并用无向边分别与有关实体连接起来,同时在无向边旁标上联系的类型(1∶1、1∶N 或 M∶N)。如果一个联系具有属性,则这些属性也要用无向边与该联系连接起来。例如图 1.3 中连接在“选课”联系上的“成绩”就是联系的属性。

说明:由于学生、课程等实体的属性较多,图 1.3 适当简化,部分属性没有标出。

2. 逻辑模型

逻辑模型(Logical Model)是具体的 DBMS 所支持的数据模型。任何 DBMS 都基于某种逻辑

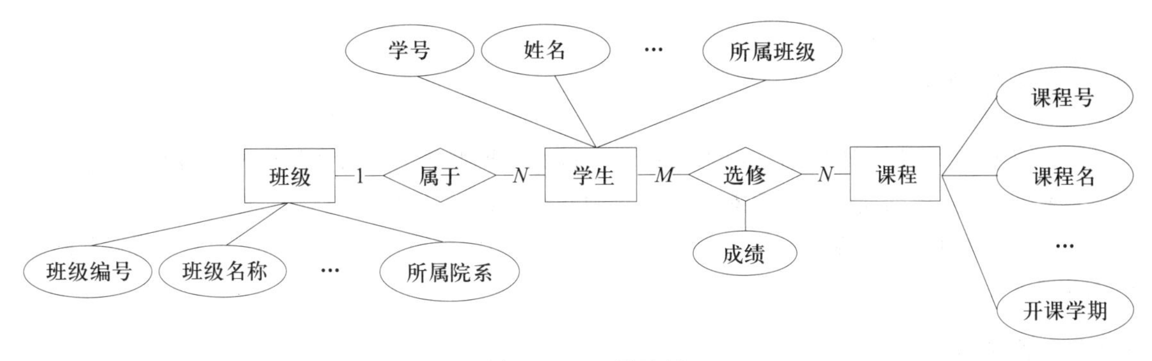

图 1.3 E-R 图示例

数据模型。主要的逻辑数据模型有层次模型(Hierarchical Model)、网状模型(Network Model)、关系模型(Relational Model)、面向对象模型(Object-Oriented Model)等。本书主要介绍关系数据库的概念、技术与方法,这里只简单介绍其他几类逻辑数据模型的基本概念。

(1) 层次模型

层次模型是数据库系统最早使用的一种数据模型,它的数据结构是一棵“有向树”,树的每个结点对应一个记录集,也就是现实世界的实体集。层次模型的特点是:有且仅有一个结点没有父结点,它称作根结点;其他结点有且仅有一个父结点。我们所熟悉的组织机构就是典型的层次结构。但现实世界实体之间的联系有很多种,层次模型难以表达实体之间比较复杂的联系。

(2) 网状模型

网状模型以网状结构表示实体与实体之间的联系。网状模型是层次模型的扩展,允许结点有多于一个父结点,并可以有一个以上的结点没有父结点。现实世界中实体集之间的联系很复杂,网状模型可以方便地表示实体间各种类型的联系,既可以表示从属的联系,也可以表示数据间的交叉联系,但结构复杂,实现的算法难以规范化。

(3) 关系模型

关系模型是用二维表结构来表示实体及实体间联系的模型,并以二维表格的形式组织数据库中的数据。目前流行的商用数据库多是基于关系模型的。支持关系模型的数据库管理系统称为关系数据库管理系统,例如 MySQL 就是一个关系数据库管理系统。有关关系模型的叙述见 1.2 节。

(4) 面向对象模型

尽管关系模型简单灵活,但是对于现实世界中一些复杂的数据结构,很难用关系模型描述。面向对象方法与数据库相结合所构成的数据模型称为面向对象模型。面向对象模型既是概念模型又是逻辑模型。面向对象数据模型用面向对象的观点来描述现实世界实体的逻辑组织、对象间的联系,其表达能力丰富,具有对象可复用、维护方便等优点,是正在发展的数据模型,也是数据库的发展方向之一。

3. 物理模型

物理模型用于描述数据在存储介质上的组织结构。每一种逻辑数据模型在实现时都有与其相对应的物理数据模型。物理数据模型不但由 DBMS 的设计决定,而且与操作系统、计算机硬件密切相关。物理数据结构一般都向用户屏蔽,用户不必了解其细节。

1.2 关系数据库

关系数据库是目前应用最广泛的数据库,它以关系模型作为逻辑数据模型,采用关系作为数据的组织方式,其数据库操作建立在关系代数的基础上,具有坚实的数学基础。关系数据库具有较高的数据独立性,当数据的存储结构发生变化时,不会影响应用程序,这样,能大大减少系统维护的工作量。

1.2.1 基本概念

关系的数据结构就是二维表。无论是实体,还是实体之间的联系,都用关系表示。从用户角度看,关系数据库以二维表格的形式组织数据,例如表 1.1 为一张学生信息登记表。

表 1.1 学生基本信息

学号	姓名	性别	出生日期	籍贯	民族	班号	身份证号
2013110101	张晓勇	男	1997-12-11	山西	汉	AC1301	×××1
2013110103	王一敏	女	1996-03-25	河北	汉	AC1301	×××2
2013110201	江山	女	1996-09-17	内蒙古	锡伯	AC1302	×××3
……							

这里以表 1.1 为示例,介绍关系模型中几个重要的基本概念。

1. 表

表(Table)也称为关系,由表名、构成表的各个列(如学号、姓名等)及若干行数据(各个学生的具体信息)组成。每个表有一个唯一的表名,表中每一行数据描述一个学生的基本信息。表的结构称为关系模式,例如表 1.1 的关系模式可以表达为:

学生基本信息(学号,姓名,性别,出生日期,籍贯,民族,班号,身份证号)

需要说明的是:以上关系模式的名称和字段名称均使用中文,但在实际的数据库应用系统中,一般不采用中文作为表名、字段名等。因为在编写数据库应用程序时,表名、字段名会作为变量名,因而使用中文标示不方便,而且更重要的是有些数据库管理系统不能很好地支持中文的表名和字段名。因此,本书中所有的数据库名、表名、字段名等均不使用中文标示,而是使用表 1.2 中的英文字段名。

表 1.2 学生信息表 tb_student 的结构定义

含义	字段名	数据类型	宽度
学号	studentNo	字符型	10
姓名	studentName	字符型	20
性别	sex	字符型	3
出生日期	birthday	日期型	
籍贯	native	字符型	20

续表

含义	字段名	数据类型	宽度
民族	nation	字符型	30
所属班级	classNo	字符型	8
身份证号	studentID	字符型	18

2. 列

表中的列(Field)也称作字段或属性。表中每一列都有一个名称,称为字段名、属性名或列名。每一列表示实体的一个属性,具有相同的数据类型。表 1.2 给出了学生信息表 tb_student 中各个字段的字段名及其数据类型的定义。

需要说明的是:在一个数据库中,表名必须唯一;在表中,字段名必须唯一,不同表中可以出现相同的字段名;表和字段的命名应尽量有意义,并尽量简单。

3. 行

表中的数据是按行存储的。表中的行(Row)也称作元组(Tuple)或记录(Record)。表中的一行即为一个元组,每行由若干字段值组成,每个字段值描述该对象的一个属性或特征。例如表 1.1 中,第一行数据表示的是学号为 2013110101、姓名为张晓勇的学生基本信息。

4. 关键字

关键字(Key)是表中能够唯一确定一个元组的属性或属性组。关键字也称作码或主键。例如表 1.1 中的学号就是关键字,因为若给定学号,就可以唯一确定一个学生的各项基本信息。有些情况下,需要几个属性(即属性集合)才能唯一确定一条记录。例如,对于表 1.3 所示的成绩表,仅仅确定学号或课程号,都不能唯一确定某个学生具体一门课程的成绩。所以,成绩表的主键是学号、课程号两个属性。

表 1.3 成绩表 tb_score

含义	字段名	数据类型	宽度
学号	studentNo	字符型	10
课程号	courseNo	字符型	6
开课学期	term	字符型	5
成绩	score	数值型	

5. 候选键

如果一个表中具有多个能够唯一标识一个元组的属性,则这些属性称为候选键。例如,表 1.1 中身份证号就是一个候选键,因为若给定学号或者身份证号,都可以确定一个学生的全部基本信息,因此学号和身份证号都是候选键。候选键中任选一个可作为主键。

6. 外部关键字

外部关键字(Foreign Key)也称作外键。如果表的一个字段不是本表的主键或候选键,而是另外一个表的主键或候选键,则该字段称为外键。例如,表 1.4 中班级编号 classNo 是班级表的主键,而该属性又是学生信息表 tb_student(表 1.2)的一个属性,则属性 classNo 称为学生信息表

tb_student 的外键。

表 1.4 班级表 tb_class 的结构定义

含义	字段名	数据类型	宽度
班级编号	classNo	字符型	8
班级名称	className	字符型	20
所属院系	department	字符型	30
入学时间	enrollTime	日期型	
班级最大人数	classNum	数值型	

7. 域

域(Domain)表示属性的取值范围。例如,表 1.1 中“性别”字段的取值范围是“男”或“女”,“出生日期”字段的值应该是合法的日期。

8. 数据类型

表中每个列都有相应的数据类型,它限制(或容许)该列中存储的数据。每个字段表示同一类信息,具有相同的数据类型。例如,表 1.2 中“姓名”字段的数据类型是字符类型,其对应表示学生的姓名。

1.2.2 基本性质

关系数据库具有下列基本性质:

- 关系必须满足最基本的要求,即:每一列都必须是不可再分的数据项。
- 表的任意两个元组不能完全相同。即使完全相同的记录,在数据库中也必须予以区别。如有两个同名同姓的学生,出生日期等信息也完全相同,则通过学号予以区别。
- 表中每一列是同一数据类型,且列的值来自相同的域。
- 不同列的值可以出自同一个域,但列名不能相同。
- 表中列的顺序可以任意交换,行的顺序也可以任意交换。

1.3 数据库设计基础

数据库设计是建立数据库及其应用系统的一项重要工作,也是信息系统开发和建设中的核心技术。具体而言,数据库设计是指对于一个给定的应用环境,构造最优的数据库模式,建立数据库,使之能够有效地存储数据,满足各种用户的应用需求、信息需求和处理需求。在数据库领域里,通常把使用数据库的各类系统统称为数据库应用系统。在数据库设计中,数据库结构的设计是非常重要的工作。如果数据库结构设计得不合理,即使在性能良好的环境平台及 DBMS 中,也难以使数据库达到最佳运行状态。

1.3.1 数据库设计的步骤

数据库设计有不同的方法。比较常用的数据库设计方法将数据库设计分为六个阶段:需求分析、概念结构设计、逻辑结构设计、物理结构设计、数据库实施、数据库运行与维护。

1. 需求分析

进行数据库设计首先必须了解、分析用户的应用需求,确定用户要实现什么功能,涉及哪些数据,对数据有什么处理要求,等等。需求分析是整个设计工作的基础。

2. 概念结构设计

通过对用户需求及数据的分析与综合,形成独立于具体的 DBMS 的概念模型,这就是概念结构设计。概念结构是对现实世界的一种抽象。概念模型应该充分反映客观现实世界,易于理解、修改,易于转化为某种具体的数据模型,如关系、网状、层次等模型。最常用的概念结构描述方式是 E-R 图。

3. 逻辑结构设计

逻辑结构设计是把概念结构转换为某个 DBMS 所支持的数据模型,并进行优化。例如,把用 E-R 图描述的概念模型转换为关系数据模型。

4. 物理结构设计

数据库的物理结构设计是为逻辑数据模型选取一个最适合应用环境的物理结构。关系数据库中的物理结构设计主要指设计存储结构和存取方法。

5. 数据库实施

在数据库实施阶段,设计人员运用 DBMS 提供的数据语言、工具及宿主语言,根据逻辑结构和物理结构设计的结果建立数据库,编制与调试应用程序,组织数据入库,并进行试运行。

6. 数据库运行与维护

数据库应用系统经过试运行后即可投入正式运行。在数据库运行期间,需要不断对其进行维护、调整、修改、评价。对数据库经常性的维护工作主要由数据库管理员 DBA 完成,包括数据库的备份与恢复、数据库的安全性、完整性控制等。

1.3.2 关系数据库设计的方法

关系数据库的设计遵从数据库设计的步骤。这里限于篇幅及本书的定位,仅简单介绍关系数据库的概念结构与逻辑结构的设计方法。

1. 概念结构的设计方法

概念结构设计就是将需求分析得到的用户需求抽象为信息结构(即概念模型)的过程,它是整个数据库设计的关键。其中,通常使用 E-R 图来描述现实世界的概念模型。这里以某单位员工信息管理系统为例,给出它的一种 E-R 图描述,如图 1.4 所示。

该 E-R 图中,描述了员工信息管理系统中的四种实体,即“用户”“用户组”“部门”和“权限”,以及每个实体所涉及的多个属性。另外,该图还描述了实体间的联系,分别是:

- “用户组”实体与“用户”实体间的一对多联系,表示每个用户属于一个用户组,一个用户组有多个用户,其联系的名称为“属于”。
- “部门”实体与“用户”实体间的一对多联系,表示一个部门包含多个用户,每个用户只在一个部门,其联系的名称为“包含”。
- “用户组”实体与“权限”实体间的多对多联系,表示一种权限可以分配给多个用户组,每个用户组可以拥有多种权限,其联系的名称为“拥有”。

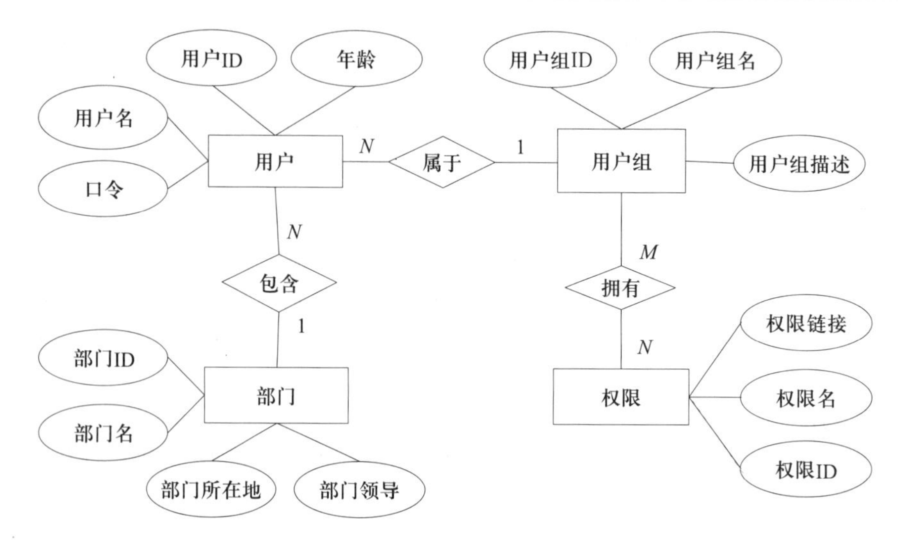

图 1.4 员工信息管理系统的 E-R 图

2. 逻辑结构的设计方法

逻辑结构设计的任务就是把概念结构设计阶段已设计好的基本 E-R 图转换为关系模型。关系模型的逻辑结构是一组关系模式的集合,而 E-R 图则是由实体、实体的属性和实体间的联系三个要素所组成的。所以,将 E-R 图转换为关系模型实际上就是要将实体、实体的属性和实体间的联系转换为某种关系模式。这种转换一般遵守以下原则:

(1) 一个实体型转换为一个关系模式。实体的属性作为关系的属性,实体的码作为关系的码。

(2) 一个一对一(1∶1)联系可以转换为一个独立的关系模式,也可以与任意一端对应的关系模式合并。如果转换为一个独立的关系模式,则与该联系相连的各实体的码以及联系本身的属性均转换为关系的属性,每个实体的码均是该关系的候选码;如果与某一端实体对应的关系模式合并,则需要在该关系模式的属性中加入另一个关系模式的码和联系本身的属性。

(3) 一个一对多(1∶*N*)联系可以转换为一个独立的关系模式,也可以与 *N* 端对应的关系模式合并。如果转换为一个独立的关系模式,则与该联系相连的各实体的码以及联系本身的属性均转换为关系的属性,而关系的码为 *N* 端实体的码。

(4) 一个多对多(*M*∶*N*)联系转换为一个关系模式。与该联系相连的各实体的码以及联系本身的属性均转换为关系的属性,而关系的码为各实体码的组合。

(5) 三个或三个以上实体间的一个多元联系可以转换为一个关系模式。与该多元联系相连的各实体的码以及联系本身的属性均转换为关系的属性,而关系的码为各实体码的组合。

(6) 具有相同码的关系模式可合并。

基于上述 E-R 图转换为关系模型的方法,可将图 1.4 所示的 E-R 图转换为下面五种关系,其中主键用下画线标识。

- 用户(<u>用户 ID</u>,用户名,口令,年龄,所属用户组,所在部门)
- 用户组(<u>用户组 ID</u>,用户组名,用户组描述)
- 部门(<u>部门 ID</u>,部门名,部门所在地,部门领导)

- 权限(权限 ID,权限名称,权限链接)
- 拥有(ID 号,用户组 ID,权限 ID)

这是因为“用户组”关系和“用户”关系之间是一对多联系、“部门”关系和“用户”关系之间是一对多联系、“用户组”关系与“权限”关系之间是多对多联系,那么“用户组”关系的主键可作为“用户”关系的外键加到“用户”关系中,表示用户隶属的用户组。同样,“部门”关系的主键也可作为外键加到“用户”关系中,表示用户所在的部门。而在“用户组”关系与“权限”关系之间可增加一个中间关系“拥有”,该关系用于包含“用户组”关系与“权限”关系各自的主键作为其外键。同时,“用户”关系、“用户组”关系、“部门”关系和“权限”关系分别包含了各自的基本属性信息。

1.4 MySQL 概述

MySQL 是一个关系数据库管理系统,由瑞典 MySQL AB 公司开发,目前属于 Oracle 公司。尽管与其他大型数据库例如 Oracle、DB2、SQL Server 等相比,MySQL 还有一些不足之处,但由于其具有体积小、速度快、开放源代码等特点,许多中小型网站为了降低总体拥有成本而选择 MySQL 作为网站的数据库管理系统。如今 MySQL 已被广泛应用于互联网上各类中小型网站以及一些信息管理系统的应用开发。

1.4.1 MySQL 系统特性

MySQL 数据库管理系统具有以下一些特性:

- MySQL 系统使用 C 和 C++编写,并使用了多种编译器进行测试,保证了源代码具有可移植性。
- 支持多种操作系统平台,如 Linux、Windows、Mac OS、Novell Netware、OpenBSD、OS/2 Wrap、Solaris 等。
- 为多种编程语言提供了应用程序编程接口(Application Programming Interface, API),如 C、C++、Python、Java、Perl、PHP、Eiffel、Ruby 等,便于应用程序的开发。
- 支持多线程服务,可充分利用 CPU 资源。
- 优化的 SQL 查询算法,能有效地提高查询速度。
- 既能够作为一个单独的应用程序运行,也能够作为一个库而嵌入到其他的软件中。
- 提供多语言支持,常见的编码如中文的 GB2312、BIG5 等都可以用作数据表名和数据列名。不过,实际应用中还是要避免用中文作为数据表名或列名。
- 提供多种连接数据库的途径,如 TCP/IP、ODBC 和 JDBC 等。
- 提供用于管理、检查、优化数据库操作的管理工具。
- 可以支持拥有上千万条记录的大型数据库应用,数据类型丰富。
- 支持多种存储引擎。

目前,用 MySQL 数据库管理系统构建网站与信息管理系统的应用环境主要有两种架构方式:LAMP 和 WAMP。

LAMP(Linux + Apache + MySQL + PHP/Perl/Python)即使用 Linux 作为操作系统,Apache

作为 Web 服务器，MySQL 作为数据库管理系统，PHP/Perl/Python 作为服务器端脚本解释器。LAMP 架构的所有组成产品均是开源软件。与 J2EE 架构相比，LAMP 具有 Web 资源丰富、轻量、快速开发等特点。与微软的.NET 架构相比，LAMP 具有通用、跨平台、高性能、低价格的特点。

WAMP（Windows + Apache + MySQL + PHP/Perl/Python）即使用 Windows 作为操作系统，Apache 作为 Web 服务器，MySQL 作为数据库管理系统，PHP/Perl/Python 作为服务器端脚本解释器。

1.4.2　MySQL 服务器的安装与配置

MySQL 开放源代码，允许任何人使用和修改该软件，因此任何人均可以从 Internet 上下载和使用 MySQL，而不需要支付任何费用。使用者可以根据自身的操作系统平台，从 http://dev.mysql.com/downloads/mysql 上免费下载对应的 MySQL 服务器安装包。

MySQL 版本不断在更新，为方便初学者学习和掌握 MySQL 的使用，本书以 MySQL5.5.25a 为介绍版本，其在 Windows XP 操作系统下的具体安装和配置过程见附录 3。这里，简要介绍在安装与配置过程中需要注意的几个问题。

（1）MySQL 服务器类型的选择

作为 MySQL 的初学者，选择 MySQL 服务器的类型为“Developer Machine（开发者机器）”即可。

（2）MySQL 的存储引擎

确定数据库使用情况时，选择“Multifunction Database（多功能数据库）”。这种数据库能够支持常用的 MyISAM 和 InnoDB 两种存储引擎。

MySQL 中的数据可以采用不同的技术存储在文件（或者内存）中。这些技术对应着不同的存储机制、索引技术以及相应的处理功能和能力，这些技术被称为存储引擎（也称作表类型）。每种存储引擎有各自的特点，适用于不同的应用。其中，MyISAM 和 InnoDB 就是两类常用的 MySQL 存储引擎。

（3）字符集设置

字符集的选择影响着数据库能否正常显示中文字符。因此，要手动（Manual）设置字符集，选择 GB2312（简体中文），这样才能确保数据库中存储的中文字符能够正常地保存和读取，否则会出现乱码。

（4）配置文件

在 MySQL 服务器的安装和配置过程正常结束之后，在 MySQL 主目录（如“C:\Program Files\MySQL\MySQL Server 5.5”）下会生成一个 my.ini 文件，这是 MySQL 的选项文件，在 MySQL 启动时会自动加载该文件中的一些选项，因此使用者可以通过修改 my.ini 文件来修改 MySQL 的一些默认设置。

（5）数据文件存放位置

MySQL 有一个用于存放数据库文件的 data 目录，默认路径为“C:\Documents and Settings\All Users\Application Data\MySQL\MySQL Server 5.5\data”，在 data 目录中 MySQL 为每一个数据库建立一个与数据库同名的文件夹，所有表文件存放在相应的数据库文件夹中。

1.4.3 MySQL 服务器的启动与关闭

MySQL 服务器安装完毕后，可随时通过手工方式在本机上对其进行启动和关闭。具体操作如下：

（1）在“Windows XP 开始菜单”→“运行”→“打开”的文本框中输入“services.msc”命令，出现如图 1.5 所示的本地服务列表对话框。

（2）然后，选中服务列表中的“MySQL”服务，打开“服务”。此时可使用该对话框中的“关闭”“暂停”和“启动”等功能按钮对其操作。

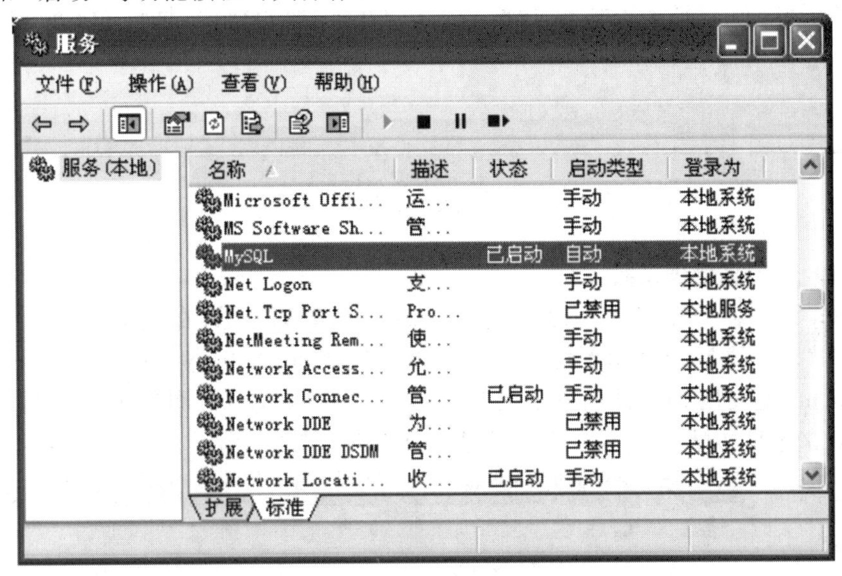

图 1.5 本地服务列表

1.4.4 MySQL 客户端管理工具

正确安装和配置 MySQL 服务器后，用户可选用自己熟悉的 MySQL 客户端工具来连接和管理 MySQL 服务器，从而能以 C/S 或 B/S 的工作模式进行各种数据库操作。

以下是几类常用的 MySQL 客户端管理工具。

1. MySQL 命令行客户端

MySQL 命令行客户端是在安装 MySQL 的过程中被自动配置到计算机上的，以 C/S 工作模式连接和管理 MySQL 服务器。在装载有 MySQL 服务器的计算机上，可以通过“Windows 开始菜单”→“所有程序”→“MySQL”→“MySQL Server 5.5”→“MySQL 5.5 Command Line Client”进入到 MySQL 命令行客户端。然后，在命令行客户端窗口输入管理员口令，就能以 root 用户身份登录到 MySQL 服务器了，此时在窗口中会出现如图 1.6 所示的命令行提示符“mysql>”。在该提示符下，可以输入各种 SQL 语句对数据库进行操作。当然，也可以切换成其他用户登录 MySQL 服务器。

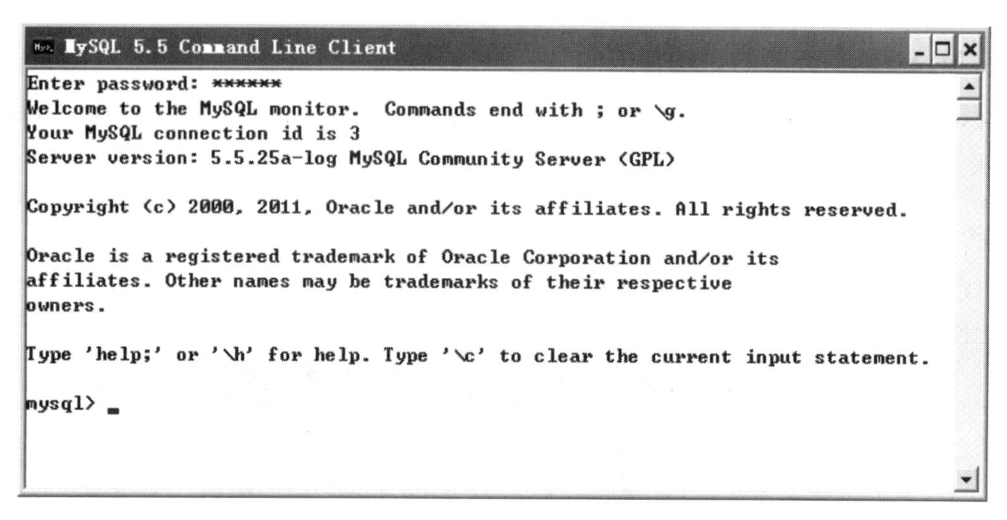

图 1.6　MySQL 命令行客户端

2. MySQL 图形化管理工具

相对于命令行客户端管理工具，MySQL 图形化管理工具在操作上更直观和便捷。phpMyAdmin 就是一种 MySQL 图形化管理工具，其可以从 http://www.phpmyadmin.net/下载。

phpMyAdmin 是使用 PHP 语言开发的基于 Web 方式的 MySQL 图形化管理工具，它可通过 B/S 工作模式来连接和操作 MySQL 服务器，其界面如图 1.7 所示。

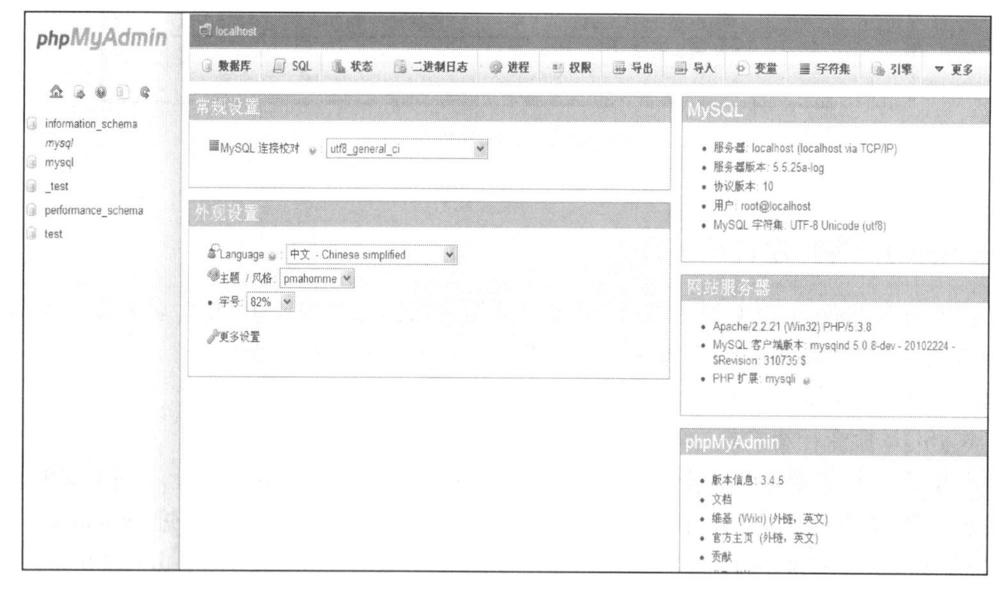

图 1.7　phpMyAdmin 运行界面

通过使用 phpMyAdmin，数据库管理员和 Web 开发人员均可以在图形化界面中方便地完成各种数据库管理任务，而无须使用 SQL 语句。phpMyAdmin 的主要功能有：

- 管理数据库，包括创建和删除数据库等操作。

● 管理数据表,包括创建、复制、删除、修改表等操作;字段的删除、编辑、添加等操作;管理表的主键、外键等。

● 执行任何 SQL 语句,包括批查询。

● 管理数据,包括将文本文件输入到数据表。

目前,phpMyAdmin 使用者众多,可支持中文,管理十分便捷。不足之处在于对大数据库的备份和恢复不是很方便。

思考与练习

一、选择题

1. 数据库系统的核心是________。

A) 数据模型　B) 数据库管理系统　C) 数据库　D) 数据库管理员

2. E-R 图提供了表示信息世界中的方法,主要有实体、属性和________。

A) 数据　B) 联系　C) 表　D) 模式

3. E-R 图是数据库设计的工具之一,它一般适用于建立数据库的________。

A) 概念模型　B) 结构模型　C) 物理模型　D) 逻辑模型

4. 将 E-R 图转换到关系模式时,实体与联系都可以表示成________。

A) 属性　B) 关系　C) 键　D) 域

5. 在关系数据库设计中,设计关系模式属于数据库设计的________。

A) 需求分析阶段　B) 概念设计阶段　C) 逻辑设计阶段　D) 物理设计阶段

6. 从 E-R 模型向关系模型转换,一个 $M:N$ 的联系转换成一个关系模式时,该关系模式的键是________。

A) M 端实体的键　B) N 端实体的键

C) M 端实体键与 N 端实体键组合　D) 重新选取其他属性

7. DBMS 的中文含义是________。

A) 数据库　B) 数据库管理员　C) 数据库系统　D) 数据库管理系统

8. 以下不属于数据模型的是________。

A) 关系模型　B) 网络模型　C) 网状模型　D) 层次模型

9. 以下不属于数据库保护的是________。

A) 数据结构化　B) 安全性　C) 故障恢复　D) 并发控制

10. 在关系 R 中,属性 A 不是主键,而是另一个关系 S 的主键,则在 R 中,属性 A 是________。

A) R 的候选键　B) R 的外键　C) S 的候选键　D) S 的外键

二、填空题

1. 数据库系统的运行与应用结构有客户/服务器结构(C/S 结构)和________两种。

2. 用二维表结构表示实体以及实体间联系的数据模型称为________数据模型。

3. 数据库设计的步骤包括需求分析、概念结构设计、________、物理结构设计、________和数据库运行与维护。

4. 在 E-R 图中,矩形表示________。

三、简答题

1. 请简述什么是数据库管理系统,以及它的主要功能有哪些?

2. 请简述什么是数据库系统?

3. 请简述 C/S 结构与 B/S 结构的区别。
4. 请列举 MySQL 的系统特性。
5. 请完成安装、配置 MySQL 的工作。

第二章　MySQL 编程语言

MySQL 服务器正确安装完毕后,就在机器系统上搭建好了一个完整的 DBMS,此时数据库的使用者可以通过命令行或者图形化界面等多种客户端实用工具,来建立与 MySQL 数据库服务器的连接,从而实施各种数据库相关的操作。然而,不论使用哪种方式的客户端工具,其与 MySQL 数据库服务器的交互实质,都是通过结构化查询语言(Structured Query Language,SQL)来实现的,所以 SQL 是各类数据库交互方式的基础。因而,本书主要采用命令行纯文本的方式,重点介绍 MySQL 数据库交互过程中常用 SQL 语句的语法及使用,这有助于读者更好地理解和掌握 MySQL 数据库的理论基础与操作实践,同时也有利于今后学习 MySQL 的一些高级特性。

2.1　结构化查询语言 SQL

SQL 是结构化查询语言(Structured Query Language)的英文首字母,它是一种专门用来与数据库通信的语言。与其他程序设计语言(如 Java、C 等)不同,SQL 由很少的词构成,这些词称为关键字,每个 SQL 语句都是由一个或多个关键字构成的。设计 SQL 的目的就是要能够很好地提供一种从数据库中读写数据的简单而有效的方法。SQL 具有如下优点:

- SQL 不是某个特定数据库供应商专有的语言,所有关系数据库都支持 SQL。
- SQL 简单易学。它的语句全都是由具有很强描述性的英语单词所组成,而且这些单词的数目不多。
- SQL 尽管看上去很简单,但它实际上是一种强有力的语言,灵活使用其语言元素,可以进行非常复杂和高级的数据库操作。

当前,尽管许多 DBMS 供应商通过增加语句或指令的方式,对 SQL 进行了各自的扩展,但它们仍然遵循标准 SQL(即 ANSI SQL),并以标准 SQL 为主体,MySQL 也不例外。它们这种扩展的目的主要是为了提供执行特定操作的额外功能或简化方法。因此,读者对于 MySQL 数据库交互操作的学习,应以 SQL 为基础,切实多动手实践,这样才能真正掌握和灵活应用。

另外,还需要指出的是,SQL 语句不区分大小写。许多 SQL 开发人员习惯于对所有 SQL 关键字使用大写,而对所有列和表的名称使用小写,这样的书写方式可使代码更易于阅读和调试,本书中的例子也将按照这个方式给出。

2.2　MySQL 语言组成

MySQL 数据库所支持的 SQL 语言主要包含以下几个部分。

1. 数据定义语言(DDL)

数据定义语言主要用于对数据库及数据库中的各种对象进行创建、删除、修改等操作。其中,数据库对象主要有表、默认约束、规则、视图、触发器、存储过程等。

数据定义语言包括的主要SQL语句有以下三个:

- CREATE:用于创建数据库或数据库对象。
- ALTER:用于对数据库或数据库对象进行修改。
- DROP:用于删除数据库或数据库对象。

对于不同的数据库对象,这三个SQL语句所使用的语法格式是不同的。

2. 数据操纵语言(DML)

数据操纵语言主要用于操纵数据库中各种对象,特别是检索和修改数据。数据操纵语言包括的主要SQL语句如下:

- SELECT:用于从表或视图中检索数据,是使用最为频繁的SQL语句之一。
- INSERT:用于将数据插入到表或视图中。
- UPDATE:用于修改表或视图中的数据,其既可修改表或视图中的一行数据,也可同时修改多行或全部数据。
- DELETE:用于从表或视图中删除数据,其中可根据条件删除指定的数据。

3. 数据控制语言(DCL)

数据控制语言主要用于安全管理,例如确定哪些用户可以查看或修改数据库中的数据。数据控制语言包括的主要SQL语句如下:

- GRANT:用于授予权限,可把语句许可或对象许可的权限授予其他用户和角色。
- REVOKE:用于收回权限,其功能与GRANT相反,但不影响该用户或角色从其他角色中作为成员继承的许可权限。

4. MySQL扩展增加的语言要素

这部分不是标准SQL所包含的内容,而是为了用户编程的方便所增加的语言要素。这些语言要素包括常量、变量、运算符、表达式、函数、流程控制语句和注解等。

(1) 常量

常量是指在程序运行过程中值不变的量,也称为字面值或标量值。常量的使用格式取决于值的数据类型,可分为字符串常量、数值常量、十六进制常量、时间日期常量、位字段值、布尔值和NULL值。

- 字符串常量:是指用单引号或双引号括起来的字符序列,分为ASCII字符串常量和Unicode字符串常量。
- 数值常量:可以分为整数常量和浮点数常量。其中,整数常量是不带小数点的十进制数,浮点数常量则是使用小数点的数值常量。
- 十六进制常量:一个十六进制值通常指定为一个字符串常量,每对十六进制数字被转换为一个字符,其最前面有一个大写字母“X”或小写字母“x”。
- 日期时间常量:是用单引号将表示日期时间的字符串括起来而构成的。
- 位字段值:可以使用b'value'格式符号书写位字段值。其中,value是一个用0或1书写的二进制值。位字段符号可以方便地指定分配给BIT列的值。

• 布尔值:只包含两个可能的值,分别是 TRUE 和 FALSE。其中,FALSE 的数字值是“0”,TRUE 的数字值是“1”。

• NULL 值:通常用于表示“没有值”“无数据”等意义,它与数字类型的“0”或字符串类型的空字符串是完全不同的。

(2) 变量

变量用于临时存放数据,变量中的数据可以随着程序的运行而变化。变量有名字和数据类型两个属性。其中,变量的名字用于标识变量,变量的数据类型用于确定变量中存放数值的格式和可执行的运算。

在 MySQL 中,变量分为用户变量和系统变量。在使用时,用户变量前常添加一个符号“@”,用于将其与列名区分开;而大多数系统变量应用于其他 SQL 语句中时,必须在系统变量名称前添加两个“@”符号。

(3) 运算符

MySQL 提供了这样几类编程语言中常用的运算符:算术运算符、位运算符、比较运算符、逻辑运算符。

• 算术运算符有:+(加)、-(减)、*(乘)、/(除)和%(求模)5 种运算。

• 位运算符有:&(位与)、|(位或)、^(位异或)、~(位取反)、>>(位右移)、<<(位左移)。

• 比较运算符有:=(等于)、>(大于)、<(小于)、>=(大于等于)、<=(小于等于)、<>(不等于)、!=(不等于)、<=>(相等或都等于空)。

• 逻辑运算符有:NOT 或!(逻辑非)、AND 或 &&(逻辑与)、OR 或 ‖(逻辑或)、XOR(逻辑异或)。

(4) 表达式

表达式是常量、变量、列名、复杂计算、运算符和函数的组合。一个表达式通常可以得到一个值。与常量、变量一样,表达式的值也具有某种数据类型,可能的数据类型有字符类型、数值类型、日期时间类型。因而,根据表达式的值的数据类型,表达式可分为字符型表达式、数值型表达式和日期表达式。

(5) 内置函数

在编写 MySQL 数据库程序时,通常可直接调用系统提供的内置函数来对数据库表进行相关操作。MySQL 中包含了 100 多个函数,大致可分为这样几类:

• 数学函数。例如,ABS()函数、SORT()函数。
• 聚合函数。例如,COUNT()函数。
• 字符串函数。例如,ASCII()函数、CHAR()函数。
• 日期和时间函数。例如,NOW()函数、YEAR()函数。
• 加密函数。例如,ENCODE()函数、ENCRYPT()函数。
• 控制流程函数。例如,IF()函数、IFNULL()函数。
• 格式化函数。例如,FORMAT()函数。
• 类型转换函数。例如,CAST()函数。
• 系统信息函数。例如,USER()函数、VERSION()函数。

2.3 MySQL 函数

MySQL 函数是 MySQL 数据库提供的内置函数。这些内置函数可以帮助用户更加方便地处理表中的数据。本节将简单介绍 MySQL 中包含的几类常用函数。MySQL 的内置函数不但可以在 SELECT 语句中使用,同样也可以应用在 INSERT、UPDATE 和 DELETE 等语句中。例如,在 INSERT 语句中,使用日期和时间函数可以获取系统的当前时间,并且将该时间数据添加到数据表中。

2.3.1 聚合函数

使用聚合函数,可实现根据一组数据求出一个值。注意,聚合函数的结果值只根据选定数据行中非 NULL 的值进行计算,NULL 值则被忽略。这里介绍几个常用的聚合函数。

1. COUNT( )函数

COUNT( )函数,对于除"＊"以外的任何参数,返回所选择集合中非 NULL 值的行的数目;对于参数"＊",则返回所选择集合中所有行的数目,包含 NULL 值的行。没有 WHERE 子句的 COUNT(＊)是经过内部优化的,能够快速地返回表中所有的记录总数。

例 2.1 使用 COUNT( )函数统计 tb_student 表中的记录数。

在 MySQL 命令行客户端输入如下 SQL 语句即可:

```
mysql> SELECT COUNT( * ) FROM tb_student;
```

执行结果如下所示:

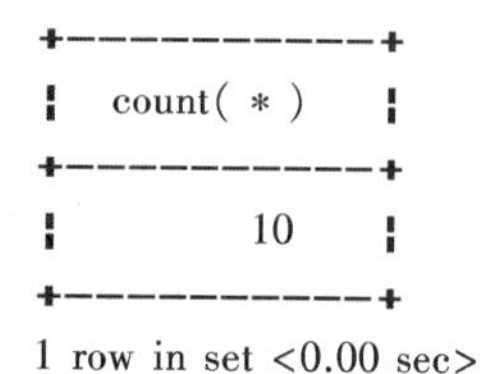

```
+-----------+
| count( * ) |
+-----------+
|        10 |
+-----------+
1 row in set <0.00 sec>
```

这个结果显示,tb_student 表中总共有 10 条记录。

2. SUM( )函数

SUM( )函数可以求出表中某个字段取值的总和。

例 2.2 使用 SUM( )函数统计 tb_score 表中分数字段(score)的总和。

在 MySQL 命令行客户端输入如下 SQL 语句即可:

```
mysql> SELECT SUM(score) FROM tb_score;
```

执行结果如下所示:

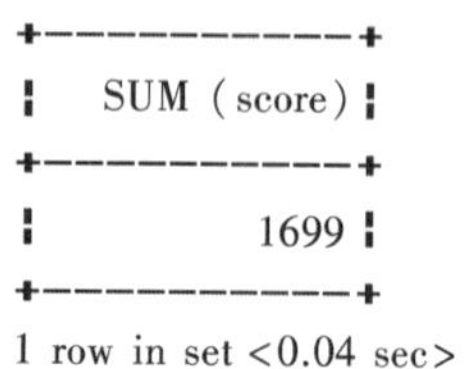

```
+-----------+
| SUM (score) |
+-----------+
|      1699 |
+-----------+
1 row in set <0.04 sec>
```

结果显示,score 字段的总和为 1699。

3. AVG( )函数

AVG( )函数可以求出表中某个字段取值的平均值。

例 2.3 使用 AVG( )函数统计 tb_score 表中分数字段(score)的平均值。

在 MySQL 命令行客户端输入如下 SQL 语句即可:

```
mysql> SELECT AVG(score) FROM tb_score;
```

执行结果如下所示:

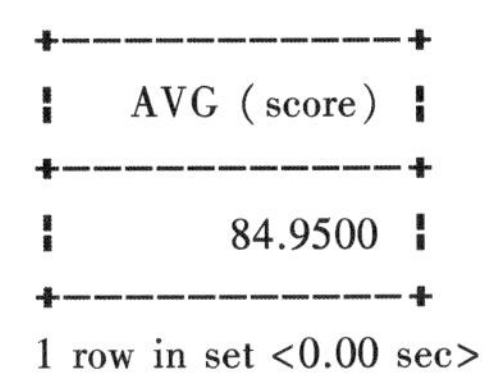

```
+------------+
| AVG (score) |
+------------+
|    84.9500 |
+------------+
1 row in set <0.00 sec>
```

结果显示,score 字段的平均值为 84.95。

4. MAX( )函数

MAX( )函数可以求出表中某个字段取值的最大值。

例 2.4 使用 MAX( )函数统计 tb_score 表中分数字段(score)的最大值。

在 MySQL 命令行客户端输入如下 SQL 语句即可:

```
mysql> SELECT MAX(score) FROM tb_score;
```

执行结果如下所示:

```
+------------+
| MAX(score) |
+------------+
|         95 |
+------------+
1 row in set <0.04 sec>
```

结果显示,score 字段的最大值为 95。

5. MIN( )函数

MIN( )函数可以求出表中某个字段取值的最小值。

例 2.5 使用 MIN( )函数统计 tb_score 表中分数字段(score)的最小值。

在 MySQL 命令行客户端输入如下 SQL 语句即可:

```
mysql> SELECT MIN(score) FROM tb_score;
```

执行结果如下所示:

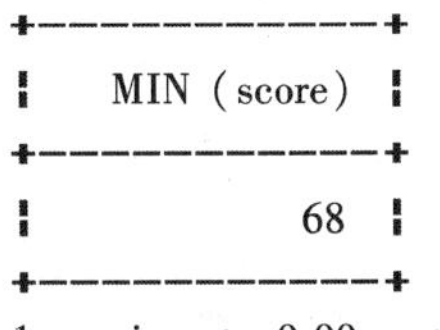

```
+------------+
| MIN (score) |
+------------+
|         68 |
+------------+
1 row in set <0.00 sec>
```

结果显示,score 字段的最小值为 68。

2.3.2 数学函数

数学函数主要用于处理数字,包括整型和浮点型等。这里介绍几个常用的数学函数。

1. ABS( )函数

ABS( )函数可以求出表中某个字段取值的绝对值。

例 2.6 使用 ABS( )函数求 5 和-5 的绝对值。

在 MySQL 命令行客户端输入如下 SQL 语句即可:

```
mysql> SELECT ABS(5), ABS(-5);
```

执行结果如下所示:

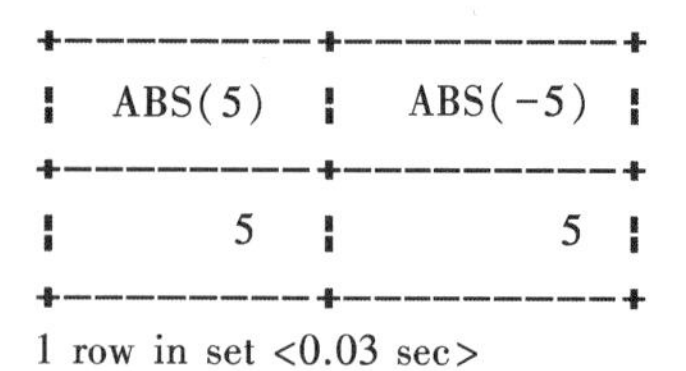

ABS(5)	ABS(-5)
5	5

1 row in set <0.03 sec>

2. FLOOR( )函数

FLOOR(x)函数用于返回小于或等于参数 x 的最大整数。

例 2.7 使用 FLOOR( )函数求小于或等于 1.5 及-2 的最大整数。

在 MySQL 命令行客户端输入如下 SQL 语句即可:

```
mysql> SELECT FLOOR(1.5), FLOOR(-2);
```

执行结果如下所示:

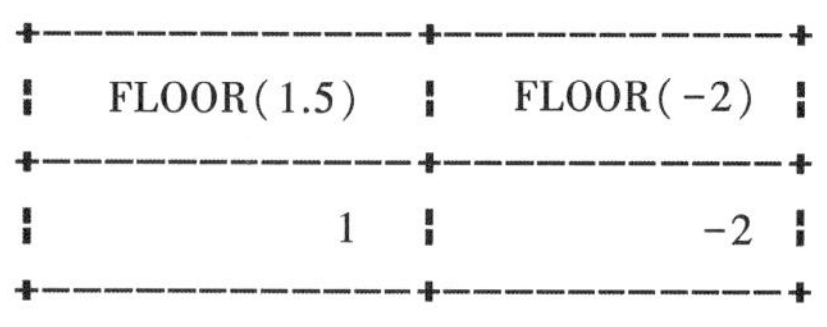

FLOOR(1.5)	FLOOR(-2)
1	-2

1 row in set <0.00 sec>

3. RAND( )函数

RAND( )函数用于返回 0~1 之间的随机数。

例 2.8 使用 RAND( )函数获取两个随机数。

在 MySQL 命令行客户端输入如下 SQL 语句即可:

```
mysql> SELECT RAND(), RAND();
```

执行结果如下所示:

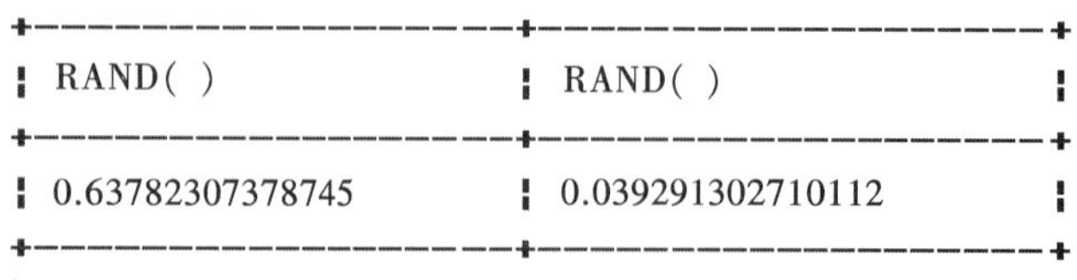

RAND( )	RAND( )
0.63782307378745	0.039291302710112

1 row in set <0.00 sce>

4. TRUNCATE(x,y)函数

TRUNCATE(x,y)函数用于返回 x 保留到小数点后 y 位的值。

例 2.9 使用 TRUNCATE(x,y)函数返回 2.1234567 小数点后 3 位的值。

在 MySQL 命令行客户端输入如下 SQL 语句即可:

```
mysql> SELECT TRUNCATE(2.1234567,3);
```

执行结果如下所示:

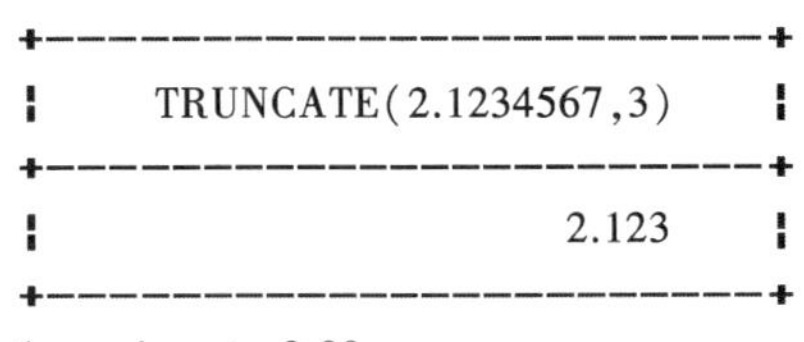

```
+------------------------+
|  TRUNCATE(2.1234567,3) |
+------------------------+
|                  2.123 |
+------------------------+
1 row in set <0.00 sec>
```

5. SQRT(x)函数

SQRT(x)函数用于求参数 x 的平方根。

例 2.10 使用 SQRT(x)函数求 16 和 25 的平方根。

在 MySQL 命令行客户端输入如下 SQL 语句即可:

```
mysql> SELECT SQRT(16), SQRT(25);
```

执行结果如下所示:

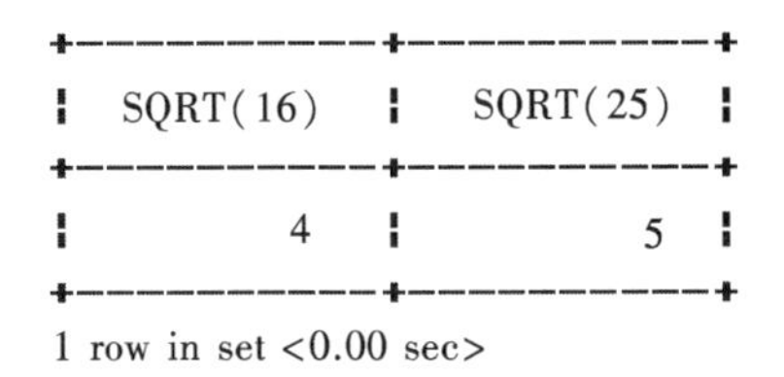

```
+----------+----------+
| SQRT(16) | SQRT(25) |
+----------+----------+
|        4 |        5 |
+----------+----------+
1 row in set <0.00 sec>
```

2.3.3 字符串函数

字符串函数主要用于处理表中的字符串。这里介绍几个常用的字符串函数。

1. UPPER(s)和 UCASE(s)函数

UPPER(s)函数和 UCASE(s)函数均可用于将字符串 s 中的所有字母变成大写字母。

例 2.11 使用 UPPER(s)函数和 UCASE(s)函数分别将字符串'hello'中的所有字母变成大写字母。

在 MySQL 命令行客户端输入如下 SQL 语句即可:

```
mysql> SELECT UPPER('hello'), UCASE('hello');
```

执行结果如下所示:

```
+----------------+----------------+
| UPPER('hello') | UCASE('hello') |
+----------------+----------------+
| HELLO          | HELLO          |
+----------------+----------------+
1 row in set <0.00 sec>
```

2. LEFT(s,n)函数

LEFT(s,n)函数用于返回字符串 s 的前 n 个字符。

例 2.12 使用 LEFT( )函数返回字符串'hello'的前 2 个字符。

在 MySQL 命令行客户端输入如下 SQL 语句即可：

```
mysql> SELECT LEFT ('hello',2);
```

执行结果如下所示：

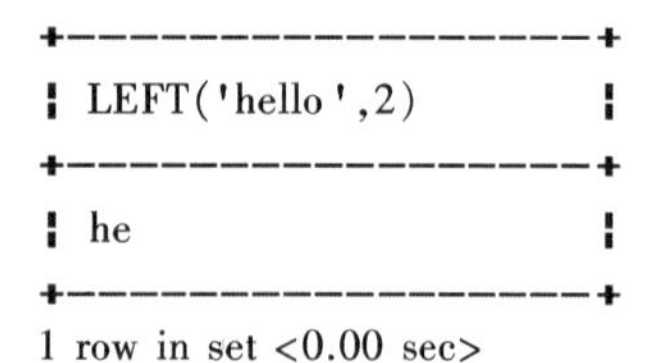

LEFT('hello',2)
he

1 row in set <0.00 sec>

3. SUBSTRING(*s*,*n*,*len*)函数

SUBSTRING(*s*,*n*,*len*)函数用于从字符串 *s* 的第 *n* 个位置开始获取长度为 *len* 的字符串。

例 2.13 使用 SUBSTRING( )函数返回字符串'hello'中从第 2 个字符开始的 4 个字符。

在 MySQL 命令行客户端输入如下 SQL 语句即可：

```
mysql> SELECT SUBSTRING('hello',2,4);
```

执行结果如下所示：

SUBSTRING('hello',2,4)
ello

1 row in set <0.02 sec>

2.3.4 日期和时间函数

日期和时间函数也是 MySQL 中最常用的函数之一，其主要用于对表中的日期和时间数据进行处理。这里介绍几个常用的日期和时间函数。

1. CURDATE( )和 CURRENT_DATE( )函数

CURDATE( )和 CURRENT_DATE( )函数可用于获取当前日期。

例 2.14 使用 CURDATE( )和 CURRENT_DATE( )函数分别获取当前日期。

在 MySQL 命令行客户端输入如下 SQL 语句即可：

```
mysql> SELECT CURDATE( ),CURRENT_DATE( );
```

执行结果如下所示：

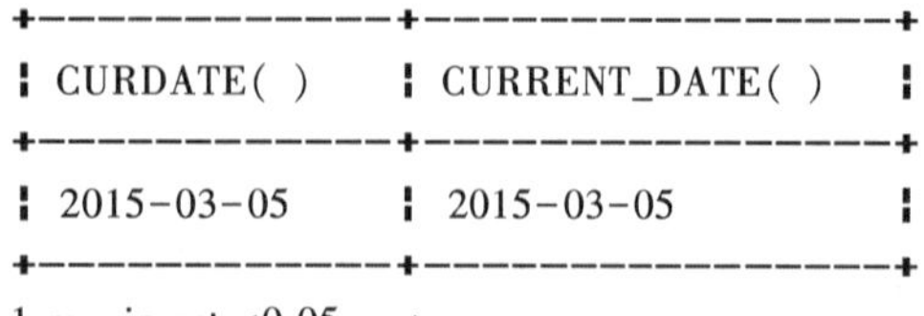

CURDATE( )	CURRENT_DATE( )
2015-03-05	2015-03-05

1 row in set <0.05 sec>

2. CURTIME( )和 CURRENT_TIME( )函数

CURTIME( )和 CURRENT_TIME( )函数可用于获取当前时间。

例 2.15 使用 CURTIME( )和 CURRENT_TIME( )函数分别获取当前时间。

在 MySQL 命令行客户端输入如下 SQL 语句即可：

```
mysql> SELECT CURTIME( ),CURRENT_TIME( );
```

执行结果如下所示：

```
+------------+-----------------+
| CURTIME( )  | CURRENT_TIME( )  |
+------------+-----------------+
| 16:26:35    | 16:26:35         |
+------------+-----------------+
1 row in set <0.02 sec>
```

3. NOW( )函数

NOW( )函数可以获取当前日期和时间。CURRENT_TIMESTAMP( )、LOCALTIME( )、SYSDATE( )和 LOCALTIMESTAMP( )函数也同样可以获取当前日期和时间。

例 2.16 使用 NOW( )、CURRENT_TIMESTAMP( )、LOCALTIME( )、SYSDATE( )和 LOCALTIMESTAMP( )函数分别获取当前日期和时间。

在 MySQL 命令行客户端输入如下 SQL 语句即可：

```
mysql> SELECT NOW( ),CURRENT_TIMESTAMP( ),LOCALTIME( ),SYSDATE( ), LOCALTIMESTAMP( );
```

执行结果如下所示：

```
+---------------------+---------------------+---------------------+-------------
--------+---------------------+
| NOW( )                | CURRENT_TIMESTAMP( ) | LOCALTIME( )           | SYSDATE( )
        | LOCALTIMESTAMP( )     |
+---------------------+---------------------+---------------------+-------------
--------+---------------------+
|  2015-03-05 16:52:28   |  2015-03-05 16:52:28   |  2015-03-05 16:52:28   | 2015-03-05
16:52:28  |   2015-03-05 16:52:28   |
+---------------------+---------------------+---------------------+-------------
--------+---------------------+
1 row in set <0.00 sec>
```

2.3.5 其他函数

MySQL 中除了上述介绍的几类内置函数外，还包含很多函数。例如，条件判断函数用于在 SQL 语句中进行条件判断、系统信息函数用于查询 MySQL 数据库的系统信息等。这里介绍几个常用的函数。

1. IF(*expr*,*v*1,*v*2)函数

IF(*expr*,*v*1,*v*2)函数是一种条件判断函数，其表示的是如果表达式 *expr* 成立，则执行 *v*1，否则执行 *v*2。

例 2.17 查询表 tb_score，如果分数字段(score)的值大于 85，则输出“优秀”，否则输出“一般”。

在 MySQL 命令行客户端输入如下 SQL 语句即可：

```
mysql>SELECT studentNo,courseNo,score,IF(score>85,'优秀','一般') level FROM tb_score;
```

执行结果如下所示：

studentNo	courseNo	score	level
2013110101	11003	90	优秀
2013110101	21001	86	优秀
2013110103	11003	89	优秀
2013110103	21001	88	优秀
2013110201	11003	78	一般
2013110201	21001	92	优秀
2013110202	11003	82	一般
2013110202	21001	85	一般
2013310101	31002	68	一般
2013310101	21004	83	一般
2013310103	31002	76	一般
2013310103	21004	80	一般
2014310101	21001	79	一般
2014310101	21004	80	一般
2014310102	21001	91	优秀
2014310102	21004	87	优秀
2014210101	21002	93	优秀
2014210101	21004	89	优秀
2014210102	21002	95	优秀
2014210102	21004	88	优秀

20 rows in set <0.05 sec>

2. IFNULL(*v*1,*v*2)函数

IFNULL(*v*1,*v*2)函数也是一种条件判断函数,其表示的是如果表达式 *v*1 不为空,则显示 *v*1 的值,否则显示 *v*2 的值。

例 2.18 下面使用 IFNULL()函数进行判断。

在 MySQL 命令行客户端输入如下 SQL 语句即可:

```
mysql> SELECT IFNULL(1/0, '空');
```

执行结果如下所示:

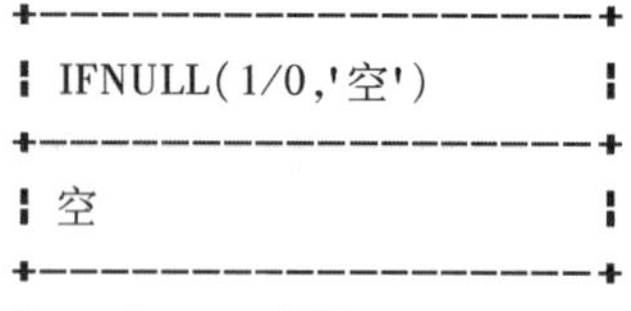

IFNULL(1/0,'空')
空

1 row in set <0.00 sec>

3. VERSION()函数

VERSION()函数是一种系统信息函数,用于获取数据库的版本号。

例 2.19 使用 VERSION()函数获取当前数据库的版本号。

在 MySQL 命令行客户端输入如下 SQL 语句即可:

```
mysql> SELECT VERSION();
```

执行结果如下所示:

```
+----------------------------+
| VERSION( )                 |
+----------------------------+
| 5.0.51b-community-nt-log   |
+----------------------------+
1 row in set <0.00 sec>
```

思考与练习

一、选择题

SQL 语言又称为________。

A）结构化定义语言　B）结构化控制语言　C）结构化查询语言　D）结构化操纵语言

二、编程题

1. 请使用 FLOOR(*x*)函数求小于或等于 5.6 的最大整数。
2. 请使用 TRUNCATE(*x*,*y*)函数将数字 1.98752895 保留到小数点后 4 位。
3. 请使用 UPPER( )函数将字符串'welcome '转换成大写形式。

三、简答题

请解释 SQL 是何种类型的语言。

第三章　数据定义

数据库可看作是一个专门存储数据对象的容器，这里的数据对象包括表、视图、触发器、存储过程等，其中表是最基本的数据对象。在 MySQL 中，必须首先创建好数据库，然后才能创建存放于数据库中的数据对象。本章主要介绍在 MySQL 中通过使用 SQL 语句创建和操作数据库及表的方法。

3.1　定义数据库

安装好 MySQL 后，用户通过 MySQL 客户端工具连接并登录到 MySQL 服务器，就可以开始创建和使用数据库了，这其中会涉及数据库的创建、选择、查看、修改和删除等操作。

3.1.1　创建数据库

创建数据库是在系统磁盘上划分一块区域用于数据的存储和管理。MySQL 中创建数据库的基本语法格式是：

```
CREATE {DATABASE | SCHEMA} [IF NOT EXISTS] db_name
[[DEFAULT] CHARACTER SET [=] charset_name
[[DEFAULT] COLLATE [=] collation_name];
```

语法说明如下：

- 语句中“[ ]”内为可选项。
- 语句中“|”用于分隔花括号中的选择项，表示可任选其中一项来与花括号外的语法成分共同组成 SQL 语句命令，即选项彼此间是“或”的关系。
- db_name：数据库名。在文件系统中，MySQL 的数据存储区将以目录方式表示 MySQL 数据库。因此，命令中的数据库名字必须符合操作系统文件夹命名规则，而在 MySQL 中是不区分大小写的。
- IF NOT EXISTS：在创建数据库前进行判断，只有该数据库目前尚不存在时才执行 CREATE DATABASE 操作。用此选项可以避免出现数据库已经存在而再新建的错误。
- CHARACTER SET：用于指定数据库字符集（Charset），charset_name 为字符集名称。简体中文字符集名称为 gb2312。
- COLLATE：用于指定字符集的校对规则，collation_name 为校对规则的名称。简体中文字符集的校对规则为 gb2312_chinese_ci。
- DEFAULT：指定默认的数据库字符集和字符集的校对规则。

例 3.1　在 MySQL 中创建一个名为 db_school 的数据库，输入语句如下：

```
mysql> CREATE DATABASE db_school
```

```
    -> DEFAULT CHARACTER SET GB2312
    -> DEFAULT COLLATE GB2312_chinese_ci;
Query OK, 1 row affected (0.01 sec)
```

(注:本书诸多例子都将基于这里创建的数据库 db_school。)

上述命令执行成功后,系统会自动在 MySQL 的缺省安装路径(如 C:\wamp\bin\mysql\mysql5.6.12\data)下创建一个与数据库名称相同的文件夹 db_school,其中包含一个名称为 db.opt 的文件,用于存储所创建数据库的全局特性,如缺省字符集和缺省字符集的校对规则等。

若再次输入上述语句,系统会提示错误信息,如下所示:

```
mysql> CREATE DATABASE db_ school
    -> DEFAULT CHARACTER SET GB2312
    -> DEFAULT COLLATE GB2312_chinese_ci;
ERROR 1007 (HY000): Can't create database 'db_ school'; database exists
```

由此可见,MySQL 不允许在同一系统中存在相同名称的数据库。若在该数据库创建命令中加上 IF NOT EXISTS 子句,就可以避免系统报错。例如:

```
mysql> CREATE DATABASE IF NOT EXISTS db_school
    -> DEFAULT CHARACTER SET GB2312
    -> DEFAULT COLLATE GB2312_chinese_ci;
```

系统显示"Query OK, 1 row affected (0.01 sec)",表示新建数据库成功;系统若显示"Query OK, 1 row affected, 1 warning (0.00 sec)",表示该数据库已经存在。

此外,用户在使用 CREATE DATABASE 或 CREATE SCHEMA 命令创建数据库时,必须获得相应的权限。

3.1.2 选择与查看数据库

使用 SQL 语句创建好数据库之后,可以选择某个数据库为当前数据库,也可以查看当前可用的数据库列表。

1. 选择数据库

在 MySQL 中,使用 USE 命令可以从一个数据库"跳转"到另一个数据库。在用 CREATE DATABASE 语句创建了数据库之后,该数据库不会自动成为当前数据库,可使用 USE 命令指定其为当前数据库,其语法格式是:

```
USE db_name;
```

只有使用 USE 命令指定某个数据库为当前数据库之后,才能对该数据库及其存储的数据对象执行各种操作。

2. 查看数据库

在 MySQL 中,可使用 SHOW DATABASES 或 SHOW SCHEMAS 语句查看当前可用的数据库列表,其语法格式是:

```
SHOW {DATABASES | SCHEMAS};
```

使用 SHOW DATABASES 或 SHOW SCHEMAS 命令,只会列出当前用户权限范围内所能查看到的数据库名称。

例 3.2 查看当前用户(root)可查看的数据库列表。

在当前用户的 MySQL 命令行客户端输入如下语句：

```
mysql> SHOW DATABASES;
```

其执行结果为：

```
+--------------------+
| Database           |
+--------------------+
| information_schema |
| db_school          |
| mysql              |
| performance_schema |
| test               |
+--------------------+
5 rows in set <0.01 sec>
```

可以看到，数据库列表中包含了刚才创建的数据库 db_school，其他数据库为 MySQL 安装时系统自动创建的数据库，各数据库的作用如下表所示。

数据库名称	数据库作用
mysql	描述用户访问权限
information_schema	保存关于 MySQL 服务器所维护的所有其他数据库的信息，如数据库名、数据库的表、表字段的数据类型与访问权限等
performance_schema	主要用于收集数据库服务器性能参数
test	用户利用该数据库进行测试工作

3.1.3 修改数据库

在 MySQL 中，数据库的默认字符集为 latin1，默认校对规则为 latin1_swedish_ci。使用 ALTER DATABASE 或 ALTER SCHEMA 语句可以修改数据库的默认字符集和字符集的校对规则，其语法格式是：

```
ALTER {DATABASE | SCHEMA} [db_name]
[DEFAULT] CHARACTER SET [=] charset_name
[DEFAULT] COLLATE [=] collation_name;
```

这个语句的语法要素与 CREATE DATABASE 语句类似，其使用说明如下：

- ALTER DATABASE 或 ALTER SCHEMA 命令可用于更改数据库的全局特性，这些特性储存在数据库目录中的 db.opt 文件中。
- 使用 ALTER DATABASE 或 ALTER SCHEMA 命令时，用户必须具有对数据库进行修改的权限。
- 数据库的名称可以被省略，表示修改当前（默认）数据库。
- 选项 CHARACTER SET 和 COLLATE 与创建数据库语句相同。

例 3.3 修改已有数据库 db_school 的默认字符集和校对规则。

在 MySQL 的命令行客户端输入如下 SQL 语句：

```
mysql> ALTER DATABASE db_school
```

```
    -> DEFAULT CHARACTER SET gb2312
    -> DEFAULT COLLATE gb2312_chinese_ci;
Query OK, 1 row affected (0.00 sec)
```

3.1.4 删除数据库

删除数据库是将已创建的数据库文件夹从磁盘空间上清除，数据库中的所有数据也将同时被删除。MySQL 中删除数据库的基本语法格式是：

```
DROP {DATABASE | SCHEMA} [IF EXISTS] db_name;
```

其使用说明如下：

- db_name 为指定要删除的数据库名称。
- DROP DATABASE 或 DROP SCHEMA 命令会删除指定的整个数据库，该数据库中的所有表（包括其中的数据）也将被永久删除，使用该语句时 MySQL 不会给出任何提醒确认信息，因而尤其要小心，以免错误删除。另外，对该命令的使用需要用户具有相应的权限。
- 当某个数据库被删除之后，该数据库上的用户权限不会自动被删除，为了方便数据库的维护，应手动删除它们。
- 可选项 IF EXISTS 子句可以避免删除不存在的数据库时出现 MySQL 错误信息。

例 3.4 删除数据库 db_school，输入语句如下：

```
mysql> DROP DATABASE db_school;
Query OK, 0 rows affected (0.01 sec)
```

使用 SHOW DATABASES 查看数据库，如下所示。

```
+--------------------+
| Database           |
+--------------------+
| information_schema |
| mysql              |
| performance_schema |
| test               |
+--------------------+
4 rows in set <0.00 sec>
```

可以看到，数据库列表中已经没有名称为 db_school 的数据库了，MySQL 缺省安装路径下的 db_school 文件夹也被删除了。

注意：MySQL 安装后，系统会自动地创建名为 information_schema、performance_schema 和 mysql 等系统数据库，MySQL 把与数据库相关的信息存储在这些系统数据库中，如果删除了这些数据库，MySQL 将不能正常工作。

3.2 定义表

成功创建数据库后，就可以在数据库中创建数据表了。数据表是数据库中最重要、最基本的数据对象，是数据存储的基本单位，若没有数据表，数据库中其他的数据对象就没有意义。数据表被定义为字段的集合，数据在表中是按照行和列的格式来存储的，每一行代表一条记录，每一列代表记录中一个字段的取值。创建数据表的过程是定义每个字段的过程，同时也是实施数据完整性约束的过程。

确定表中每个字段的数据类型是创建表的重要步骤。字段的数据类型就是定义该字段所能存放的数据值的类型。

3.2.1 MySQL 常用的数据类型

数据类型(data type)是指系统中所允许的数据的类型。数据库中每个字段都应有适当的数据类型,用于限制或允许该字段中存储的数据。例如,如果字段中存储的值为数字,则相应的数据类型应该为数值类型;如果字段中存储的是日期、文本、注释、金额等,则应该分别给它们定义恰当的数据类型。数据类型可帮助正确地排序数据,并在优化磁盘使用方面起着重要的作用。因此,在创建表时必须为表的每个字段指定正确的数据类型及可能的数据长度。

MySQL 常用的数据类型主要有数值类型、日期和时间类型、字符串类型。

1. 数值类型

- BIT[(*M*)]:位字段类型。*M* 表示每个值的位数,范围为 1~64。如果 *M* 被省略,默认为 1。
- TINYINT[(*M*)] [UNSIGNED] [ZEROFILL]:很小的整数。带符号的范围是-128~127,无符号的范围是 0~255。
- BOOL,BOOLEAN:是 TINYINT(1) 的同义词。zero 值被视为假,非 zero 值视为真。
- SMALLINT[(*M*)] [UNSIGNED] [ZEROFILL]:小的整数。带符号的范围是-32 768~32 767,无符号的范围是 0~65 535。
- MEDIUMINT[(*M*)] [UNSIGNED] [ZEROFILL]:中等大小的整数。带符号的范围是-8 388 608~8 388 607,无符号的范围是 0~16 777 215。
- INT[(*M*)] [UNSIGNED] [ZEROFILL]:普通大小的整数。带符号的范围是-2 147 483 648~2 147 483 647,无符号的范围是 0~4 294 967 295。
- INTEGER[(*M*)] [UNSIGNED] [ZEROFILL]:INT 的同义词。
- BIGINT [(*M*)] [UNSIGNED] [ZEROFILL]:大整数。带符号的范围是-9 223 372 036 854 775 808~ 9 223 372 036 854 775 807,无符号的范围是 0 ~18 446 744 073 709 551 615。
- DOUBLE[(*M*,*D*)] [UNSIGNED] [ZEROFILL]:普通大小(双精度)浮点数。允许的值是 -1.797 693 134 862 315 7 E+308 ~ -2.225 073 858 507 201 4 E-308、0 和 2.225 073 858 507 201 4E-308~ 1.797 693 134 862 315 7E+308。这些是理论限制,基于 IEEE 标准。实际的范围根据硬件或操作系统的不同可能稍微小些。*M* 是小数总位数,*D* 是小数点后面的位数。如果 *M* 和 *D* 被省略,根据硬件允许的限制来保存值。双精度浮点数精确到大约 15 位小数。如果指定 UNSIGNED,不允许负值。
- DECIMAL[(*M*[,*D*])] [UNSIGNED] [ZEROFILL]:压缩的"严格"定点数。*M* 是小数位数(精度)的总数,*D* 是小数点(标度)后面的位数。小数点和(负数的)"-"符号不包括在 *M* 中。如果 *D* 是 0,则值没有小数点或分数部分。DECIMAL 整数最大位数(*M*)为 65。支持的十进制数的最大位数(*D*)是 30。如果 *D* 被省略,默认是 0。如果 *M* 被省略,默认是 10。如果指定 UNSIGNED,不允许负值。

- DEC:DECIMAL 的同义词。

2. 日期和时间类型

- DATE:日期型。支持的范围为'1000-01-01'到'9999-12-31'。MySQL 以'YYYY-MM-DD'格式显示 DATE 值,但允许使用字符串或数字为 DATE 列分配值。
- DATETIME:日期和时间的组合。支持的范围是'1000-01-01 00:00:00'到'9999-12-31 23:59:59'。MySQL 以'YYYY-MM-DD HH:MM:SS'格式显示 DATETIME 值,但允许使用字符串或数字为 DATETIME 列分配值。
- TIMESTAMP[(*M*)]:时间戳。范围是'1970-01-01 00:00:00'到 2037 年。TIMESTAMP 列用于 INSERT 或 UPDATE 操作时记录日期和时间。如果不分配一个值,表中的第一个 TIMESTAMP 列自动设置为最近操作的日期和时间,也可以通过分配一个 NULL 值,将 TIMESTAMP 列设置为当前的日期和时间。TIMESTAMP 值返回后显示为'YYYY-MM-DD HH:MM:SS'格式的字符串,显示宽度固定为 19 个字符。如果想要获得数字值,应在 TIMESTAMP 列添加+0。
- TIME:时间型。范围是'-838:59:59'到'838:59:59'。MySQL 以'HH:MM:SS'格式显示 TIME 值,但允许使用字符串或数字为 TIME 列分配值。
- YEAR[(2|4)]:两位或四位格式的年。默认是四位格式。在四位格式中,允许的值是 1901~2155 和 0000。在两位格式中,允许的值是 70~69,表示从 1970 年~2069 年。MySQL 以 YYYY 格式显示 YEAR 值,但允许使用字符串或数字为 YEAR 列分配值。

3. 字符串类型

- CHAR[(*M*)]或 CHARACTER[(*M*)]:固定长度的字符数据类型,用于保存以文本格式存储的信息。当保存时在右侧填充空格以达到指定的长度。*M* 表示列长度,其范围是 0~255 个字符。
- VARCHAR[(*M*)]:可变长的字符数据类型,用于保存以文本格式存储的信息。*M* 表示最大列长度,其范围是 0~65 535。
- TINYTEXT:最大长度为 255(2^{8-1})字符的 TEXT 列。
- TEXT[(*M*)]:最大长度为 65 535(2^{16-1})字符的 TEXT 列。

3.2.2 创建表

在 MySQL 中,创建数据表使用 CREATE TABLE 语句,其基本的语法格式为:

```
CREATE TABLE tbl_name
(
  字段名 1  数据类型 [列级完整性约束条件] [默认值]
  [ ,字段名 2  数据类型 [列级完整性约束条件] [默认值]]
  [ ,… …]
  [ ,表级完整性约束条件]
) [ENGINE=引擎类型];
```

例 3.5 在已有数据库 db_school 中定义学生表 tb_student,其结构如表 3.1 所示,并要求使用 InnoDB 引擎存储表数据。

表 3.1 学生表 tb_student

含义	字段名	数据类型	宽度
学号	studentNo	字符型	10
姓名	studentName	字符型	20
性别	sex	字符型	2
出生日期	birthday	日期型	
籍贯	native	字符型	10
民族	nation	字符型	30
所属班级	classNo	字符型	6

在当前用户的 MySQL 命令行客户端输入如下 SQL 语句：

```
mysql> USE db_school;
Database changed
mysql> CREATE TABLE tb_student
    -> (
    ->      studentNo CHAR(10) NOT NULL UNIQUE,
    ->      studentName VARCHAR(20) NOT NULL,
    ->      sex CHAR(2) ,
    ->      birthday DATE,
    ->      native VARCHAR(20),
    ->      nation VARCHAR(10),
    ->      classNo CHAR(6)
    -> ) ENGINE=InnoDB;
Query OK, 0 rows affected (0.11 sec)
```

使用 CREATE TABLE 语句创建表时的主要语法说明如下。

1. 指定表名和字段名

使用 CREATE TABLE 命令创建表时，必须指定表名，如例 3.5 中的"tb_student"。表名(tbl_name)在关键字 CREATE TABLE 之后给出，且必须符合标志符的命名规则。表的创建需要首先选定当前数据库，若表名称被指定为 db_name.tbl_name 的格式，则可在特定的数据库中创建表，而不论是否有当前数据库，都可以通过这种方式来创建表。如果使用加引号的识别名方式，则应对数据库和表名称都分别加引号。例如，'mydb'.'mytbl'是合法的，但是'mydb.mytbl'不合法。另外，创建者必须拥有表的 CREATE 权限。

表中每个字段的定义是以字段名开始的，后跟字段的数据类型以及可选参数，如果创建多个字段，则需要用逗号分隔。字段名在该表中必须唯一。

2. 完整性约束条件

在使用 CREATE TABLE 语句创建数据表的同时，可以定义与该表有关的完整性约束条件，包括实体完整性约束(PRIMARY KEY、UNIQUE)、参照完整性约束(FOREIGN KEY)和用户自定义约束(NOT NULL、DEFAULT、CHECK 约束等)。当用户操作表中的数据时，DBMS 会自动检查该操作是否遵循这些完整性约束条件。如果完整性约束条件涉及该表的多个字段,则其必须定义在表级上,否则既可以定义在表级上,也可以定义在列级上。有关完整性约束的详细内容可参见 3.3 节。

3. NULL 与 NOT NULL

关键字 NULL 和 NOT NULL 可以给字段自定义约束,NULL 值就是没有值或值空缺。允许 NULL 的列也允许在插入记录时不给出该列的值。NOT NULL 值的列则不接受该列没有值的记录,换句话说,在插入或更新数据时,该列必须要有值。在 MySQL 中,创建表时可以指定每个列的取值是否允许为空,即要么是 NULL,要么是 NOT NULL。NULL 为默认设置,如果不指定 NOT NULL,则认为指定的是 NULL。如例 3.5 中,为表中的 studentNo 指定了“NOT NULL”,这将会通过返回错误和插入失败的方式,来阻止在该列中插入没有值的记录。

需要注意的是:不要将 NULL 值与空串相混淆,NULL 值是没有值,它不是空串。如果指定''(两个单引号,其间没有字符),这在 NOT NULL 列中是允许的,因为空串是一个有效的值,它不是无值,所以 NULL 值用关键字 NULL 而不是空串指定。

4. AUTO_INCREMENT

将字段设置为自增属性可以给记录一个唯一而又容易确定的 ID 号,该字段可以唯一标识表中的每条记录。在 MySQL 中,使用关键字 AUTO_INCREMENT 为列设置自增属性,只有整型列才能设置此属性。AUTO_INCREMENT 默认的初始值为 1,当往一个定义为 AUTO_INCREMENT 的列中插入 NULL 值或数字 0 时,该列的值会被设置为 value+1(默认为加 1 递增),其中 value 是当前表中该列的最大值。每个表只能定义一个 AUTO_INCREMENT 列,并且必须在该列上定义主键约束(PRIMARY KEY)或候选键约束(UNIQUE)。

例 3.5 中定义学生表时,如果要定义学号的值为自动增加,则学号的数据类型必须定义为整数类型,而且必须在学号上定义 PRIMARY KEY 或 UNIQUE,其 SQL 语句如下:

```
mysql> CREATE TABLE tb_student1
    -> (
    ->      studentNo INT(10) NOT NULL UNIQUE AUTO_INCREMENT,
    ->      studentName VARCHAR(20) NOT NULL,
    ->      sex CHAR(2),
    ->      birthday DATE,
    ->      native VARCHAR(20),
    ->      nation VARCHAR(10),
    ->      classNo CHAR(6)
    -> ) ENGINE=InnoDB;
Query OK, 0 rows affected (0.01 sec)
```

上述语句执行成功后,会创建一个名为 tb_student1 的数据表。当往表中插入记录时,字段 studentNo 的值会自动增加,初始值为 1,每插入一条新记录,该值自动加 1。

注意:当一个列被指定为 AUTO_INCREMENT 后,其值是可以被覆盖的,即可以简单地在数据插入语句(INSERT 语句)中为该列指定一个值,只要该值是唯一的(至今尚未使用过),那么这个值将被用来替代系统自动生成的值,并且后续的增量将基于该手工插入的值。

5. DEFAULT

默认值是指在向数据表中插入数据时,如果没有明确给出某个字段所对应的值,则 DBMS 此时允许为此字段指定一个值。例如,如果汉族同学比较多,那么在学生表 tb_student 中可将字段“民族”设置默认值“汉”。当插入一条新的记录时,如没有给这个字段赋值,那么系统会自动给该字段赋值为“汉”。

在 MySQL 中,默认值使用 DEFAULT 关键字来指定。在例 3.5 学生表的定义中,若要给字段“民族(nation)”定义默认值“汉”,则对应的 SQL 语句如下:

```
mysql> CREATE TABLE tb_student2
    -> (
    ->     studentNo CHAR(10) NOT NULL UNIQUE,
    ->     studentName VARCHAR(20) NOT NULL,
    ->     sex CHAR(2),
    ->     birthday DATE,
    ->     native VARCHAR(20),
    ->     nation VARCHAR(10) DEFAULT '汉',
    ->     classNo CHAR(6)
    -> ) ENGINE=InnoDB;
Query OK, 0 rows affected (0.01 sec)
```

上述语句执行成功后,表 tb_student2 上的 nation 字段则拥有了一个默认值“汉”。新插入的记录如果没有指定学生的民族,则该列的值将默认为“汉”族。

需要注意的是,如果没有为字段指定默认值,MySQL 会自动地为其分配一个,即如果字段可以取 NULL 值,则默认值就是 NULL,而如果字段被声明为 NOT NULL,那么默认值就取决于字段的类型:

- 对于没有声明 AUTO_INCREMENT 属性的数值类型,默认值是 0;对于一个 AUTO_INCREMENT 列,默认值是在顺序中的下一个值。
- 对于除 TIMESTAMP 以外的日期和时间类型,默认值是该类型适当的“零”值;对于表中第一个 TIMESTAMP 列,默认值是当前的日期和时间。

6. 存储引擎类型

存储引擎就是如何存储数据、如何为存储的数据建立索引和如何更新、查询数据等技术的实现方法。因为在关系数据库中数据是以表的形式存储的,所以存储引擎简而言之就是指表的类型。数据库的存储引擎决定了表在计算机中的存储方式。

在 MySQL 中,可以在 CREATE TABLE 语句中使用 ENGINE 选项为新建表指定数据库引擎,如在例 3.5 中,语句“ENGINE=InnoDB”为表 tb_student 指定了一个类型为 InnoDB 的引擎。

在 Oracle 和 SQL Server 等数据库管理系统中只有一种存储引擎,所有数据存储管理机制都是一样的。而 MySQL 数据库提供了多种存储引擎,用户可以根据不同的需求为数据表选择不同的存储引擎,用户也可以根据自己的需要编写自己的存储引擎,MySQL 的核心就是存储引擎。

使用 SHOW ENGINES 语句可以查看系统所支持的引擎类型和默认引擎,如下所示。

```
+--------------------+---------+----------------------------------------------------------------+--------------+------+------------+
| Engine             | Support | Comment                                                        | Transactions | XA   | Savepoints |
+--------------------+---------+----------------------------------------------------------------+--------------+------+------------+
| FEDERATED          | NO      | Federated MySQL storage engine                                 | NULL         | NULL | NULL       |
| MRG_MYISAM         | YES     | Collection of identical MyISAM tables                          | NO           | NO   | NO         |
| MyISAM             | YES     | MyISAM storage engine                                          | NO           | NO   | NO         |
| BLACKHOLE          | YES     | /dev/null storage engine (anything you write to it disappears) | NO           | NO   | NO         |
| CSV                | YES     | CSV storage engine                                             | NO           | NO   | NO         |
| MEMORY             | YES     | Hash based,stored in memory,useful for temporary tables        | NO           | NO   | NO         |
| ARCHIVE            | YES     | Archive storage engine                                         | NO           | NO   | NO         |
| InnoDB             | DEFAULT | Supports transactions,row-level locking,and foreign keys       | YES          | YES  | YES        |
| PERFORMANCE_SCHEMA | YES     | Performance Schema                                             | NO           | NO   | NO         |
+--------------------+---------+----------------------------------------------------------------+--------------+------+------------+
9 rows in set <0.02 sec>
```

其中,InnoDB 是系统的默认存储引擎(MySQL 5.5.5 以上版本),支持可靠的事务处理,是事务型数据库的首选引擎。

3.2.3 查看表

使用 SQL 语句创建好数据表之后,可以查看数据表的名称及表结构的定义,以确定表的定义是否正确。

1. 查看表的名称

在 MySQL 中,可以使用 SHOW TABLES 语句来查看指定数据库中所有数据表的名称,其语法格式是:

```
SHOW TABLES [{FROM | IN} db_name];
```

使用选项{FROM | IN} db_name 可以显示非当前数据库中的数据库表名称。

例 3.6 查看数据库 db_school 中所有的表名。

查看当前数据库中的数据库表名称的 SQL 语句如下:

```
mysql> USE db_school;
Database changed
mysql> SHOW TABLES;
```

其执行结果为:

```
+----------------------+
| Tables_in_db_school  |
+----------------------+
| tb_student           |
| tb_student1          |
| tb_student2          |
+----------------------+
3 rows in set <0.00 sec>
```

查看非当前数据库中的数据库表名称的 SQL 语句如下:

```
mysql> SHOW TABLES FROM db_school;
```

或

```
mysql> SHOW TABLES IN db_school;
```

其执行结果为:

```
+----------------------+
| Tables_in_db_school  |
+----------------------+
| tb_student           |
| tb_student1          |
| tb_student2          |
+----------------------+
3 rows  in set <0.00 sec>
```

2. 查看数据表的基本结构

在 MySQL 中,可以使用 DESCRIBE/DESC 语句或 SHOW COLUMNS 语句来查看指定数据表的结构,包括字段名、字段的数据类型、字段值是否允许为空、是否为主键、是否有默认值等。SHOW COLUMNS 语句的语法格式是:

```
SHOW COLUMNS {FROM | IN} tb_name [{FROM | IN} db_name];
```

DESCRIBE/DESC 语句的语法格式是:

```
{DESCRIBE | DESC} tb_name;
```

说明:MySQL 支持用 DESCRIBE 作为 SHOW COLUMNS FROM 的一种快捷方式。

例 3.7 查看数据库 db_school 中表 tb_student2 的结构。

在 MySQL 的命令行客户端输入如下 SQL 语句:

```
mysql> SHOW COLUMNS FROM tb_student2;
```

或

```
mysql> DESC tb_student2;
```

其执行结果为:

```
+--------------+--------------+-------+-----+----------+--------+
| Field        | Type         | Null  | key | Default  | Extra  |
+--------------+--------------+-------+-----+----------+--------+
| studentNo    | char(10)     | No    | PRI | NULL     |        |
| studentName  | varchar(20)  | No    |     | NULL     |        |
| sex          | char(2)      | YES   |     | NULL     |        |
| birthday     | date         | YES   |     | NULL     |        |
| native       | varchar(20)  | YES   |     | NULL     |        |
| nation       | varchar(10)  | YES   |     | 汉       |        |
| classNo      | char(6)      | YES   |     | NULL     |        |
+--------------+--------------+-------+-----+----------+--------+
7 rows in set <0.06 sec>
```

3. 查看数据表的详细结构

在 MySQL 中,使用 SHOW CREATE TABLE 语句可以查看创建表时的 CREATE TABLE 语句,其语法格式是:

```
SHOW CREATE TABLE tb_name;
```

例 3.8 查看数据库 db_school 中表 tb_student1 的详细信息。

在 MySQL 的命令行客户端输入如下 SQL 语句:

```
mysql> SHOW CREATE TABLE tb_student1\G;
```

其执行结果为:

```
* * * * * * * * * * * * * * * * * * 1.row * * * * * * * * * * * * * * * * * * * * * *
       Table:tb_student1
Create Table:CREATE TABLE  'tb_student1  '('studentNo int(10) NOT NULL AUTO_INCREMENT,
  'studentName '  varchar(20) NOT NULL,
  'sex '  char(2) DEFAULT NULL,
  'birthday '  date DEFAULT NULL,
  'native '  varchar(20) DEFAULT NULL,
  'nation '  varchar(10) DEFAULT NULL,
  classNo '  char(6) DEFAULT NULL,
  UNIQUE KEY  'studentNo '('studentNo ')
> ENGINE=InnoDB DEFAULT CHARSET=gb2312
1 row in set <0.00 sec>

ERROR:
No query specified
```

使用 SHOW CREATE TABLE 语句不仅可以查看创建表时的详细语句,而且还可以查看存储引擎和字符编码。

3.2.4 修改表

修改表是对数据库中已经创建的表做进一步的结构修改与调整。MySQL 使用 ALTER TABLE 语句来修改原有表的结构。常用的修改表操作有:修改字段名或字段的数据类型、添加和删除字段、修改字段的排列位置、更改表的引擎类型、增加和删除表的约束等。

1. 添加字段

随着实际应用需求的变化,可能需要在已有的数据表中添加新的字段。在 ALTER TABLE 语句中,可以使用 ADD [COLMN]子句向表中添加新字段,并可同时增加多个字段。这里给出其常用的语法格式,即:

```
ALTER TABLE tb_name ADD [COLUMN]新字段名 数据类型
    [约束条件][FIRST|AFTER 已有字段名]
```

其中,可选项“约束条件”用于指定字段取值不为空、字段的默认值、主键以及候选键约束等。可选项“FIRST|AFTER 已有字段名”用于指定新增字段在表中的位置:FIRST 表示将新添加的字段设置为表的第一个字段,AFTER 表示将新添加的字段加到指定的“已有字段名”的后面,如果语句中没有这两个参数,则默认将新添加的字段设置为数据表的最后一列。

例 3.9 向数据库 db_school 的表 tb_student2 中添加一个 INT 型字段 id,要求其不能为 NULL,取值唯一且自动增加,并将该字段添加到表的第一个字段。

在 MySQL 的命令行客户端输入如下 SQL 语句:

```
mysql> ALTER TABLE db_school.tb_student2
    ->  ADD COLUMN id INT NOT NULL UNIQUE AUTO_INCREMENT FIRST;
Query OK, 0 rows affected (0.11 sec)
Records: 0  Duplicates: 0  Warnings: 0
```

使用 DESC 查看表 tb_student2,结果如下:

Field	Type	Null	Key	Default	Extra
id	int(11)	NO	UNI	NULL	auto_increment
studentNo	char(10)	NO	PRI	NULL	
studentName	varchar(20)	NO		NULL	
sex	char(2)	YES		NULL	
birthday	date	YES		NULL	
native	varchar(20)	YES		NULL	
nation	varchar(10)	YES		汉	
classNo	char(6)	YES		NULL	

8 rows in set <0.06 sec>

例 3.10 向数据库 db_school 的表 tb_student 中添加一个 VARCHAR(16)类型的字段 department,用于描述学生所在院系,要求设置其默认值为“信息学院”,并将该字段添加到原表 nation 列之后。

在 MySQL 的命令行客户端输入如下 SQL 语句:

```
mysql> ALTER TABLE db_school.tb_student
    -> ADD COLUMN department VARCHAR(16) DEFAULT '信息学院' AFTER nation;
Query OK, 0 rows affected (0.05 sec)
Records: 0  Duplicates: 0  Warnings: 0
```

使用 DESC 查看表 tb_student,结果如下:

Field	Type	Null	Key	Default	Extra
studentNo	char(10)	NO	PRI	NULL	
studentName	varchar(20)	NO		NULL	
sex	char(2)	YES		NULL	
birthday	date	YES		NULL	
native	varchar(20)	YES		NULL	
nation	varchar(10)	YES		NULL	
department	varchar(16)	YES		信息学院	
classNo	char(6)	YES		NULL	

8 rows in set <0.05 sec>

2. 修改字段

ALTER TABLE 语句提供了三个修改字段的子句,分别如下:

- CHANGE [COLUMN]子句。CHANGE [COLUMN]子句可同时修改表中指定列的名称和数据类型。ALTER TABLE 语句中可以同时添加多个 CHANGE [COLUMN]子句,只需彼此间用逗号分隔。
- ALTER [COLUMN]子句。ALTER [COLUMN]子句可以修改或删除表中指定列的默认值。
- MODIFY [COLUMN]子句。与 CHANGE [COLUMN]子句有所不同,MODIFY [COLUMN]子句只会修改指定列的数据类型,而不会干涉它的列名。另外,MODIFY [COLUMN]

子句还可以通过 FIRST 或 AFTER 关键字修改指定列在表中的位置。

上述三个子句的常用语法格式分别为：

```
ALTER TABLE tb_name CHANGE [COLUMN]原字段名 新字段名 数据类型 [约束条件]；
ALTER TABLE tb_name ALTER [COLUMN]字段名 {SET|DROP} DEFAULT ；
ALTER TABLE tb_name MODIFY [COLUMN]字段名 数据类型 [约束条件][FIRST|AFTER
    已有字段名]；
```

例 3.11 将数据库 db_school 中表 tb_student 的字段 birthday 重命名为 age，并将其数据类型更改为 TINYINT，允许其为 NULL，默认值为 18。

在 MySQL 的命令行客户端输入如下 SQL 语句：

```
mysql> ALTER TABLE db_school.tb_student
    ->    CHANGE COLUMN birthday age TINYINT NULL DEFAULT 18;
Query OK, 0 rows affected, 0 warning (0.07 sec)
Records:0   Duplicates: 0   Warnings: 0
```

使用 DESC 查看表 tb_student，结果如下：

Field	Type	Null	Key	Default	Extra
studentNo	char(10)	NO	PRI	NULL	
studentName	varchar(20)	NO		NULL	
sex	char(2)	YES		NULL	
age	tinyint(4)	YES		18	
native	varchar(20)	YES		NULL	
nation	varchar(10)	YES		NULL	
department	varchar(16)	YES		信息学院	
classNo	char(6)	YES		NULL	

8 rows in set <0.06 sec>

注意：如果将列原有的数据类型更换为另外一种类型，可能会丢失该列原有的数据；如果试图改变的数据类型与原有数据类型不兼容，SQL 命令则不会执行，且系统会提示错误，而在类型兼容的情况下，该列的数据可能会被截断。

例 3.12 将数据库 db_school 中表 tb_student 的字段 department 的默认值删除。

在 MySQL 的命令行客户端输入如下 SQL 语句：

```
mysql> ALTER TABLE db_school.tb_student
    ->    ALTER COLUMN department DROP DEFAULT;
Query OK, 0 rows affected (0.01 sec)
Records: 0   Duplicates: 0   Warnings: 0
```

例 3.13 将数据库 db_school 中表 tb_student 的字段 department 的默认值修改为“经济学院”。

在 MySQL 的命令行客户端输入如下 SQL 语句：

```
mysql> ALTER TABLE db_school.tb_student
    ->    ALTER COLUMN department SET DEFAULT '经济学院';
Query OK, 0 rows affected (0.01 sec)
```

```
Records: 0  Duplicates: 0  Warnings: 0
```

使用 DESC 查看表 tb_student,结果如下:

```
+--------------+--------------+--------+------+------------+---------+
| Field        | Type         | Null   | Key  | Default    | Extra   |
+--------------+--------------+--------+------+------------+---------+
| studentNo    | char(10)     | NO     | PRI  | NULL       |         |
| studentName  | varchar(20)  | NO     |      | NULL       |         |
| sex          | char(2)      | YES    |      | NULL       |         |
| age          | tinyint(4)   | YES    |      | 18         |         |
| native       | varchar(20)  | YES    |      | NULL       |         |
| nation       | varchar(10)  | YES    |      | NULL       |         |
| department   | varchar(16)  | YES    |      | 经济学院   |         |
| classNo      | char(6)      | YES    |      | NULL       |         |
+--------------+--------------+--------+------+------------+---------+
8 rows in set <0.05 sec>
```

可以看出,表 tb_student 的字段 department 的默认值被修改为"经济学院"。

例 3.14 将数据库 db_school 中表 tb_student 的字段 department 的数据类型更改为 VARCHAR(20),取值不允许为空,并将此字段移至字段 studentName 之后。

在 MySQL 的命令行客户端输入如下 SQL 语句:

```
mysql> ALTER TABLE db_school.tb_student
    ->     MODIFY COLUMN department VARCHAR(20) NOT NULL AFTER studentName;
Query OK, 0 rows affected (0.02 sec)
Records: 0  Duplicates: 0  Warnings: 0
```

使用 DESC 查看表 tb_student,结果如下:

```
+--------------+--------------+--------+------+------------+---------+
| Field        | Type         | Null   | Key  | Default    | Extra   |
+--------------+--------------+--------+------+------------+---------+
| studentNo    | char(10)     | NO     | PRI  | NULL       |         |
| studentName  | varchar(20)  | NO     |      | NULL       |         |
| department   | varchar(20)  | NO     |      | NULL       |         |
| sex          | char(2)      | YES    |      | NULL       |         |
| age          | tinyint(4)   | YES    |      | 18         |         |
| native       | varchar(20)  | YES    |      | NULL       |         |
| nation       | varchar(10)  | YES    |      | NULL       |         |
| classNo      | char(6)      | YES    |      | NULL       |         |
+--------------+--------------+--------+------+------------+---------+
8 rows in set <0.05 sec>
```

可以看到,表 tb_student 的字段 department 已经被移至字段 studentName 之后,修改后的 department 不再拥有缺省值。

3. 删除字段

数据表中的字段越多,DBMS 的工作负荷会越大,数据库所占用的空间也会相应增加,此时可通过 DROP [COLUMN]子句来删除表中多余的字段。需要注意的是:一旦删除列,原本存储在该列中的一切内容都会跟着被删除,所以在使用 DROP [COLUMN]子句时,必须格外小心。

DROP [COLUMN]子句常用的语法格式为：

```
ALTER TABLE tb_name DROP [COLUMN]字段名;
```

例 3.15 删除数据库 db_school 中表 tb_student2 的字段 id。

在 MySQL 的命令行客户端输入如下 SQL 语句：

```
mysql> ALTER TABLE db_school.tb_student2 DROP COLUMN id;
Query OK, 0 rows affected (0.06 sec)
Records: 0  Duplicates: 0  Warnings: 0
```

此外，在 ALTER TABLE 语句中，可以通过 ADD PRIMARY KEY 子句、ADD FOREIGN KEY 子句和 ADD INDEX 子句为原表添加一个主键、外键和索引等，其中要求首先删除原表中已有的主键；可以通过 DROP PRIMARY KEY 子句、DROP FOREIGN KEY 子句和 DROP INDEX 子句删除原表的主键、外键和索引(详情请参见 3.3.4 节)。

3.2.5 重命名表

MySQL 可以使用 ALTER TABLE 语句的 RENAME [TO]子句为表重新赋予一个表名，也可以使用 RENAME TABLE 语句修改表名。

1. RENAME [TO]子句

在 ALTER TABLE 命令中使用 RENAME [TO]子句修改表名的常用语法格式是：

```
ALTER TABLE 原表名 RENAME [TO] 新表名;
```

例 3.16 使用 RENAME [TO]子句将数据库 db_school 中表 tb_student 重命名为 backup_tb_student。

在 MySQL 的命令行客户端输入如下 SQL 语句：

```
mysql> ALTER TABLE db_school.tb_student RENAME TO db_school.backup_tb_student;
Query OK, 0 rows affected (0.01 sec)
```

2. RENAME TABLE

使用 RENAME TABLE 语句修改表名的常用语法格式是：

```
RENAME TABLE 原表名 1 TO 新表名 1 [, 原表名 2 TO 新表名 2] ... ...;
```

例 3.17 使用 RENAME TABLE 语句将数据库 db_school 中的表 backup_tb_student 再重新命名为 tb_student。

在 MySQL 的命令行客户端输入如下 SQL 语句：

```
mysql> RENAME TABLE db_school.backup_tb_student TO db_school.tb_student;
Query OK, 0 rows affected (0.00 sec)
```

3.2.6 删除表

当需要删除一个表时，可以使用 DROP TABLE 语句来完成，其常用语法格式是：

```
DROP TABLE [IF EXISTS]表 1 [, 表 2] ... ... ;
```

语法说明如下：

- DROP TABLE 命令可以同时删除多个表，表与表之间用逗号分隔即可。
- IF EXISTS 用于在删除表之前判断要删除的表是否存在：如果要删除的表不存在，且删除表时不加 IF EXISTS,则 MySQL 会提示一条错误信息“ERROR 1051 (42S02): Unknown table '表名'”,加上 IF EXISTS 后,如果要删除的表不存在,SQL 语句可以顺利执行,但会发出警告(warning)。

例 3.18 删除数据库 db_school 中的表 tb_student、tb_student1 和 tb_student2。

在 MySQL 的命令行客户端输入如下 SQL 语句:

```
mysql> DROP TABLE db_school.tb_student, db_school.tb_student1, db_school.tb_student2;
Query OK, 0 rows affected (0.00 sec)
```

注意:删除表的同时,表的定义和表中所有的数据均会被删除,所以使用该语句需格外小心。另外,用户在该表上的权限并不会自动被删除。

3.3 数据的完整性约束

关系模型的完整性规则是对关系的某种约束条件。对关系模型施加完整性约束,则是为了在数据库应用中保障数据的正确性和一致性,防止数据库中存在不符合语义的、不正确的数据,这也是数据库服务器最重要的功能之一。关系模型中有三类完整性约束,分别是实体完整性、参照完整性和用户定义的完整性。其中,实体完整性和参照完整性是关系模型必须满足的完整性约束条件,被称作是关系的两个不变性。

在 MySQL 中,各种完整性约束是作为数据表定义的一部分,可通过 CREATE TABLE 或 ALTER TABLE 语句来定义,其语法已在 3.2 节中介绍。一旦定义了完整性约束,MySQL 服务器会随时检测处于更新状态的数据库内容是否符合相关的完整性约束,从而保障数据的正确性与一致性。因此,完整性约束既能有效地防止对 MySQL 数据库的意外破坏和非法存取,又能提高完整性检测的效率,还能减轻 MySQL 数据库编程人员的工作负担。

3.3.1 定义实体完整性

实体完整性规则(Entity Integrity Rule)是指关系的主属性不能取空值,即主键和候选键在关系中所对应的属性都不能取空值。MySQL 中实体完整性就是通过主键约束和候选键约束来实现的。

1. 主键约束

主键是表中某一列或某些列所构成的一个组合。其中,由多个列组合而成的主键也称为复合主键。主键的值必须是唯一的,而且构成主键的每一列的值都不允许为空。在 MySQL 中,主键列必须遵守如下一些规则:

- 每一个表只能定义一个主键。
- 主键的值,也称为键值,必须能够唯一标识表中的每一行记录,且不能为 NULL。也就是说,表中两条不同的记录在主键上不能具有相同的值,这是唯一性原则。
- 复合主键不能包含不必要的多余列。也就是说,当从一个复合主键中删除一列后,如果剩下的列仍能满足唯一性原则,那么这个复合主键是不正确的,这是最小化规则。
- 一个列名在复合主键的列表中只能出现一次。

主键约束可以在 CREATE TABLE 或 ALTER TABLE 语句中使用关键字 PRIMARY KEY 来实

现,其方式有下列两种:

- 一种是作为列级完整性约束,此时只需在表中某个字段定义后加上关键字 PRIMARY KEY 即可,如例 3.19。
- 一种是作为表级完整性约束,需要在表中所有字段定义后添加一条 PRIMARY KEY (index_col_name,...)语法格式的子句,如例 3.20。

例 3.19 在数据库 db_school 中重新定义表 3.1 所示的学生表,要求以列级完整性约束方式定义主键。

在 MySQL 的命令行客户端输入如下 SQL 语句:

```
mysql> USE db_school;
Database changed
mysql> CREATE TABLE tb_student
    -> (
    ->     studentNo CHAR(10) PRIMARY KEY,
    ->     studentName VARCHAR(20) NOT NULL,
    ->     sex CHAR(2) NOT NULL,
    ->     birthday DATE,
    ->     native VARCHAR(20),
    ->     nation VARCHAR(10) DEFAULT '汉',
    ->     classNo CHAR(6)
    -> )ENGINE=InnoDB;
Query OK, 0 rows affected (0.02 sec)
```

因为例 3.18 中已经删除了数据库 db_school 中的学生表 tb_student,故这里可以重新定义它。如果没有执行删除表 tb_student 的操作,重新定义前必须先删除它。

例 3.20 在数据库 db_school 中重新定义表 3.1 所示的学生表 tb_student,要求以表级完整性约束方式定义主键。

在 MySQL 的命令行客户端输入如下 SQL 语句:

```
mysql> DROP TABLE tb_student;
Query OK, 0 rows affected (0.01 sec)
mysql> CREATE TABLE db_school.tb_student
    -> (
    ->     studentNo CHAR(10),
    ->     studentName VARCHAR(20) NOT NULL,
    ->     sex CHAR(2) NOT NULL,
    ->     birthday DATE,
    ->     native VARCHAR(20),
    ->     nation VARCHAR(10) DEFAULT '汉',
    ->     classNo CHAR(6) ,
    ->     PRIMARY KEY(studentNo)
    -> )ENGINE=InnoDB;
Query OK, 0 rows affected (0.03 sec)
```

例 3.19 中已经在数据库 db_school 中定义了学生表 tb_student,故这里必须先删除它才能重新定义。

如果主键仅由一个表中的某一列所构成,上述两种方法均可以定义主键约束;如果主键是由表中多个列所构成的一个组合,则只能用上述第二种方法定义主键约束。定义主键约束后,MySQL 会自动为主键创建一个唯一性索引,用于在查询中使用主键对数据进行快速检索,该索引名默认为 PRIMARY,也可以重新自定义命名。

2. 完整性约束的命名

与数据库中的表和视图一样,可以对完整性约束进行添加、删除和修改等操作。其中,为了删除和修改完整性约束,首先需要在定义约束的同时对其进行命名。命名完整性约束的方法是,在各种完整性约束的定义说明之前加上关键字 CONSTRAINT 和该约束的名字,其语法格式是:

```
CONSTRAINT<symbol>
{PRIMARY KEY(主键字段列表)
|UNIQUE(候选键字段列表)
|FOREIGN KEY(外键字段列表) REFERENCES tb_被参照关系(主键字段列表)
|CHECK(约束条件表达式)};
```

其中,symbol 为指定的约束名字,在完整性约束说明的前面被指定,其在数据库里必须是唯一的。倘若没有明确给出约束的名字,则 MySQL 会自动为其创建一个约束名字。

例 3.21 在数据库 db_school 中重新定义表 3.1 所示的学生表 tb_student,要求以表级完整性约束方式定义主键,并指定主键约束名称为 PK_student。

这里可以在 CREATE TABLE 语句中使用 CONSTRAINT 约束命名子句来实现,在 MySQL 的命令行客户端输入如下 SQL 语句:

```
mysql> DROP TABLE tb_student;
Query OK, 0 rows affected (0.01 sec)
mysql> CREATE TABLE db_school.tb_student
    -> (
    ->      studentNo CHAR(10),
    ->      studentName VARCHAR(20) NOT NULL,
    ->      sex CHAR(2) NOT NULL,
    ->      birthday DATE,
    ->      native VARCHAR(20),
    ->      nation VARCHAR(10) DEFAULT '汉',
    ->      classNo CHAR(6) ,
    ->      CONSTRAINT PK_student PRIMARY KEY(studentNo)
    -> ) ENGINE=InnoDB;
Query OK, 0 rows affected (0.03 sec)
```

在定义完整性约束时,应当尽可能地为其指定名字,以便在需要对完整性约束进行修改或删除操作时,可以更加容易地引用它们。需要注意的是,当前的 MySQL 版本只能给表级的完整性约束指定名字,而无法给列级的完整性约束指定名字。因此,表级完整性约束比列级完整性约束会更受欢迎些。

3. 候选键约束

与主键一样,候选键可以是表中的某一列,也可以是表中某些列所构成的一个组合。任何时候,候选键的值必须是唯一的,且不能为 NULL。候选键可以在 CREATE TABLE 或 ALTER TABLE 语句中使用关键字 UNIQUE 来定义,其实现方法与主键约束相似,同样有列级或者表级完整性约束两种方式。

例 3.22 在已有数据库 db_school 中定义班级表 tb_class,结构如表 3.2 所示,并使用 InnoDB 引擎存储表数据。

表 3.2 班级表 tb_class

含义	字段名	数据类型	宽度
班级编号	classNo	字符型	6
班级名称	className	字符型	20
所属院系	department	字符型	30
年级	grade	数值型	
班级最大人数	classNum	数值型	

在当前用户的 MySQL 命令行客户端输入如下 SQL 语句:

```
mysql> USE db_school;
Database changed
mysql> CREATE TABLE tb_class
    -> (
    ->     classNo CHAR(6) PRIMARY KEY,
    ->     className VARCHAR(20) NOT NULL UNIQUE,
    ->     department VARCHAR(30) NOT NULL,
    ->     grade SMALLINT,
    ->     classNum TINYINT
    -> )ENGINE=InnoDB;
Query OK, 0 rows affected (0.02 sec)
```

班级表 tb_class 中的班级编号 classNo 和班级名称 className 这两列的值都是唯一的,此处在 classNo 列上定义主键约束,在 className 列上定义候选键约束,而且都是定义在列级的完整性约束。如果要将候选键约束定义在表级,则在当前用户的 MySQL 命令行客户端输入如下 SQL 语句:

```
mysql> DROP TABLE tb_class;
Query OK, 0 rows affected (0.00 sec)
mysql> CREATE TABLE tb_class
    -> (
    ->     classNo CHAR(6) PRIMARY KEY,
    ->     className VARCHAR(20) NOT NULL,
    ->     department VARCHAR(30) NOT NULL,
```

```
    ->     grade SMALLINT,
    ->     classNum TINYINT,
    ->     CONSTRAINT UQ_class UNIQUE(className)
    -> )ENGINE=InnoDB;
Query OK, 0 rows affected (0.01 sec)
```

当然,也可以把主键定义为表级完整性约束。

MySQL 中 PRIMARY KEY 与 UNIQUE 之间存在以下几点区别:

- 一个表中只能创建一个 PRIMARY KEY,但可以定义若干个 UNIQUE。
- 定义为 PRIMARY KEY 的列不允许有空值,但定义为 UNIQUE 的字段允许空值的存在。
- 定义 PRIMARY KEY 约束时,系统会自动产生 PRIMARY KEY 索引,而定义 UNIQUE 约束时,系统自动产生 UNIQUE 索引。

3.3.2 定义参照完整性

现实世界中的实体之间往往存在着某种联系,在关系模型中实体及实体间的联系都是用关系来描述的,因此可能存在着关系与关系间的引用。例如学生实体和班级实体可分别用下面的关系模式表示,其中主键用下画线标识。

学生(<u>学号</u>,姓名,性别,出生日期,籍贯,民族,班级编号)

班级(<u>班级编号</u>,班级名称,所属院系,年级,班级最大人数)

这两个关系之间存在着属性的引用,即学生关系引用了班级关系的主键“班级编号”。显然,学生关系中的“班级编号”必须是在班级关系中确实存在的班级编号,即班级关系中有该班级的记录。也就是说,学生关系中的“班级编号”的取值需要参照班级关系中“班级编号”的取值。“班级编号”是班级关系的主键,在学生关系中“班级编号”是外键。

外键是一个表中的一个或一组属性,它不是这个表的主键,但它对应另一个表的主键。外键的主要作用是保证数据引用的完整性,保持数据的一致性。定义外键后,不允许删除外键引用的另一个表中具有关联关系的记录。外键所属的表称作参照关系,相关联的主键所在的表称作被参照关系。

参照完整性规则(Referential Integrity Rule)定义的是外键与主键之间的引用规则,即外键的取值或者为空,或者等于被参照关系中某个主键的值。例如,学生关系中“班级编号”可以取如下两类值:

- 空值,表示还没来得及给该学生分班。
- 非空值,这时该值必须是班级关系中某个记录的“班级编号”字段值,表示该学生不可能分配到一个不存在的班级中。

在定义外键时,需要遵守下列规则:

- 被参照表必须已经使用 CREATE TABLE 语句创建,或者必须是当前正在创建的表。若是后一种情形,则被参照表与参照表是同一个表,这样的表称为自参照表(self-referencing table),这种结构称为自参照完整性(self-referential integrity)。
- 必须为被参照表定义主键或候选键。
- 必须在被参照表的表名后面指定列名或列名的组合,这个列或列组合必须是被参照表的主键或候选键。

- 尽管主键是不能够包含空值的,但允许在外键中出现空值。这意味着,只要外键的每个非空值出现在指定的主键中,这个外键的内容就是正确的。
- 外键对应列的数目必须和被参照表的主键对应列的数目相同。
- 外键对应列的数据类型必须和被参照表的主键对应列的数据类型相同。

例 3.23 在数据库 db_school 中重新定义表 3.1 所示的学生表 tb_student,要求以列级完整性约束方式定义外键。

在 MySQL 的命令行客户端输入如下 SQL 语句:

```
mysql> USE db_school;
Database changed
mysql> DROP TABLE tb_student;
Query OK, 0 rows affected (0.01 sec)
mysql> CREATE TABLE db_school.tb_student
    -> (
    ->     studentNo CHAR(10),
    ->     studentName VARCHAR(20) NOT NULL,
    ->     sex CHAR(2) NOT NULL,
    ->     birthday DATE,
    ->     native VARCHAR(20),
    ->     nation VARCHAR(10) DEFAULT '汉',
    ->     classNo CHAR(6) REFERENCES tb_class(classNo),
    ->     CONSTRAINT PK_student PRIMARY KEY(studentNo)
    -> ) ENGINE=InnoDB;
Query OK, 0 rows affected (0.03 sec)
```

例 3.22 中已经定义了数据表 tb_class,而且定义 classNo 列为主键,此时可以在表 tb_student 的 classNo 列上定义外键约束,其值参照 tb_class 的主键 classNo 的值。

例 3.24 在数据库 db_school 中重新定义表 3.1 所示的学生表 tb_student,要求以表级完整性约束方式定义外键。

在 MySQL 的命令行客户端输入如下 SQL 语句:

```
mysql> DROP TABLE tb_student;
Query OK, 0 rows affected (0.01 sec)
mysql> CREATE TABLE db_school.tb_student
    -> (
    ->     studentNo CHAR(10) L,
    ->     studentName VARCHAR(20) NOT NULL,
    ->     sex CHAR(2) NOT NULL,
    ->     birthday DATE,
    ->     native VARCHAR(20),
    ->     nation VARCHAR(10) DEFAULT '汉',
    ->     classNo CHAR(6) ,
```

```
    ->     CONSTRAINT PK_student PRIMARY KEY(studentNo),
    ->     CONSTRAINT FK_student FOREIGN KEY (classNo) REFERENCES tb_class(classNo)
    -> ) ENGINE=InnoDB;
Query OK, 0 rows affected (0.05 sec)
```

在表 tb_student 的 classNo 列上定义外键约束后，只有当某班级里没有学生时才可以删除该班级信息。MySQL 可以通过定义一个参照动作来修改这个规则，即定义外键时可以显式说明参照完整性约束的违约处理策略。

给外键定义参照动作时，需要包括两部分：一是要指定参照动作适用的语句，即 UPDATE 和 DELETE 语句；二是要指定采取的动作，即 CASCADE、RESTRICT、SET NULL、NO ACTION 和 SET DEFAULT，其中 RESTRICT 为默认值。具体策略如下：

- RESTRICT：限制策略，即当要删除或修改被参照表中被参照列上且在外键中出现的值时，系统拒绝对被参照表的删除或修改操作。
- CASCADE：级联策略，即从被参照表中删除或修改记录时，自动删除或修改参照表中匹配的记录。
- SET NULL：置空策略，即当从被参照表中删除或修改记录时，设置参照表中与之对应的外键列的值为 NULL。这个策略需要被参照表中的外键列没有声明限定词 NOT NULL。
- NO ACTION：表示不采取实施策略，即当一个相关的外键值在被参照表中时，删除或修改被参照表中键值的动作不被允许。该策略的动作语义与 RESTRICT 相同。
- SET DEFAULT：默认值策略，即当从被参照表中删除或修改记录行，设置参照表中与之对应的外键列的值为默认值。这个策略要求已经为该列定义了默认值。

例 3.25 在数据库 db_school 中重新定义表 3.1 所示的学生表 tb_student，要求定义外键的同时定义相应的参照动作。

```
mysql> DROP TABLE tb_student;
Query OK, 0 rows affected (0.01 sec)
mysql> CREATE TABLE db_school.tb_student
    -> (
    ->     studentNo CHAR(10),
    ->     studentName VARCHAR(20) NOT NULL,
    ->     sex CHAR(2) NOT NULL,
    ->     birthday DATE,
    ->     native VARCHAR(20),
    ->     nation VARCHAR(10) DEFAULT '汉',
    ->     classNo CHAR(6) ,
    ->     CONSTRAINT PK_student PRIMARY KEY(studentNo),
    ->     CONSTRAINT FK_student FOREIGN KEY (classNo) REFERENCES tb_class(classNo)
    ->     ON UPDATE RESTRICT
    ->     ON DELETE CASCADE
    -> ) ENGINE=InnoDB;
Query OK, 0 rows affected (0.06 sec)
```

这里定义了两个参照动作，ON UPDATE RESTRICT 表示当某个班级里有学生时不允许修改班级表中的该班级的编号;ON DELETE CASCADE 表示当要删除班级表中的某个班级的编号时,如果该班级里有学生时,就将相应学生记录级联删除。

需要注意的是:

- 外键只能引用主键和候选键。也就是说,只有当被参照关系的某个列或某些列上定义了主键或候选键,DBMS 才允许在参照关系的引用列上定义外键。
- 外键只可以用在使用存储引擎 InnoDB 创建的表中,其他的存储引擎不支持外键。这就是倾向于使用 InnoDB 的原因之一。

3.3.3 用户定义的完整性

除了实体完整性和参照完整性之外,不同的数据库系统根据其应用环境的不同,往往还需要定义一些特殊的约束条件,即用户定义的完整性规则(User-defined Integrity Rule),它反映了某一具体应用所涉及的数据应满足的语义要求。例如,要求学生“性别”值不能为空且只能取值“男”或“女”等。

关系模型提供定义和检验这类完整性规则的机制,其目的是用统一的方式由系统来处理它们,不再由应用程序来完成这项工作。在实际系统中,这类完整性规则一般在建立数据库表的同时进行定义,编程人员不需再做考虑。如果某些约束条件在定义表时没有建立,则编程人员应在各模块的具体编程中通过应用程序进行检查和控制。

MySQL 支持几种用户自定义完整性约束,分别是非空约束、CHECK 约束和触发器。其中,触发器会在本书第八章介绍。这里主要介绍非空约束与 CHECK 约束,这两类完整性约束均可在用户定义数据表的同时进行定义。

1. 非空约束

非空约束是指字段的值不能为空。对于使用了非空约束的字段,如果用户在添加数据时没有给其指定值,数据库系统会报错。

在 MySQL 中,非空约束的定义可以使用 CRETE TABLE 或 ALTER TABLE 语句,在某个列定义后面加上关键字 NOT NULL 作为限定词,来约束该列的取值不能为空。例如,在例 3.19 定义表 tb_student 的语句中对 studentName 和 department 等字段都添加了非空约束,以确保这些字段的取值不可以是 NULL。

2. CHECK 约束

与非空约束一样,CHECK 约束也是在创建表(CREATE TABLE)或修改表(ALTER TABLE)的同时,根据用户的实际完整性要求来定义的。CHECK 约束需要指定限定条件,它可以分别定义为列级或表级完整性约束。列级 CHECK 约束定义的是单个字段需要满足的要求,表级 CHECK 约束可以定义表中多个字段之间应满足的条件。CHECK 约束常用的语法格式是:

```
CHECK (expr);
```

其中,expr 是一个表达式,用于指定需要检查的限定条件。MySQL 可以使用简单的表达式来实现 CHECK 约束,也允许使用复杂的表达式作为限定条件,例如,在限定条件中加入子查询。

例 3.26 在已有数据库 db_school 中定义课程表 tb_course,结构如表 3.3 所示,要求自定义约束:每 16 个课时对应 1 学分。

表 3.3 课程表 tb_course

含义	字段名	数据类型	宽度
课程号	courseNo	字符型	6
课程名	courseName	字符型	20
学分	credit	数值型	
课时数	courseHour	数值型	
开课学期	term	字符型	2
先修课程	priorCourse	字符型	6

在当前用户的 MySQL 命令行客户端输入如下 SQL 语句：

```
mysql> USE db_school;
Database changed
mysql> CREATE TABLE tb_course
    -> (
    ->      courseNo CHAR(6) ,
    ->      courseName VARCHAR(20) NOT NULL,
    ->      credit INT NOT NULL,
    ->      courseHour INT NOT NULL,
    ->      term CHAR(2) ,
    ->      priorCourse CHAR(6) ,
    ->      CONSTRAINT PK_course PRIMARY KEY(courseNo),
    ->      CONSTRAINT FK_course FOREIGN KEY (priorCourse)
    ->      REFERENCES tb_course(courseNo),
    ->      CONSTRAINT CK_course CHECK(credit=courseHour/16)
    -> )ENGINE=InnoDB;
Query OK, 0 rows affected (0.02 sec)
```

这里的 CHECK 约束 CK_course 定义了字段 credit 和 courseHour 之间应满足的函数关系，故只能将它定义为表级完整性约束。

例 3.27 在已有数据库 db_school 中定义成绩表 tb_score，结构如表 3.4 所示，要求成绩取值只能在 0～100 之间。

表 3.4 成绩表 tb_score

含义	字段名	数据类型	宽度
学号	studentNo	字符型	10
课程号	courseNo	字符型	6
成绩	score	数值型	

在当前用户的 MySQL 命令行客户端输入如下 SQL 语句：

```
mysql> USE db_school;
```

```
Database changed
mysql> CREATE TABLE tb_score
    -> (
    ->     studentNo CHAR(10),
    ->     courseNo CHAR(6) ,
    ->     score FLOAT CHECK(score>=0 AND score<=100),
    ->     CONSTRAINT PK_score PRIMARY KEY(studentNo,courseNo),
    ->     CONSTRAINT FK_score1 FOREIGN KEY (studentNo)
    ->     REFERENCES tb_student(studentNo),
    ->     CONSTRAINT FK_score2 FOREIGN KEY (courseNo)
    ->     REFERENCES tb_course(courseNo)
    -> )ENGINE=InnoDB;
Query OK, 0 rows affected (0.03 sec)
```

3.3.4 更新完整性约束

当对各种约束进行命名后,就可以使用 ALTER TABLE 语句来更新与列或表有关的各种约束。

1. 删除约束

如果使用 DROP TABLE 语句删除表,则该表上定义的所有完整性约束都被自动删除了。使用 ALTER TABLE 语句可以独立地删除完整性约束,而不会删除表本身。下面分别介绍使用 ALTER TABLE 语句删除各种完整性约束。

(1) 删除外键约束

删除外键约束时,如果外键约束是使用 CONSTRAINT 子句命名的表级完整性约束,其语法格式是:

```
ALTER TABLE <表名> DROP FOREIGN KEY <外键约束名>;
```

例 3.28 删除例 3.27 中表 tb_score 在 studentNo 上定义的外键约束 FK_score1。

```
mysql> ALTER TABLE tb_score DROP FOREIGN KEY FK_score1;
Query OK, 0 rows affected (0.03 sec)
Records: 0  Duplicates: 0  Warnings: 0
```

当要删除无命名的外键约束时,可先使用 SHOW CREATE TABLE 语句查看系统给外键约束指定的名称,然后再删除该约束名。

例 3.29 在表 tb_score 的字段 studentNo 上定义一个无命名的外键约束,然后删除它。

例 3.28 已经删除了表 tb_score 在 studentNo 上定义的外键约束,接下来先定义一个无命名的外键约束:

```
mysql> ALTER TABLE tb_score ADD FOREIGN KEY (studentNo) REFERENCES tb_student(studentNo);
Query OK, 0 rows affected (0.02 sec)
Records: 0  Duplicates: 0  Warnings: 0
```

然后,使用 SHOW CREATE TABLE 语句查看系统给外键约束指定的名称:

```
mysql > SHOW CREATE TABLE tb_score \G;
********************* 1.row ***********************
```

```
       Table:tb_score
Create Table:CREATE TABLE 'tb_score'(
  'studentNo' char(10)NOT NULL DEFAULT '',
  'courseNo' char(6) NOT NULL DEFAULT '',
  'score' float DEFAULT NULL,
  PRIMARY KEY('studentNo','courseNo'),
  KEY 'FK_score2'('courseNo'),
  CONSTRAINT 'FK_score1_ibfk_1' FOREIGN KEY ('studentNo') REFERENCES 'tb_student'
('studentNo'),
  CONSTRAINT 'FK_score2' FOREIGN KEY ('courseNo') REFERENCES 'tb_course'('courseNo')
> ENGINE=InnoDB DEFAULT CHARSET=gb2312
1 row in set <0.05 sec>
```

（注：由于当前版本的 MySQL 不支持对 CHECK 约束的违约检查，故执行 SHOW CREATE TABLE 语句的结果中不显示 score 字段上的 CHECK 约束。）

可以看出，MySQL 给字段 studentNo 上定义的外键约束名称为 tb_score_ibfk_1。

最后，使用 ALTER TABLE 语句删除该约束，即：

```
mysql> ALTER TABLE tb_score DROP FOREIGN KEY tb_score_ibfk_1;
Query OK, 0 rows affected (0.03 sec)
Records: 0  Duplicates: 0  Warnings: 0
```

（2）删除主键约束

删除主键约束时，因为一个表只能定义一个主键，所以无论有没有给主键约束命名，均使用 DROP PRIMARY KEY，其语法格式是：

```
ALTER TABLE <表名> DROP PRIMARY KEY;
```

例 3.30 删除例 3.21 在学生表上定义的主键约束。

在 MySQL 命令行客户端输入如下 SQL 语句：

```
mysql>ALTER TABLE tb_student DROP PRIMARY KEY;
Query OK, 0 rows affected (0.03 sec)
Records: 0  Duplicates: 0  Warnings: 0
```

（3）删除候选键约束

删除候选键约束时，MySQL 实际删除的是唯一性索引，应使用 DROP INDEX 子句删除。如果没有给约束命名，MySQL 自动将字段名定义为索引名。其语法格式是：

```
ALTER TABLE <表名> DROP {约束名|候选键字段名}
```

例 3.31 删除例 3.22 在班级表 tb_class 的字段 className 上定义的候选键约束。

如果没有给候选键命名，使用 DROP INDEX 子句删除的是定义候选键的字段名：

```
mysql> ALTER TABLE tb_class DROP INDEX className;
Query OK, 0 rows affected (0.02 sec)
Records: 0  Duplicates: 0  Warnings: 0
```

如果使用了 CONSTRAINT 子句给候选键命名，使用 DROP INDEX 子句删除的是约束名：

```
mysql> ALTER TABLE tb_class DROP INDEX UQ_class;
Query OK, 0 rows affected (0.05 sec)
```

```
Records: 0  Duplicates: 0  Warnings: 0
```

2. 添加约束

使用 CREATE TABLE 命令定义表时,可以直接定义相关的完整性约束。数据表定义完成后,可以使用 ALTER TABLE 语句添加完整性约束。

(1) 添加主键约束

添加主键约束的语法格式是:

```
ALTER TABLE <表名> ADD [CONSTRAINT <约束名>] PRIMARY KEY (主键字段);
```

例 3.32 重新定义例 3.30 删除的主键约束,即重新在学生表 tb_student 的字段 studentNo 上定义主键约束。

```
mysql> ALTER TABLE tb_student ADD CONSTRAINT PK_student PRIMARY KEY(studentNo);
Query OK, 0 rows affected (0.02 sec)
Records: 0  Duplicates: 0  Warnings: 0
```

(2) 添加外键约束

添加外键约束的语法格式是:

```
ALTER TABLE <表名> ADD [CONSTRAINT <约束名>] FOREIGN KEY (外键字段名)
REFERENCES 被参照表(主键字段名);
```

例 3.33 重新定义例 3.28 删除的外键约束,即重新在成绩表 tb_score 的字段 studentNo 上定义外键约束。

```
mysql> ALTER TABLE tb_score
    -> ADD CONSTRAINT FK_score1 FOREIGN KEY (studentNo)
    -> REFERENCES tb_student(studentNo);
Query OK, 0 rows affected (0.03 sec)
Records: 0  Duplicates: 0  Warnings: 0
```

(3) 添加候选键约束

添加候选键约束的语法格式是:

```
ALTER TABLE <表名> ADD [CONSTRAINT <约束名>] UNIQUE KEY(字段名);
```

例 3.34 重新定义例 3.31 删除的候选键约束,即重新在班级表 tb_class 的字段 className 上定义的候选键约束。

```
mysql> ALTER TABLE tb_class
    -> ADD CONSTRAINT UQ_class UNIQUE KEY(className);
Query OK, 0 rows affected (0.07 sec)
Records: 0  Duplicates: 0  Warnings: 0
```

完整性约束不能直接被修改,若要修改某个约束,实际上是用 ALTER TABLE 语句先删除该约束,然后再增加一个与该约束同名的新约束。

思考与练习

一、选择题

1. 在 MySQL 中,通常用来指定一个已有数据库作为当前数据库的语句是________。

A）USING B）USED C）USES D）USE

2. 下列选项中不是 MySQL 中常用数据类型的是________。

A）INT B）VAR C）TIME D）CHAR

二、填空题

1. 在 MySQL 中，通常使用______值来表示一个字段没有值或缺值。

2. 在 CREATE TABLE 语句中，通常使用______关键字来指定主键。

3. MySQL 支持关系模型中______、______和______三种不同的完整性约束。

三、应用题

给定供应商供应零件的数据库 db_sp，其中包含供应商表 S、零件表 P 和供应情况表 SP，表结构如下：

供应商 S(SNO,SNAME,STATUS,CITY)，各字段的含义依次为供应商编号、供应商名称、状态和所在城市，其中 STATUS 为整型，其他均为字符型。

零　件 P(PNO,PNAME,COLOR,WEIGHT)，各字段的含义依次为零件编号、零件名称、颜色和重量，其中 WEIGHT 为浮点型，其他均为字符型。

供　应 SP(SNO,PNO,JNO,QTY)，各字段的含义依次为供应商编号、零件编号和供应量，其中 QTY 为整型，其他均为字符型。

1. 请使用 MySQL 命令行客户端创建一个名称为 db_sp 的数据库。

2. 请使用 MySQL 命令行客户端在数据库 db_sp 中创建 S 表、P 表、J 表和 SP 表，要求定义如下完整性：

（1）定义 S 表、P 表和 SP 表上的主码和外码，以保证实体完整性和参照完整性。

（2）S 表中的 SNAME 属性取值不为空且唯一。

（3）定义产品的颜色只允许取“Red”“Yellow”“Green”或“Blue”。

（4）定义供应商所在城市为“London”时其 STATUS（状态）均为 20。

四、简答题

1. 请分别解释 AUTO_INCREMENT、默认值和 NULL 值的用途？

2. 什么是实体完整性？

3. MySQL 是如何实现实体完整性约束的？

第四章　数据查询

成功创建数据库和表模式(表的结构)后,就可以针对表中的数据开展各种交互操作了。这些操作可以有效地使用、维护和管理数据库中的表数据。在数据库应用中,最常用的操作是查询,其用途是从数据库的一个或多个表中检索出所要求的数据信息。

在 MySQL 中,使用 SELECT 语句可以从数据表或视图中查询满足条件的记录。SELECT 语句功能强大、使用灵活,其数学理论基础是关系数据模型中对表对象的一组关系运算,即选择(selection)、投影(projection)和连接(join)。本章主要介绍 SELECT 语句的语法要素,并重点学习使用 SELECT 语句对 MySQL 数据库进行各种查询的方法。

4.1　SELECT 语句

使用 SELECT 语句可以在需要时从数据库中快捷方便地检索、统计或输出数据。该语句的执行过程是从数据库中选取匹配的特定行和列,并将这些数据组织成一个结果集,然后以一张临时表的形式返回。在 MySQL 中,SELECT 语句的语法内容较多,本书主要介绍 SELECT 语句的一些简单、常用的语法。SELECT 语句的常用语法格式为:

```
SELECT [ALL|DISTINCT|DISTINCTROW] <目标列表达式 1> [, <目标列表达式 2>] ...
FROM <表名 1 或视图名 1>[, <表名 2 或视图名 2> ] ...
[WHERE<条件表达式> ]
[GROUP BY <列名 1> [ HAVING <条件表达式> ] ]
[ORDER BY <列名 2> [ ASC|DESC ] ]
[LIMIT [m,] n];
```

语法说明如下:

- ALL|DISTINCT|DISTINCTROW:为可选项,用于指定是否应返回结果集中的重复行。若没有指定这些选项,则默认为 ALL,即返回 SELECT 操作中所有匹配的行,包括可能存在的重复行;若指定选项 DISTINCT 或 DISTINCTROW,则会消除结果集中的重复行,其中 DISTINCT 或 DISTINCTROW 为同义词,且这两个关键字应用于 SELECT 语句中所指定的所有列,故在 SELECT 语句中只需要指定一次,不需要在每个目标列前都指定。
- SELECT 子句:用于指定要显示的字段或表达式。FROM 子句用于指定数据来源于哪些表或视图;WHERE 子句为可选项,用于指定对记录的过滤条件;GROUP BY 子句为可选项,用于将查询结果集按指定的字段值分组;HAVING 子句为可选项,用于指定分组结果集的过滤条件;ORDER BY 子句为可选项,用于将查询结果集按指定字段值的升序或降序排序;LIMIT 子句为可选项,用于指定查询结果集包含的记录数。

在 SELECT 语句中,所有可选子句必须依照 SELECT 语句的语法格式所罗列的顺序使用。

例如,一个 HAVING 子句必须位于 GROUP BY 子句之后,并位于 ORDER BY 子句之前。表 4.1 描述了在 SELECT 语句中各子句的使用次序及说明。

表 4.1 SELECT 语句中各子句的使用次序及说明

子句	说明	是否必须使用
SELECT	指定返回的列或表达式	是
FROM	指定检索数据的表	仅在从表选择数据时使用
WHERE	指定行级过滤条件	否
GROUP BY	指定分组字段	仅在按组计算聚合时使用
HAVING	指定组级过滤条件	否
ORDER BY	指定排序字段及排序方式	否
LIMIT	指定返回的记录数	否

SELECT 语句既可以完成简单的单表查询,也可以实现复杂的连接查询和嵌套查询。

本章将以学校数据库 db_school 中的部分数据表为例,介绍 SELECT 语句的各种用法。其中,数据库 db_school 中各数据表的定义参见 3.3 节,数据记录如表 4.2~表 4.5 所示。

表 4.2 班级表 tb_class

classNo	className	department	grade	classNum
AC1301	会计 13-1 班	会计学院	2013	35
AC1302	会计 13-2 班	会计学院	2013	35
CS1401	计算机 14-1 班	计算机学院	2014	35
IS1301	信息系统 13-1 班	信息学院	2013	NULL
IS1401	信息系统 14-1 班	信息学院	NULL	30

表 4.3 学生表 tb_student

studentNo	studentName	sex	birthday	native	nation	classNo
2013110101	张晓勇	男	1997-12-11	山西	汉	AC1301
2013110103	王一敏	女	1996-03-25	河北	汉	AC1301
2013110201	江山	女	1996-09-17	内蒙古	锡伯	AC1302
2013110202	李明	男	1996-01-14	广西	壮	AC1302
2013310101	黄菊	女	1995-09-30	北京	汉	IS1301
2013310103	吴昊	男	1995-11-18	河北	汉	IS1301
2014210101	刘涛	男	1997-04-03	湖南	侗	CS1401
2014210102	郭志坚	男	1997-02-21	上海	汉	CS1401
2014310101	王林	男	1996-10-09	河南	汉	IS1401
2014310102	李怡然	女	1996-12-31	辽宁	汉	IS1401

表 4.4 课程表 tb_course

courseNo	courseName	credit	courseHour	term	priorCourse
11003	管理学	2	32	2	NULL
11005	会计学	3	48	3	NULL
21001	计算机基础	3	48	1	NULL
21002	OFFICE 高级应用	3	48	2	21001
21004	程序设计	4	64	2	21001
21005	数据库	4	64	4	21004
21006	操作系统	4	64	5	21001
31001	管理信息系统	3	48	3	21004
31002	信息系统_分析与设计	2	32	4	31001
31005	项目管理	3	48	5	31001

表 4.5 成绩表 tb_score

studentNo	courseNo	score
2013110101	11003	90
2013110101	21001	86
2013110103	11003	89
2013110103	21001	88
2013110201	11003	78
2013110201	21001	92
2013110202	11003	82
2013110202	21001	85
2013310101	21004	83
2013310101	31002	68
2013310103	21004	80
2013310103	31002	76
2014210101	21002	93
2014210101	21004	89
2014210102	21002	95
2014210102	21004	88
2014310101	21001	79
2014310101	21004	80
2014310102	21001	91
2014310102	21004	87

4.2 单表查询

单表查询是指仅涉及一个表的查询。

4.2.1 选择字段

由 SELECT 语句的语法可知，最简单的 SELECT 语句形式是“SELECT <目标列表达式>”。使用这种最简单的 SELECT 语句可以进行 MySQL 所支持的任何运算。例如，执行语句“SELECT 1+1”，系统会返回数值 2。

在 SELECT 语句中，“<目标列表达式>”用于指定需要查询的内容，包括字段名、算术表达式、字符串常量、函数和列别名等。使用 SELECT 语句查询表中的指定字段，其语法格式是：

```
SELECT 目标列表达式 1, 目标列表达式 2,..., 目标列表达式 n
FROM 表名;
```

1. 查询指定字段

在很多情况下，用户只对数据表中的一部分字段感兴趣，这时可以通过在 SELECT 子句的“<目标列表达式>”中指定要查询的字段。若要查询的字段有多个，则各个字段名之间需要用逗号分隔。查询结果返回时，结果集中各字段是依照 SELECT 子句中指定字段的次序给出的。

例 4.1 查询所有班级的班级编号、所属学院和班级名称。

在 MySQL 命令行客户端输入如下 SQL 语句：

```
mysql> SELECT classNo, department, className FROM tb_class;
```

该查询的执行过程是：首先从 tb_class 表中依次取出每条记录，然后对每条记录仅选取 classNo、department 和 className 三个字段的值，形成一条新的记录，最后将这些新记录组织为一个结果表输出。该查询结果如下所示：

```
+----------+------------+----------------+
| classNo  | department | className      |
+----------+------------+----------------+
| AC1301   | 会计学院   | 会计 13-1 班   |
| AC1302   | 会计学院   | 会计 13-2 班   |
| CS1401   | 计算机学院 | 计算机 14-1 班 |
| IS1301   | 信息学院   | 信息系统 13-1 班 |
| IS1401   | 信息学院   | 信息系统 14-1 班 |
+----------+------------+----------------+
5 rows in set <0.00 sec>
```

从查询结果可以看出，“<目标列表达式>”中各个字段的先后顺序可以与表中字段定义的顺序不一致，用户可以根据应用的需要改变字段的显示顺序。

例 4.2 从班级表 tb_class 中查询出所有的院系名称。

在 MySQL 命令行客户端输入如下 SQL 语句：

```
mysql> SELECT department FROM tb_class;
```

查询结果为：

```
+--------------+
| department   |
+--------------+
| 会计学院     |
| 会计学院     |
| 计算机学院   |
| 信息学院     |
| 信息学院     |
+--------------+
5 rows in set <0.06 sec>
```

该查询结果中包含了 2 条重复的记录。如果想要去掉重复记录，必须在 SELECT 关键字后面指定关键字 DISTINCT 或 DISTINCTROW，即：

```
mysql> SELECT DISTINCT department FROM tb_class;
```

或

```
mysql> SELECT DISTINCTROW department FROM tb_class;
```

这两条语句的执行结果相同，如下所示：

```
+--------------+
| department   |
+--------------+
| 会计学院     |
| 计算机学院   |
| 信息学院     |
+--------------+
3 rows in set <0.00 sec>
```

如果没有指定关键字 DISTINCT 或 DISTINCTROW，则缺省为 ALL，即保留结果表中取值重复的记录，如下所示：

```
mysql> SELECT department FROM tb_class;
```

等价于：

```
mysql> SELECT ALL department FROM tb_class;
```

注意：SELECT 子句中有多个目标列，关键字 DISTINCT 或 DISTINCTROW 应用于 SELECT 子句中的所有目标列，而不是它后面的第一个指定列。

2. 查询所有字段

查询一个表中的所有字段有两种方法：一种方法是在 SELECT 关键字后面列出所有的字段名；另一种方法是在 SELECT 关键字后面直接使用星号（ * ）通配符，而不必逐个列出所有列名，此时结果集中各列的次序与这些列在表定义中出现的顺序一致。

例 4.3 查询全体学生的详细信息。

在 MySQL 命令行客户端输入如下 SQL 语句：

```
mysql> SELECT * FROM tb_student;
```

该查询等价于：

```
mysql> SELECT studentNo, studentName, sex, birthday, native, nation, classNo FROM tb_student;
```

3. 查询经过计算的值

SELECT 子句的“<目标列表达式>”不仅可以是表中的字段名,也可以是表达式,还可以是字符串常量、函数等。

例 4.4 查询全体学生的姓名、性别和年龄。

在 MySQL 命令行客户端输入如下 SQL 语句:

```
mysql>SELECT studentName, sex, 'Age:', YEAR(NOW())-YEAR(birthday) FROM tb_student;
```

例 4.4 中,“<目标列表达式>”中的第三项和第四项都不是字段名,第三项'Age:'是一个字符串常量,第四项 YEAR(NOW())-YEAR(birthday)是一个计算表达式,用于计算学生的年龄,其中又包含了两个函数:NOW()函数返回当前日期和时间值,也可以使用 CURDATE()函数返回当前日期,YEAR()函数返回指定日期对应的年份。其输出结果为:

studentName	sex	Age:	YEAR(NOW())-YEAR(birthday)
张晓勇	男	Age:	17
王一敏	女	Age:	18
江山	女	Age:	18
李明	男	Age:	18
黄菊	女	Age:	19
吴昊	男	Age:	19
刘涛	男	Age:	17
郭志坚	男	Age:	17
王林	男	Age:	18
李怡然	女	Age:	18

10 rows in set <0.00 sec>

从结果表可以看出,第四列显示的名称很长,且不够直观。MySQL 可以通过指定别名来改变查询结果的列标题,这对于含算术表达式、常量、函数名的目标列表达式尤为重要。

4. 定义字段的别名

在系统输出查询结果集中某些列或所有列的名称时,若希望这些列的名称显示为自定义的列名,则可以在 SELECT 子句的目标列表达式之后添加 AS 子句,以此来指定查询结果集中字段的别名。为字段定义别名的语法格式是:

```
字段名 [AS] 字段别名
```

其中 AS 为可选项。

例 4.5 查询全体学生的姓名、性别和年龄,要求给目标列表达式取别名。

在 MySQL 命令行客户端输入如下 SQL 语句:

```
mysql> SELECT studentName AS 姓名, sex 性别, YEAR(NOW())-YEAR(birthday) 年龄
    -> FROM tb_student;
```

其输出结果为:

```
+---------+-------+-------+
| 姓名    | 性别  | 年龄  |
+---------+-------+-------+
| 张晓勇  | 男    |    17 |
| 王一敏  | 女    |    18 |
| 江山    | 女    |    18 |
| 李明    | 男    |    18 |
| 黄菊    | 女    |    19 |
| 吴昊    | 男    |    19 |
| 刘涛    | 男    |    17 |
| 郭志坚  | 男    |    17 |
| 王林    | 男    |    18 |
| 李怡然  | 女    |    18 |
+---------+-------+-------+
10 rows in set <0.06 sec>
```

由结果可以看到,该查询语句为每个目标列表达式都取了别名,这样就增加了查询结果的可读性。

需要注意的是:当自定义的别名中含有空格时,必须使用单引号将别名括起来。例如,例4.5中若字段studentName的别名为"姓　名"时,则需要在MySQL的命令行客户端重新输入如下SQL语句:

```
mysql> SELECT studentName '姓　名', sex 性别, YEAR(NOW())-YEAR(birthday) 年龄
    -> FROM tb_student;
```

另外,字段的别名不允许出现在WHERE子句中。

4.2.2 选择指定记录

数据表中包含大量的数据,用户查询时可能只需要查询表中的指定数据,即对数据进行过滤。在SELECT语句中,可以使用WHERE子句,并根据WHERE子句中指定的过滤条件(也称搜索条件或查询条件),从FROM子句的中间结果中选取适当的数据行,实现数据的过滤。其语法格式是:

```
SELECT 目标列表达式 1, 目标列表达式 2,..., 目标列表达式 n
FROM 表名
WHERE 查询条件;
```

WHERE子句常用的查询条件如表4.6所示。

表4.6 常用的查询条件

查询条件	操作符
比　较	=, <>, !=, <, <=, >,>=, !<, !>, NOT+含比较运算符的表达式
确定范围	BETWEEN AND, NOT BETWEEN AND
确定集合	IN, NOT IN
字符匹配	LIKE, NOT LIKE
空　值	IS NULL, IS NOT NULL
多重条件	AND, OR

1. 比较大小

比较运算符用于指定目标列表达式的值，当目标列表达式的值与指定的值相等时，返回逻辑值 TRUE(真)，否则返回 FALSE(假)。

例 4.6 查询课时大于等于 48 学时的课程名称及学分。

在 MySQL 命令行客户端输入如下 SQL 语句：

```
mysql> SELECT courseName,credit,courseHour
    -> FROM tb_course
    -> WHERE courseHour>=48;
```

其查询结果如下：

courseName	credit	courseHour
会计学	3	48
计算机基础	3	48
OFFICE 高级应用	3	48
程序设计	4	64
数据库	4	64
操作系统	4	64
管理信息系统	3	48
项目管理	3	48

8 rows in set <0.04 sec>

可以看到，所有记录的学时数均等于或大于 48，而学时数小于 48 的课程记录没有被返回。另外，“大于等于”也可以表达为“不小于”，所以该查询也可以使用关键字 NOT 来改写，如下所示：

```
mysql> SELECT courseName,credit
    -> FROM tb_course
    -> WHERE NOT courseHour<48;
```

例 4.7 查询少数民族学生的姓名、性别、籍贯和民族。

在 MySQL 命令行客户端输入如下 SQL 语句：

```
mysql> SELECT studentName,sex,native,nation
    -> FROM tb_student
    -> WHERE nation! ='汉';
```

其查询结果如下：

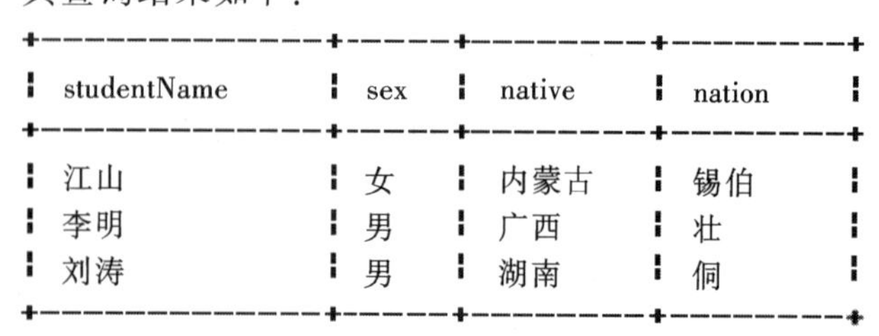

studentName	sex	native	nation
江山	女	内蒙古	锡伯
李明	男	广西	壮
刘涛	男	湖南	侗

3 rows in set <0.02 sec>

该查询语句中的符号“！ =”可以用“<>”代替，表示“不等于”，当然也可以用 NOT 和“=”符号表示，故该查询语句等价于：

```
mysql> SELECT studentName,sex,native,nation
```

```
    -> FROM tb_student
    -> WHERE NOT nation='汉';
```

从例 4.7 可以看出,比较运算符不仅可以用来把字段值与数字做比较,也可以用来比较字符串。

2. 带 BETWEEN...AND 关键字的范围查询

当查询的过滤条件被限定在某个取值范围时,可以使用 BETWEEN...AND 操作符。其语法格式是:

```
expression [ NOT ] BETWEEN expression1 AND expression2
```

其中,表达式 expression1 的值不能大于表达式 expression2 的值。当不使用关键字 NOT 时,如果表达式 expression 的值在表达式 expression1 与 expression2 之间(包括这两个值),则返回 TRUE,否则返回 FALSE;如果使用关键字 NOT 时,其返回值正好相反。

例 4.8 查询出生日期在 1997-01-01 和 1997-12-31 之间的学生姓名、性别和出生日期。

在 MySQL 命令行客户端输入如下 SQL 语句:

```
mysql> SELECT studentName,sex,birthday
    -> FROM tb_student
    -> WHERE birthday BETWEEN '1997-01-01'AND '1997-12-31';
```

其查询结果如下:

```
+--------------+------+------------+
| studentName  | sex  | birthday   |
+--------------+------+------------+
| 张晓勇       | 男   | 1997-12-11 |
| 刘涛         | 男   | 1997-04-03 |
| 郭志坚       | 男   | 1997-02-21 |
+--------------+------+------------+
3 rows in set <0.00 sec>
```

BETWEEN...AND 操作符前可以加关键字 NOT,表示指定范围之外的值,如果字段值不满足指定的范围,则这些记录被返回。

例 4.9 查询出生日期不在 1997-01-01 和 1997-12-31 之间的学生姓名、性别和出生日期。

在 MySQL 命令行客户端输入如下 SQL 语句:

```
mysql> SELECT studentName,sex,birthday
    -> FROM tb_student
    -> WHERE birthday NOT BETWEEN '1997-01-01'AND '1997-12-31';
```

其查询结果如下:

```
+--------------+------+------------+
| studentName  | sex  | birthday   |
+--------------+------+------------+
| 王一敏       | 女   | 1996-03-25 |
| 江山         | 女   | 1996-09-17 |
| 李明         | 男   | 1996-01-14 |
| 黄菊         | 女   | 1995-09-30 |
| 吴昊         | 男   | 1995-11-18 |
| 王林         | 男   | 1996-10-09 |
| 李怡然       | 女   | 1996-12-31 |
+--------------+------+------------+
7 rows in set <0.00 sec>
```

从例 4.8 和例 4.9 的查询结果可以看出，两者没有交集。

3. 带 IN 关键字的集合查询

使用关键字 IN 可以用来查找字段值属于指定集合范围内的记录，当要判定的值匹配集合范围内的任意一个值时，会返回结果 TRUE，否则返回 FALSE。注意，尽管关键字 IN 可用于范围判定，但其最主要的作用是表达子查询，可参见 4.5.1 节带 IN 关键字的子查询。

例 4.10 查询籍贯是北京、天津和上海的学生信息。

在 MySQL 命令行客户端输入如下 SQL 语句：

```
mysql> SELECT *
    -> FROM tb_student
    -> WHERE native IN ('北京','天津','上海');
```

其查询结果如下：

studentNo	studentName	sex	birthday	native	nation	classNo
2013310101	黄菊	女	1995-09-30	北京	汉	IS1301
2014210102	郭志坚	男	1997-02-21	上海	汉	CS1401

2 rows in set <0.05 sec>

相反，可以使用关键字 NOT 来查询属性值不属于集合范围内的记录。

例 4.11 查询籍贯不是北京、天津和上海的学生信息。

在 MySQL 命令行客户端输入如下 SQL 语句：

```
mysql> SELECT *
    -> FROM tb_student
    -> WHERE native NOT IN ('北京','天津','上海');
```

其查询结果如下：

studentNo	studentName	sex	birthday	native	nation	classNo
2013110101	张晓勇	男	1997-12-11	山西	汉	AC1301
2013110103	王一敏	女	1996-03-25	河北	汉	AC1301
2013110201	江山	女	1996-09-17	内蒙	锡伯	AC1302
2013110202	李明	男	1996-01-14	广西	壮	AC1302
2013310103	吴昊	男	1995-11-18	河北	汉	IS1301
2014210101	刘涛	男	1997-04-03	湖南	侗	CS1401
2014310101	王林	男	1996-10-09	河南	汉	IS1401
2014310102	李怡然	女	1996-12-31	辽宁	汉	IS1401

8 rows in set <0.00 sec>

4. 带 LIKE 关键字的字符串匹配查询

关键字 LIKE 可以用来进行字符串的匹配，其一般语法格式如下：

```
[ NOT ] LIKE '<匹配串>'[ ESCAPE '<换码字符>' ]
```

其含义是查找指定的字段值与“<匹配串>”相匹配的记录。“<匹配串>”可以是一个完整的常字符串，也可以含有通配符。利用通配符可以在不能完全确定比较值的情形下，创建一个用于比较特定数据的搜索模式,并置于关键字 LIKE 后。通配符可以出现在指定字段值的任意位置,并且可以同时使用多个。

MySQL 所支持的常用通配符有两种:“%”和“_”。其中,“%”(百分号)代表任意长度的字符串,甚至包括长度为零的字符;“_”(下横线)代表任意单个字符。能进行匹配运算的字段可以是 CHAR、VARCHAR、TEXT、DATETIME 等数据类型,运算返回的结果是逻辑值 TRUE 或 FALSE。

例 4.12 查询学号为 2013110201 的学生的详细情况。

在 MySQL 命令行客户端输入如下 SQL 语句:

```
mysql> SELECT *
    -> FROM tb_student
    -> WHERE studentNo LIKE '2013110201';
```

其中,LIKE 后面的“<匹配串>”为常字符串,不包含通配符,此时 LIKE 可用“=”代替,相应地,可用“!=”或“<>”代替 NOT LIKE。

例 4.13 查询所有姓“王”的学生的学号、姓名和班号。

在 MySQL 命令行客户端输入如下 SQL 语句:

```
mysql> SELECT studentNo, studentName, classNo
    -> FROM tb_student
    -> WHERE studentName LIKE '王%';
```

其查询结果如下:

studentNo	studentName	classNo
2013110103	王一敏	AC1301
2014310101	王林	IS1401

2 rows in set <0.00 sec>

该查询返回了姓名以“王”字开头,长度为两个中文字和三个中文字的记录。

例 4.14 查询所有不姓“王”的学生的学号、姓名和班号。

在 MySQL 命令行客户端输入如下 SQL 语句:

```
mysql> SELECT studentNo, studentName, classNo
    -> FROM tb_student
    -> WHERE studentName NOT LIKE '王%';
```

其查询结果如下:

studentNo	studentName	classNo
2013110101	张晓勇	AC1301
2013110201	江山	AC1302
2013110202	李明	AC1302
2013310101	黄菊	IS1301
2013310103	吴昊	IS1301
2014210101	刘涛	CS1401
2014210102	郭志坚	CS1401
2014310102	李怡然	IS1401

8 rows in set <0.00 sec>

例 4.15 查询姓名中包含“林”字的学生学号、姓名和班号。

在 MySQL 命令行客户端输入如下 SQL 语句:

```
mysql> SELECT studentNo, studentName, classNo
    -> FROM tb_student
    -> WHERE studentName LIKE '%林%';
```

该查询可以返回姓“林”或名字中包含“林”字的记录,只要姓名中包含“林”字,不管前面或后面有多少个字符,都满足查询的条件。

例 4.16 查询姓“王”且姓名长度为三个中文字的学生的学号、姓名和班号。

在 MySQL 命令行客户端输入如下 SQL 语句:

```
mysql> SELECT studentNo, studentName, classNo
    -> FROM tb_student
    -> WHERE studentName LIKE '王__';
```

其查询结果如下:

studentNo	studentName	classNo
2013110103	王一敏	AC1301

1 row in set <0.00 sec>

为了满足查询条件姓“王”且姓名长度为三个中文字,匹配串'王__'中使用了两个“_”(下横线)通配符。

如果要匹配的字符串本身就含有通配符“%”或“_”,这时就要使用 ESCAPE '<换码字符>'短语对通配符进行转义,把通配符“%”或“_”转换成普通字符。

例 4.17 查询课程名称中含有下画线“_”的课程信息。

在 MySQL 命令行客户端输入如下 SQL 语句:

```
mysql> SELECT *
    -> FROM tb_course
    -> WHERE courseName LIKE '%#_%'ESCAPE '#';
```

其查询结果如下:

courseNo	courseName	credit	courseHour	term	priorCourse
31002	信息系统_分析与设计	2	32	4	31001

1 row in set <0.00 sec>

由于通常情况下,下画线“_”是一个通配符,所以这里使用关键字 ESCAPE 指定一个转义字符“#”,'<匹配串>'中“#”后面的“_”不再是通配符,从而改变“_”原有的特殊作用,使其在匹配串中成为一个普通字符。

使用通配符时需要注意:MySQL 默认是不区分大小写的,如若要区分大小写,则需更换字符集的校对规则;另外,百分号“%”不能匹配空值 NULL。

5. 使用正则表达式的查询

正则表达式通常被用来检索或替换符合某个模式的文本内容,根据指定的匹配模式查找文本中符合要求的特殊字符串。例如从一个文本文件中提取电话号码、查找一篇文章中重复的词语或者替换用户输入的某些敏感词语等，这些情况都可以使用正则表达式。正则表达式非常强大而且灵活，可以应用于非常复杂的查询。

MySQL 中使用关键字 REGEXP 指定正则表达式的字符匹配模式，其语法格式是：

```
[ NOT ][ REGEXP | RLIKE ] <正则表达式>
```

其中，运算符 RLIKE 是 REGEXP 的同义词。在不使用数据库表的情况下，可以直接将正则表达式置于 SELECT 关键字之后，进行简单的正则表达式测试，如果返回 0，则表示没有匹配；返回 1，则表示匹配成功。例如，语句“SELECT 'begin 'REGEXP 'f * n '; ”返回结果为 1。

使用正则表达式可以匹配任意一个字符或在指定集合范围内查找某个匹配的字符；可以实现待搜索对象的选择性匹配，即在匹配模式中使用“|”分隔每个供选择匹配的字符串；也可以使用定位符匹配处于特定位置的文本。此外，在正则表达式中还可以对要匹配的字符或字符串的数目进行控制。表 4.7 给出了 REGEXP 操作符中常用的字符匹配列表。

表 4.7 正则表达式常用字符匹配列表

选项	说明	例子	匹配值示例
<字符串>	匹配包含指定字符串的文本	'fa '	fan, afa, faad
[ ]	匹配[ ]中的任何一个字符	'[ab]'	bay, big, app
[^]	匹配不在[ ]中的任何一个字符	'[^ab]'	desk, cool, six
^	匹配文本的开始字符	'^b '	bed, bridge, book
$	匹配文本的结尾字符	'er $ '	driver, worker, farmer
.	匹配任意单个字符	'b.t '	better, bit, bite
*	匹配 0 个或多个 * 前面指定的字符	'f * n '	fn, fan, begin
+	匹配+前面的字符 1 次或多次	'ba+'	bat, baa, battle, bala
{n}	匹配前面的字符至少 n 次	'b{2}'	bb, bbbb, bbbbbbb

例 4.18 查询课程名称中带有中文“系统”的课程信息。

在 MySQL 命令行客户端输入如下 SQL 语句：

```
mysql> SELECT *
    -> FROM tb_course
    -> WHERE courseName REGEXP '系统';
```

其等价于

```
mysql> SELECT *
    -> FROM tb_course
    -> WHERE courseName LIKE '%系统%';
```

查询结果如下：

courseNo	courseName	credit	courseHour	term	priorCourse
21006	操作系统	4	64	5	21001
31001	管理信息系统	3	48	3	21004
31002	信息系统_分析与设计	2	32	4	31001

3 rows in set <0.02 sec>

由这个例子可以看出，尽管在匹配基本字符的过程中，分别使用关键字 LIKE 和 REGEXP 的 SQL 语句看上去十分相似，但 LIKE 后面的匹配串必须使用通配符，否则将查询不到结果。这是因为 LIKE 与 REGEXP 之间存在一个重要的差别：LIKE 用于匹配整个字段值，如果被匹配的字符串在字段值中出现，LIKE 将不会找到它，相应的行也不会返回，除非是使用通配符；而 REGEXP 是在字段值内进行匹配，如果被匹配的文本在字段值中出现，REGEXP 将会找到它，相应的行将被返回。

例 4.19 查询课程名称中含有“管理”“信息”或“系统”中文字符的所有课程信息。

在 MySQL 命令行客户端输入如下 SQL 语句：

```
mysql> SELECT *
    -> FROM tb_course
    -> WHERE courseName REGEXP '管理|信息|系统';
```

其查询结果如下：

courseNo	courseName	credit	courseHour	term	priorCourse
11003	管理学	2	32	2	NULL
21006	操作系统	4	64	5	21001
31001	管理信息系统	3	48	3	21004
31002	信息系统_分析与设计	2	32	4	31001
31005	项目管理	3	48	5	31001

5 rows in set <0.00 sec>

6. 带 IS NULL 关键字的空值查询

空值一般表示数据未知、不确定或以后再添加。空值不同于 0，也不同于空字符串。当需要查询某字段内容是否为空值时，可以使用关键字 IS NULL 来实现。

例 4.20 查询缺少先行课的课程信息。

在 MySQL 命令行客户端输入如下 SQL 语句：

```
mysql> SELECT *
    -> FROM tb_course
    -> WHERE priorCourse IS NULL;
```

其查询结果如下：

courseNo	courseName	credit	courseHour	term	priorCourse
11003	管理学	2	32	2	NULL
11005	会计学	3	48	3	NULL
21001	计算机基础	3	48	1	NULL

3 rows in set <0.05 sec>

可以看到，所有返回的记录中先行课值均为 NULL。相反，可以使用 IS NOT NULL 查找字段值不为空的记录。

例 4.21 查询所有有先行课的课程信息。

在 MySQL 命令行客户端输入如下 SQL 语句：

```
mysql> SELECT *
    -> FROM tb_course
    -> WHERE priorCourse IS NOT NULL;
```

其查询结果如下：

courseNo	courseName	credit	courseHour	term	priorCourse
21002	OFFICE 高级应用	3	48	2	21001
21004	程序设计	4	64	2	21001
21005	数据库	4	64	4	21004
21006	操作系统	4	64	5	21001
31001	管理信息系统	3	48	3	21004
31002	信息系统_分析与设计	2	32	4	31001
31005	项目管理	3	48	5	31001

7 rows in set <0.00 sec>

注意：“IS NULL”不能用“=NULL”代替，“IS NOT NULL”也不能用“!=NULL”代替。例如，将例 4.20 中的查询语句修改为：

```
mysql> SELECT *
    -> FROM tb_course
    -> WHERE priorCourse = NULL;
Empty set (0.00 sec)
```

由此可见，使用“=NULL”或“!=NULL”设置查询条件时不会有语法错误，但查询不到结果集，返回空集。

7. 带 AND 或 OR 的多条件查询

逻辑运算符 AND 和 OR 可用来连接多个查询条件。AND 限定只有满足所有查询条件的记录才会被返回，OR 表示只要满足其中一个查询条件的记录即可被返回。AND 的优先级高于 OR，也可以使用括号改变优先级。

例 4.22 查询学分大于等于 3 且学时数大于 32 的课程名称、学分和学时数。

在 MySQL 命令行客户端输入如下 SQL 语句：

```
mysql> SELECT courseName, credit, courseHour
    -> FROM tb_course
    -> WHERE credit>=3 AND courseHour>32;
```

其查询结果如下：

courseName	credit	courseHour
会计学	3	48
计算机基础	3	48
OFFICE 高级应用	3	48
程序设计	4	64
数据库	4	64
操作系统	4	64
管理信息系统	3	48
项目管理	3	48

8 rows in set <0.13 sec>

例 4.23 查询籍贯是北京或上海的学生的姓名、籍贯和民族。

在 MySQL 命令行客户端输入如下 SQL 语句:

```
mysql> SELECT studentName, native, nation
    -> FROM tb_student
    -> WHERE native='北京' OR native='上海';
```

其查询结果如下:

studentName	native	nation
黄菊	北京	汉
郭志坚	上海	汉

2 rows in set <0.00 sec>

可以看到,OR 和 IN 可以实现相同的功能。但是使用 IN 的查询语句更加简洁明了,并且 IN 的执行速度要快于 OR。

例 4.24 查询籍贯是北京或湖南的少数民族男生的姓名、籍贯和民族。

在 MySQL 命令行客户端输入如下 SQL 语句:

```
mysql> SELECT studentName, native, nation
    -> FROM tb_student
    -> WHERE (native='北京' OR native='湖南') AND nation!='汉' AND sex='男';
```

其查询结果如下:

studentName	native	nation
刘涛	湖南	侗

1 row in set <0.00 sec>

该查询语句的 WHERE 子句中使用括号改变了 OR 的优先级,如果不加括号,查询出的记录会包括北京的学生或湖南的少数民族男生,与题意不符。

4.2.3 对查询结果排序

在 SELECT 语句中,可以使用 ORDER BY 子句将查询结果集中的记录按一个或多个字段值的升序或降序排列。关键字 ASC 表示按升序排列,关键字 DESC 表示按降序排列,其中,默认值为 ASC。

例 4.25 查询学生的姓名、籍贯和民族,并将查询结果按姓名升序排列。

在 MySQL 命令行客户端输入如下 SQL 语句:

```
mysql> SELECT studentName, native, nation
    -> FROM tb_student
    -> ORDER BY studentName;
```

其查询结果如下面的左图所示:

studentName	native	nation
郭志坚	上海	汉
黄菊	北京	汉
江山	内蒙古	锡伯
李明	广西	壮
李怡然	辽宁	汉
刘涛	湖南	侗
王林	河南	汉
王一敏	河北	汉
吴昊	河北	汉
张晓勇	山西	汉

10 rows in set <0.05 sec>

studentName	native	nation
张晓勇	山西	汉
王一敏	河北	汉
江山	内蒙古	锡伯
李明	广西	壮
黄菊	北京	汉
吴昊	河北	汉
刘涛	湖南	侗
郭志坚	上海	汉
王林	河南	汉
李怡然	辽宁	汉

10 rows in set <0.00 sec>

左图是指定 ORDER BY 子句查询出的结果集,右图是没指定 ORDER BY 子句查询出的结果集。从图中可以看出,通过指定 ORDER BY 子句,查询出的记录按姓名拼音的字母顺序进行了升序排列。

例 4.26 查询学生选课成绩大于 85 分的学号、课程号和成绩信息,并将查询结果先按学号升序排列,再按成绩降序排列。

在 MySQL 命令行客户端输入如下 SQL 语句:

```
mysql> SELECT *
    -> FROM tb_score
    -> WHERE score>85
    -> ORDER BY studentNo, score DESC;
```

其查询结果如下:

studentNo	courseNo	score
2013110101	11003	90
2013110101	21001	86
2013110103	11003	89
2013110103	21001	88
2013110201	21001	92
2014210101	21002	93
2014210101	21004	89
2014210102	21002	95
2014210102	21004	88
2014310102	21001	91
2014310102	21004	87

11 rows in set <0.00 sec>

由图可知,使用 ORDER BY 子句可以同时对多个字段进行不同顺序的排序,多个字段名彼此间用逗号分隔,MySQL 会按照这些字段从左至右所罗列的次序依次进行排序。此例的查询结果先按学号升序排序,学号相同的记录再按成绩降序排序。

注意:当对空值进行排序时,ORDER BY 子句会将该空值作为最小值来对待,即,若按升序排列结果集,则 ORDER BY 子句会将该空值所在的数据行置于结果集的最上方;若是使用降序排序,则会将其置于结果集的最下方。

4.2.4 限制查询结果的数量

当使用 SELECT 语句返回的结果集中行数很多时,为了便于用户对查询结果集进行浏览和操作,可以使用 LIMIT 子句来限制 SELECT 语句返回的行数。LIMIT 子句的语法格式是:

LIMIT [位置偏移量,]行数

其中,"行数"指定需要返回的记录数;"位置偏移量"是一个可选参数,指示 MySQL 从哪一行开始显示,第一条记录的位置偏移量是 0,第二条记录的位置偏移量是 1……以此类推。如果不指定"位置偏移量",系统将会从表中的第一条记录开始显示。

注意:"行数"必须是非负的整数常量。若指定行数大于实际能返回的行数时,MySQL 将只返回它能返回的数据行。

例 4.27 查询成绩排名第 3 至第 5 的学生学号、课程号和成绩。

在 MySQL 命令行客户端输入如下 SQL 语句:

```
mysql> SELECT studentNo,courseNo,score
    -> FROM tb_score
    -> ORDER BY score DESC
    -> LIMIT 2,3;
```

其查询结果如下:

```
+------------+----------+-------+
| studentNo  | courseNo | score |
+------------+----------+-------+
| 2013110201 | 21001    |    92 |
| 2014310102 | 21001    |    91 |
| 2013110101 | 11003    |    90 |
+------------+----------+-------+
3 rows in set <0.00 sec>
```

该查询语句先使用 ORDER BY score DESC 对成绩进行降序排序;然后使用 LIMIT 2,3 限制返回的记录数,其中 2 是指第三条记录对应的位置偏移量,3 是指要返回的记录数,即第 3 至第 5 条记录。

从 MySQL 5.0 开始,可以使用 LIMIT 的另一种语法,即:

LIMIT 行数 OFFSET 位置偏移量

例 4.27 中的 SQL 语句也可改写成如下语句:

```
mysql> SELECT studentNo,courseNo,score
    -> FROM tb_score
    -> ORDER BY score DESC
    -> LIMIT 3 OFFSET 2;
```

注意:如果 SELECT 语句中既有 ORDER BY 子句,又有 LIMIT 子句,则 LIMIT 子句必须位于 ORDER BY 子句之后,否则 MySQL 将产生错误消息。

4.3 分组聚合查询

分组聚合查询是通过把聚合函数(如 COUNT()、SUM()等)添加到一个带有 GROUP BY 分组子句的 SELECT 语句中来实现的。

4.3.1 使用聚合函数查询

聚合函数是 MySQL 提供的一类系统内置函数,常用于对一组值进行计算,然后返回单个值。使用聚合函数可以对数据进行分析。表 4.8 列出了 MySQL 中常用的聚合函数。

表 4.8 MySQL 中常用聚合函数表

函数名	说明
COUNT([DISTINCT|ALL] *)	统计数据表中的记录数
COUNT([DISTINCT|ALL] <列名>)	统计数据表的一列中值的个数
MAX([DISTINCT|ALL] <列名>)	求数据表的一列值中的最大值
MIN([DISTINCT|ALL] <列名>)	求数据表的一列值中的最小值
SUM([DISTINCT|ALL] <列名>)	计算数据表的一列中值的总和
AVG([DISTINCT|ALL] <列名>)	计算数据表的一列中值的平均值

其中,如果指定关键字 DISTINCT,则表示在计算时要取消指定列中的重复值;如果不指定 DISTINCT 短语或指定 ALL 短语(ALL 为默认值),则表示不取消重复值。注意:除函数 COUNT(*)外,其余聚合函数(包括 COUNT(<列名>))都会忽略空值。

例 4.28 查询学生总人数。

在 MySQL 命令行客户端输入如下 SQL 语句:

```
mysql> SELECT COUNT( * ) FROM tb_student;
```

其查询结果如下:

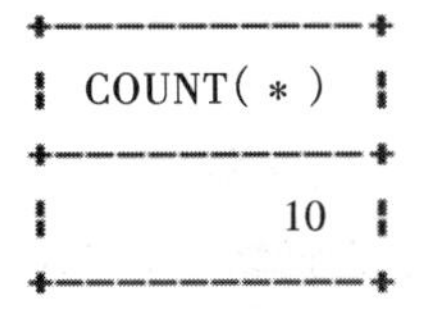

```
+-----------+
| COUNT( * ) |
+-----------+
|        10 |
+-----------+
```

1 row in set <0.11 sec>

函数 COUNT(*)返回 tb_student 表中记录的总行数。

例 4.29 查询选修了课程的学生总人数。

在 MySQL 命令行客户端输入如下 SQL 语句：

```
mysql> SELECT COUNT(DISTINCT studentNo) FROM tb_score;
```

其查询结果如下：

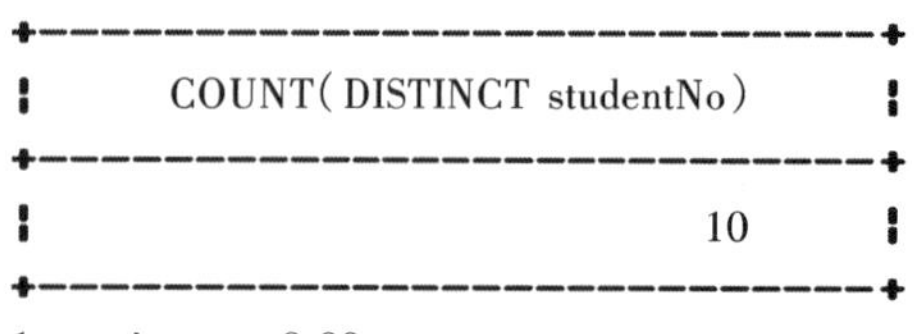

```
+----------------------------+
| COUNT(DISTINCT studentNo)  |
+----------------------------+
|                         10 |
+----------------------------+
1 row in set <0.00 sec>
```

一个学生可以选修多门课程，在 tb_score 表中对应多条记录，为避免重复计算学生人数，必须在 COUNT 函数中使用 DISTINCT 短语。

例 4.30 计算选修课程编号为"21001"的学生平均成绩。

在 MySQL 命令行客户端输入如下 SQL 语句：

```
mysql> SELECT AVG(score) FROM tb_score
    -> WHERE courseNo='21001';
```

其查询结果如下：

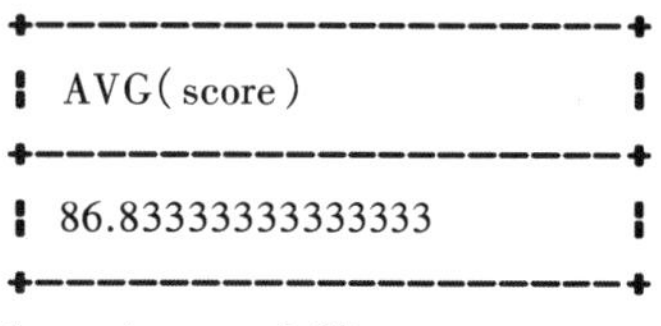

```
+--------------------+
| AVG(score)         |
+--------------------+
| 86.83333333333333  |
+--------------------+
1 row in set <0.02 sec>
```

例 4.31 计算选修课程编号为"21001"的学生最高分。

在 MySQL 命令行客户端输入如下 SQL 语句：

```
mysql> SELECT MAX(score) FROM tb_score WHERE courseNo='21001';
```

其查询结果如下：

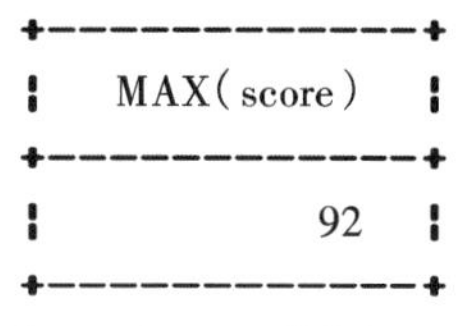

```
+------------+
| MAX(score) |
+------------+
|         92 |
+------------+
1 row in set <0.06 sec>
```

如果有学生选修课程后没有成绩，即字段 score 的值为空，在使用 SUM(score)、AVG(score)、MAX(score)和 MIN(score)等聚合函数进行计算时，系统都会自动忽略空值。

4.3.2 分组聚合查询

在 SELECT 语句中，允许使用 GROUP BY 子句对数据进行分组运算。分组运算的目的是为了细化聚合函数的作用对象。如果不对查询结果分组，聚合函数作用于整个查询结果，对查询结果分组后，聚合函数分别作用于每个组，查询结果按组聚合输出。

GROUP BY 子句的语法格式是：

```
[GROUP BY 字段列表][HAVING <条件表达式>]
```

其中,GROUP BY 对查询结果按字段列表进行分组,字段值相等的记录分为一组;指定用于分组的字段列表可以是一列,也可以是多个列,彼此间用逗号分隔;HAVING 短语对分组的结果进行过滤,仅输出满足条件的组。

注意:使用 GROUP BY 子句后,SELECT 子句的目标列表达式中只能包含 GROUP BY 子句中的字段列表和聚合函数。

例 4.32 查询各个课程号及相应的选课人数。

在 MySQL 命令行客户端输入如下 SQL 语句:

```
mysql> SELECT courseNo,COUNT(studentNo)
    -> FROM tb_score
    -> GROUP BY courseNo;
```

该语句对查询结果按 courseNo 的值分组,所有 courseNo 值相同的记录分为一组,然后对每一组用聚合函数 COUNT 计数,求得该组的学生人数。其查询结果如下:

courseNo	COUNT(studentNo)
11003	4
21001	6
21002	2
21004	6
31002	2

5 rows in set <0.06 sec>

可以看出,使用 GROUP BY courseNo 对数据进行分组时,SELECT 子句中最好包含分组字段 courseNo,否则,COUNT(studentNo)值的实际意义不明确。

对于 GROUP BY 子句的使用,需要注意以下几点:

- GROUP BY 子句中列出的每个字段都必须是检索列或有效的表达式,但不能是聚合函数。如果在 SELECT 语句中使用表达式,则必须在 GROUP BY 子句中指定相同的表达式,不能使用别名。
- 除聚合函数之外,SELECT 子句中的每个列都必须在 GROUP BY 子句中给出。
- 如果用于分组的列中含有 NULL 值,则 NULL 将作为一个单独的分组返回;如果该列中存在多个 NULL 值,则将这些 NULL 值所在的行分为一组。

例 4.33 查询每个学生的选课门数、平均分和最高分。

在 MySQL 命令行客户端输入如下 SQL 语句:

```
mysql> SELECT studentNo, count( * )选课门数, avg(score) 平均分,max(score) 最高分
    -> FROM tb_score
    -> GROUP BY studentNo;
```

其查询结果如下:

```
+--------------+-----------+----------+----------+
| studentNo    | 选课门数  | 平均分   | 最高分   |
+--------------+-----------+----------+----------+
| 2013110101   |         2 |       88 |       90 |
| 2013110103   |         2 |     88.5 |       89 |
| 2013110201   |         2 |       85 |       92 |
| 2013110202   |         2 |     83.5 |       85 |
| 2013310101   |         2 |     75.5 |       83 |
| 2013310103   |         2 |       78 |       80 |
| 2014210101   |         2 |       91 |       93 |
| 2014210102   |         2 |     91.5 |       95 |
| 2014310101   |         2 |     79.5 |       80 |
| 2014310102   |         2 |       89 |       91 |
+--------------+-----------+----------+----------+
10 rows in set <0.00 sec>
```

从图中可以看出，查询结果按学号 StudentNo 分组，将 StudentNo 值相同的记录作为一组，然后对每组进行计数、求平均值和求最大值。

如果分组后还要求按一定的条件（如平均分大于 80）对每个组进行筛选，最终只输出满足筛选条件的组，则可以使用 HAVING 短语指定筛选条件。

例 4.34 查询平均分在 80 分以上的每个同学的选课门数、平均分和最高分。

在 MySQL 命令行客户端输入如下 SQL 语句：

```
mysql> SELECT studentNo, count( * )选课门数, avg(score) 平均分,max(score) 最高分
    -> FROM tb_score
    -> GROUP BY studentNo
    -> HAVING avg(score)>=80;
```

其查询结果如下：

```
+--------------+-----------+----------+----------+
| studentNo    | 选课门数  | 平均分   | 最高分   |
+--------------+-----------+----------+----------+
| 2013110101   |         2 |       88 |       90 |
| 2013110103   |         2 |     88.5 |       89 |
| 2013110201   |         2 |       85 |       92 |
| 2013110202   |         2 |     83.5 |       85 |
| 2014210101   |         2 |       91 |       93 |
| 2014210102   |         2 |     91.5 |       95 |
| 2014310102   |         2 |       89 |       91 |
+--------------+-----------+----------+----------+
7 rows in set <0.05 sec>
```

此例是对例 4.33 所得结果进行筛选，判断平均值是否大于等于 80，如果是则输出该组，否则丢弃该组，不作为输出结果。

例 4.35 查询有 2 门以上（含 2 门）课程成绩大于 88 分的学生学号及（88 分以上的）课程数。

在 MySQL 命令行客户端输入如下 SQL 语句：

```
mysql> SELECT studentNo, count( * )课程数
    -> FROM tb_score
```

```
    -> WHERE score>88
    -> GROUP BY studentNo
    -> HAVING count( * )>=2;
```

其查询结果如下：

```
+------------+---------+
| studentNo  | 课程数  |
+------------+---------+
| 2014210101 |       2 |
+------------+---------+
1 row in set <0.00 sec>
```

该查询语句中既用到了 WHERE 子句指定筛选条件，又用到了 HAVING 短语指定筛选条件。两者的主要区别在于作用对象不同：WHERE 子句作用于基本表或视图，主要用于过滤基本表或视图中的数据行，从中选择满足条件的记录；HAVING 短语作用于分组后的每个组，主要用于过滤分组，从中选择满足条件的组，即 HAVING 短语是基于分组的聚合值而不是特定行的值来过滤数据。

此外，HAVING 短语中的条件可以包含聚合函数，而 WHERE 子句中则不可以；WHERE 子句在数据分组前进行过滤，HAVING 短语则在数据分组后进行过滤。因而，WHERE 子句排除的行不包含在分组中，这就可能改变聚合值，从而影响 HAVING 子句基于这些值过滤掉的分组。

如果一条 SELECT 语句拥有一个 HAVING 短语而没有 GROUP BY 子句，则会把表中的所有记录都分在一个组中。

例 4.36 查询所有学生选课的平均成绩，但只有当平均成绩大于 80 的情况下才输出。

在 MySQL 命令行客户端输入如下 SQL 语句：

```
mysql> SELECT avg( score) 平均分
    -> FROM tb_score
    -> HAVING avg( score)>=80;
```

其查询结果如下：

```
+--------+
| 平均分 |
+--------+
| 84.95  |
+--------+
1 row in set <0.00 sec>
```

从结果可知，如果将题目中的输出条件改为 85 分，查询结果将为空集。

4.4 连接查询

前面介绍的查询都是针对一个表进行的。如果一个查询同时涉及两个或多个表，则称之为连接查询。连接查询是关系数据库中重要的查询方式，其包括交叉连接、内连接和外连接。当两个或多个表中存在相同意义的字段时，便可以通过这些字段对相关的表进行连接查询。

4.4.1 交叉连接

交叉连接(CROSS JOIN)又称笛卡尔积,即把一张表的每一行与另一张表的每一行连接起来,返回两张表的每一行相连接后所有可能的搭配结果,其连接的结果会产生一些没有意义的记录,所以这种查询实际很少使用。

交叉连接所对应的 SQL 语句的语法结构为:

```
SELECT * FROM 表 1 CROSS JOIN 表 2;
```

或

```
SELECT * FROM 表 1, 表 2;
```

例 4.37 查询学生表与成绩表的交叉连接。

在 MySQL 命令行客户端输入如下 SQL 语句:

```
mysql> SELECT * FROM tb_student CROSS JOIN tb_score;
```

或

```
mysql> SELECT * FROM tb_student, tb_score;
```

交叉连接返回的查询结果集的记录行数等于其所连接的两张表记录行数的乘积。例如,例 4.37 中 tb_student 表有 10 条记录,tb_score 表有 20 条记录,这两个表交叉连接后结果集的记录行数将是 10×20=200 条。由此可见,倘若所关联的两张表的记录行数很多时,交叉连接的查询结果集会非常庞大,且查询执行时间非常长,甚至有可能会因为返回的数据过多而造成系统的停滞不前。因此,对于存在大量数据的表,应该避免使用交叉连接。同时,也可以在 FROM 子句的交叉连接后面,使用 WHERE 子句设置过滤条件,减少返回的结果集。

4.4.2 内连接

内连接(INNER JOIN)通过在查询中设置连接条件来移除交叉连接查询结果集中某些数据行。具体而言,内连接就是使用比较运算符进行表间某(些)字段值的比较操作,并将与连接条件相匹配的数据行组成新的记录,其目的是为了消除交叉连接中某些没有意义的数据行。也就是说,在内连接查询中,只有满足条件的记录才能出现在结果集中。

内连接所对应的 SQL 语句有两种表示形式:

- 使用 INNER JOIN 的显式语法结构为:

```
SELECT 目标列表达式 1 , 目标列表达式 2,…, 目标列表达式 n
FROM table1 [INNER] JOIN table2
ON 连接条件
[WHERE 过滤条件];
```

- 使用 WHERE 子句定义连接条件的隐式语法结构为:

```
SELECT 目标列表达式 1 , 目标列表达式 2,…, 目标列表达式 n
FROM table1, table2
WHERE 连接条件 [AND 过滤条件];
```

其中,“目标列表达式 1, 目标列表达式 2,…, 目标列表达式 n”为需要检索的列的名称或列别名,table1 和 table2 是进行内连接的表名。

上述两种表示形式的差别在于:使用 INNER JOIN 连接后,FROM 子句中的 ON 子句可用来设置连接表的连接条件,而其他过滤条件则可以在 SELECT 语句中的 WHERE 子句中指定;而使用 WHERE 子句定义连接条件的形式,表与表之间的连接条件和查询时的过滤条件均在 WHERE 子句中指定。

1. 等值与非等值连接

连接查询中用来连接两个表的条件称为连接条件,其一般格式是:

[<表名 1>.]<字段名 1> <比较运算符> [<表名 2>.]<字段名 2>

其中比较运算符主要有:=、>、<、>=、<=、!=(<>)。当比较运算符为"="时表示等值连接,使用其他运算符为非等值连接。

连接条件中的字段名称为连接字段,连接条件中的各连接字段类型必须是可比的,但不一定要相同的。

例 4.38 查询每个学生选修课程的情况。

在 MySQL 命令行客户端输入如下 SQL 语句:

```
mysql> SELECT tb_student. * , tb_score. *
    -> FROM tb_student, tb_score
    -> WHERE tb_student.studentNo=tb_score.studentNo;
```

或

```
mysql> SELECT tb_student. * , tb_score. *
    -> FROM tb_student INNER JOIN tb_score
    -> ON tb_student.studentNo=tb_score.studentNo;
```

可见,使用 WHERE 子句定义连接条件比较简单明了,而 INNER JOIN 连接是 ANSI SQL 的标准规范,使用 INNER JOIN 连接能够确保不会忘记连接条件。

例 4.39 查询会计学院全体同学的学号、姓名、籍贯、班级编号和所在班级名称。

在 MySQL 命令行客户端输入如下 SQL 语句:

```
mysql> SELECT studentNo, studentName, native, tb_student.classNo, className
    -> FROM tb_student, tb_class
    -> WHERE tb_student.classNo=tb_class.classNo AND department='会计学院';
```

或

```
mysql> SELECT studentNo, studentName, native, tb_student.classNo, className
    -> FROM tb_student JOIN tb_class
    -> ON tb_student.classNo=tb_class.classNo
    -> WHERE department='会计学院';
```

由于内连接是系统默认的表连接,因而在 FROM 子句中可以省略关键字 INNER,而只用关键字 JOIN 连接表。

其查询结果如下:

```
+--------------+----------------+----------+-----------+--------------+
| studentNo    | studentName    | native   | classNo   | className    |
+--------------+----------------+----------+-----------+--------------+
| 2013110101   | 张晓勇          | 山西      | AC1301    | 会计 13-1 班  |
| 2013110103   | 王一敏          | 河北      | AC1301    | 会计 13-1 班  |
| 2013110201   | 江山            | 内蒙      | AC1302    | 会计 13-2 班  |
| 2013110202   | 李明            | 广西      | AC1302    | 会计 13-2 班  |
+--------------+----------------+----------+-----------+--------------+
4 rows in set <0.05 sec>
```

查询语句中"tb_student.classNo = tb_class.classNo"为连接条件,"department = '会计学院'"为筛选条件。在连接操作中,如果 SELECT 子句涉及多个表的相同字段名(如 classNo),必须在相同的字段名前加上表名(如 tb_student)加以区分。

例 4.40　查询选修了课程名称为"程序设计"的学生学号、姓名和成绩。

在 MySQL 命令行客户端输入如下 SQL 语句:

```
mysql> SELECT a.studentNo, studentName, score
    -> FROM tb_student AS a, tb_course b, tb_score c
    -> WHERE a.studentNo = c.studentNo AND b.courseNo = c.courseNo
    -> AND courseName = '程序设计';
```

或

```
mysql> SELECT a.studentNo, studentName, score
    -> FROM tb_student AS a JOIN tb_course b JOIN tb_score c
    -> ON a.studentNo = c.studentNo AND b.courseNo = c.courseNo
    -> WHERE courseName = '程序设计';
```

可见,使用 INNER JOIN 实现多个表的内连接时,需要在 FROM 子句的多个表之间连续使用 INNER JOIN 或 JOIN。

其查询结果如下:

```
+--------------+----------------+---------+
| studentNo    | studentName    | score   |
+--------------+----------------+---------+
| 2013310101   | 黄菊            |      83 |
| 2013310103   | 吴昊            |      80 |
| 2014210101   | 刘涛            |      89 |
| 2014210102   | 郭志坚          |      88 |
| 2014310101   | 王林            |      80 |
| 2014310102   | 李怡然          |      87 |
+--------------+----------------+---------+
6 rows in set <0.03 sec>
```

该查询为参与连接的表取了别名,将表 tb_student、tb_course 和 tb_score 依次取别名 a、b 和 c,并在相同的字段名前加上表的别名。

当表的名称很长或需要多次使用相同的表时,可以为表指定别名,用别名代表原来的表名。为表取别名的基本语法格式是:

```
表名 [AS] 表别名
```

其中,关键字 AS 为可选项。

注意:如果在 FROM 子句中指定了表别名,那么它所在的 SELECT 语句的其他子句都必须使用表别名来代替原来的表名。当同一个表在 SELECT 语句中多次被使用时，必须用表别名加以区分。

2. 自连接

若某个表与自身进行连接，称为自表连接或自身连接，简称自连接。使用自连接时，需要为表指定多个不同的别名，且对所有查询字段的引用均必须使用表别名限定，否则 SELECT 操作会失败。

例 4.41 查询与“数据库”这门课学分相同的课程信息。

在 MySQL 命令行客户端输入如下 SQL 语句：

```
mysql> SELECT c1. *
    -> FROM tb_course c1, tb_course c2
    -> WHERE c1.credit=c2.credit AND c2.courseName='数据库';
```

或

```
mysql> SELECT c1. *
    -> FROM tb_course c1 JOIN tb_course c2
    -> ON c1.credit=c2.credit
    -> WHERE   c2.courseName='数据库';
```

其查询结果如下：

courseNo	courseName	credit	courseHour	term	priorCourse
21004	程序设计	4	64	2	21001
21005	数据库	4	64	4	21004
21006	操作系统	4	64	5	21001

3 rows in set <0.01 sec>

查询结果中仍然包含“数据库”这门课。若要去掉这条记录，只需在上述 SELECT 语句的 WHERE 子句中增加一个条件“c1.courseName! ='数据库'”即可，读者可以自己试一试。

3. 自然连接

自然连接（NATURAL JOIN）只有当连接字段在两张表中的字段名都相同时才可以使用，否则返回的是笛卡尔积的结果集。自然连接在 FROM 子句中使用关键字 NATURAL JOIN。

例 4.42 用自然连接查询每个学生及其选修课程的情况，要求显示学生学号、姓名、选修的课程号和成绩。

在 MySQL 命令行客户端输入如下 SQL 语句：

```
mysql> SELECT a.studentNo, studentName, courseNo, score
    -> FROM tb_student a NATURAL JOIN tb_score b;
```

其查询结果如下：

```
+------------+--------------+-----------+---------+
| studentNo  | studentName  | courseNo  | score   |
+------------+--------------+-----------+---------+
| 2013110101 | 张晓勇       | 11003     |      90 |
| 2013110101 | 张晓勇       | 21001     |      86 |
| 2013110103 | 王一敏       | 11003     |      89 |
| 2013110103 | 王一敏       | 21001     |      88 |
| 2013110201 | 江山         | 11003     |      78 |
| 2013110201 | 江山         | 21001     |      92 |
| 2013110202 | 李明         | 11003     |      82 |
| 2013110202 | 李明         | 21001     |      85 |
| 2013310101 | 黄菊         | 21004     |      83 |
| 2013310101 | 黄菊         | 31002     |      68 |
| 2013310103 | 吴昊         | 21004     |      80 |
| 2013310103 | 吴昊         | 31002     |      76 |
| 2014210101 | 刘涛         | 21002     |      93 |
| 2014210101 | 刘涛         | 21004     |      89 |
| 2014210102 | 郭志坚       | 21002     |      95 |
| 2014210102 | 郭志坚       | 21004     |      88 |
| 2014310101 | 王林         | 21001     |      79 |
| 2014310101 | 王林         | 21004     |      80 |
| 2014310102 | 李怡然       | 21001     |      91 |
| 2014310102 | 李怡然       | 21004     |      87 |
+------------+--------------+-----------+---------+
20 rows in set <0.00 sec>
```

可以看出，使用 NATURAL JOIN 进行自然连接时，不需要指定连接条件，系统自动根据两张表中相同的字段名来连接。

4.4.3 外连接

连接查询是要查询多个表中相关联的行，内连接查询只返回查询结果集合中符合查询条件（即过滤条件）和连接条件的行。但有时候查询结果也需要显示不满足连接条件的记录，即返回查询结果集中不仅包含符合连接条件的行，而且还包括两个连接表中不符合连接条件的行。

外连接首先将连接的两张表分为基表和参考表，然后再以基表为依据返回满足和不满足连接条件的记录，就好像是在参考表中增加了一条全部由空值组成的“万能行”，它可以和基表中所有不满足连接条件的记录进行连接。

外连接根据连接表的顺序，可分为左外连接和右外连接两种。

1. 左外连接

左外连接，也称左连接(LEFT OUTER JOIN 或 LEFT JOIN)，用于返回该关键字左边表(基表)的所有记录，并用这些记录与该关键字右边表(参考表)中的记录进行匹配，如果左表的某些记录在右表中没有匹配的记录，就和右表中的“万能行”连接，即右表对应的字段值均被设置为空值 NULL。

例 4.43 使用左外连接查询所有学生及其选修课程的情况，包括没有选修课程的学生，要求显示学号、姓名、性别、班号、选修的课程号和成绩。

首先，在 MySQL 命令行客户端输入如下 SQL 语句，往学生表中插入一条记录：

```
mysql> INSERT INTO tb_student
```

```
-> VALUES('2013310102','林海','男','1996-01-18','北京','满','IS1301');
```

然后,进行左连接查询:

```
mysql> SELECT a.studentNo, studentName, sex, classNo, courseNo, score
    -> FROM tb_student a LEFT OUTER JOIN tb_score b
    -> ON a.studentNo=b.studentNo;
```

其查询结果如下:

studentNo	studentName	sex	classNo	courseNo	score
2013110101	张晓勇	男	AC1301	11003	90
2013110101	张晓勇	男	AC1301	21001	86
2013110103	王一敏	女	AC1301	11003	89
2013110103	王一敏	女	AC1301	21001	88
2013110201	江山	女	AC1302	11003	78
2013110201	江山	女	AC1302	21001	92
2013110202	李明	男	AC1302	11003	82
2013110202	李明	男	AC1302	21001	85
2013310101	黄菊	女	IS1301	21004	83
2013310101	黄菊	女	IS1301	31002	68
2013310102	林海	男	IS1301	NULL	NULL
2013310103	吴昊	男	IS1301	21004	80
2013310103	吴昊	男	IS1301	31002	76
2014210101	刘涛	男	CS1401	21002	93
2014210101	刘涛	男	CS1401	21004	89
2014210102	郭志坚	男	CS1401	21002	95
2014210102	郭志坚	男	CS1401	21004	88
2014310101	王林	男	IS1401	21001	79
2014310101	王林	男	IS1401	21004	80
2014310102	李怡然	女	IS1401	21001	91
2014310102	李怡然	女	IS1401	21004	87

21 rows in set <0.00 sec>

由于刚插入的学号为"2013310102"的学生还没来得及选课,故相应记录中的课程号和成绩的值均为 NULL。

2. 右外连接

右外连接,也称右连接(RIGHT OUTER JOIN 或 RIGHT JOIN),以右表为基表,其连接方法与左外连接完全一样,即返回右表的所有记录,并用这些记录与左边表(参考表)中的记录进行匹配,如果右表的某些记录在左表中没有匹配的记录,左表对应的字段值均被设置为空值 NULL。

例 4.44 使用右外连接查询所有学生及其选修课程的情况,包括没有选修课程的学生,要求显示学号、姓名、性别、班号、选修的课程号和成绩。

在 MySQL 命令行客户端输入如下 SQL 语句:

```
mysql> SELECT courseNo,score,b.studentNo,studentName,sex,classNo
    -> FROM tb_score a RIGHT OUTER JOIN tb_student b
    -> ON a.studentNo=b.studentNo;
```

比较例 4.43 和例 4.44,可以发现它们都是以 tb_student 为基表,故两者的查询结果集完全相同。外连接可以在两个连接表没有任何匹配记录的情况下仍返回记录。对两张表分别使用内连接和外连接查询时所返回的结果有可能完全相同,但实质上这两类连接的操作语义是不同的,它们的差别在于外连接一定会返回结果集,无论该记录能否在另外一个表中找出相匹配的记录。

对于表连接,需要注意的是:上述各种连接方式的用途不一样,在实际构建查询时,灵活运用这些连接方式将有助于更有效地检索出所期望的目标数据信息。并且,为获取相同的目标数据信息,可使用的连接方式不唯一,甚至还可以使用子查询的方法。

4.5 子查询

子查询也称嵌套查询,是将一个查询语句嵌套在另一个查询语句的 WHERE 子句或 HAVING 短语中,前者被称为内层查询或子查询,后者被称为外层查询或父查询。在整个 SELECT 语句中,先计算子查询,然后将子查询的结果作为父查询的过滤条件。嵌套查询可以用多个简单查询构成一个复杂的查询,从而增强 SQL 的查询能力。

4.5.1 带 IN 关键字的子查询

带 IN 关键字的子查询是最常用的一类子查询,用于判定一个给定值是否存在于子查询的结果集中。使用 IN 关键字进行子查询时,内层查询语句仅仅返回一个数据列,其值将提供给外层查询进行比较操作。

例 4.45 查询选修了课程的学生姓名。

在学生表 tb_student 中,将学号出现在成绩表 tb_score 中(表明该学生选修了课程)的学生姓名查询出来。使用子查询的 SQL 语句如下:

```
mysql> SELECT studentName
    -> FROM tb_student
    -> WHERE tb_student.studentNo IN
    -> (SELECT DISTINCT tb_score.studentNo FROM tb_score);
```

其查询结果如下:

```
+--------------+
| studentName  |
+--------------+
| 张晓勇       |
| 王一敏       |
| 江山         |
| 李明         |
| 黄菊         |
| 吴昊         |
| 刘涛         |
| 郭志坚       |
| 王林         |
| 李怡然       |
+--------------+
10 rows in set <0.05 sec>
```

上述查询过程可以分步执行：

首先执行内层子查询，从 tb_score 表中查询出学生的学号 studentNo，查询结果如下：

```
+-------------+
| studentNo   |
+-------------+
| 2013110101  |
| 2013110103  |
| 2013110201  |
| 2013110202  |
| 2013310101  |
| 2013310103  |
| 2014210101  |
| 2014210102  |
| 2014310101  |
| 2014310102  |
+-------------+
10 rows in set <0.02 sec>
```

然后执行外层查询，在 tb_student 表中查询上述学号对应的姓名，等同于执行查询：

```
mysql> SELECT studentName FROM tb_student
    -> WHERE tb_student.studentNo IN ('2013110101', '2013110103', '2013110201', '2013110202',
    -> '2013310101', '2013310103', '2014210101', '2014210102', '2014310101', '2014310102');
```

其查询结果如下：

```
+-------------+
| studentName |
+-------------+
| 张晓勇      |
| 王一敏      |
| 江山        |
| 李明        |
| 黄菊        |
| 吴昊        |
| 刘涛        |
| 郭志坚      |
| 王林        |
| 李怡然      |
+-------------+
10 rows in set <0.02 sec>
```

这个例子说明，在处理这类子查询时 MySQL 实际上执行了两个操作，即先执行内层查询，再执行外层查询，内层查询的结果作为外层查询的比较条件。

这个例子也可以用连接查询来改写：

```
mysql> SELECT DISTINCT studentName
    -> FROM tb_student, tb_score
    -> WHERE tb_student.studentNo=tb_score.studentNo;
```

SELECT 语句也可以使用 NOT IN 关键字的子查询来判定一个给定值不属于子查询的结果集。

例 4.46 查询没有选修过课程的学生姓名。

在 MySQL 命令行客户端输入如下 SQL 语句：

```
mysql> SELECT studentName FROM tb_student
    -> WHERE tb_student.studentNo NOT IN
    -> (SELECT DISTINCT tb_score.studentNo FROM tb_score);
```

其查询结果为：

```
+--------------+
| studentName  |
+--------------+
| 林海         |
+--------------+
1 row in set <0.00 sec>
```

注意：这类表示否定的查询不能用连接查询来改写。

4.5.2 带比较运算符的子查询

带比较运算符的子查询是指父查询与子查询之间用比较运算符进行连接。当用户能确切知道内层查询返回的是单值时，可以用<、<=、>、>=、=、<>、!=等比较运算符构造子查询。

例 4.47 查询班级“计算机 14-1 班”所有学生的学号、姓名。

在 MySQL 命令行客户端输入如下 SQL 语句：

```
mysql> SELECT studentNo, studentName FROM tb_student
    -> WHERE classNo =
    -> (SELECT classNo FROM tb_class
    -> WHERE className='计算机 14-1 班');
```

该查询首先执行内层查询，查找出“计算机 14-1 班”的班号：

```
+----------+
| classNo  |
+----------+
| CS1401   |
+----------+
1 row in set <0.00 sec>
```

然后执行外层查询，在学生表中查找班号等于“CS1401”的学生：

```
mysql> SELECT studentNo, studentName
    -> FROM tb_student
    -> WHERE classNo = 'CS1401';
```

其查询结果如下：

```
+-------------+--------------+----------+
| studentNo   | studentName  | classNo  |
+-------------+--------------+----------+
| 2014210101  | 刘涛         | CS1401   |
| 2014210102  | 郭志坚       | CS1401   |
+-------------+--------------+----------+
2 rows in set <0.00 sec>
```

这类查询都可以用连接查询来改写，读者可以试一试。

例 4.48 查询与“李明”在同一个班学习的学生学号、姓名和班号。

在 MySQL 命令行客户端输入如下 SQL 语句：

```
mysql> SELECT studentNo, studentName, classNo FROM tb_student s1
    -> WHERE classNo=
    -> (SELECT classNo FROM tb_student s2
    -> WHERE studentName='李明') AND studentName! ='李明';
```

其查询结果如下：

```
+-------------+---------------+-----------+
| studentNo   | studentName   | classNo   |
+-------------+---------------+-----------+
| 2013110201  | 江山          | AC1302    |
+-------------+---------------+-----------+
1 row in set <0.00 sec>
```

查询语句的最后一个条件表达式“studentName!='李明'”是为了从结果集中去掉李明本人。这其实也是一个自表连接查询，可以用连接查询来改写，读者可以试一试。

比较运算符还可以与ALL、SOME和ANY关键字一起构造子查询。ALL、SOME和ANY用于指定对比较运算的限制：ALL用于指定表达式需要与子查询结果集中的每个值都进行比较，当表达式与每个值都满足比较关系时，会返回TRUE，否则返回FALSE；SOME和ANY是同义词，表示表达式与子查询结果集中的某个值满足比较关系时，就返回TRUE，否则返回FALSE。

例4.49 查询男生中比某个女生出生年份晚的学生姓名和出生年份。

在MySQL命令行客户端输入如下SQL语句：

```
mysql> SELECT studentName, YEAR(birthday) FROM tb_student
    -> WHERE sex='男'AND YEAR(birthday) >ANY(
    -> SELECT YEAR(birthday) FROM tb_student WHERE sex='女');
```

DBMS执行此查询时，首先处理内层查询，找出所有女生的出生年份：

```
+-----------------+
|  YEAR(birthday) |
+-----------------+
|            1996 |
|            1996 |
|            1995 |
|            1996 |
+-----------------+
4 rows in set <0.00 sec>
```

然后处理外层查询，查找出生年份比1996或1995晚的男生。最后的查询结果是：

```
+----------------+------------------+
| studentName    |   YEAR(birthday) |
+----------------+------------------+
| 张晓勇         |             1997 |
| 李明           |             1996 |
| 林海           |             1996 |
| 刘涛           |             1997 |
| 郭志坚         |             1997 |
| 王林           |             1996 |
+----------------+------------------+
6 rows in set <0.00 sec>
```

例 4.50 查询男生中比所有女生出生年份晚的学生姓名和出生年份。

在 MySQL 命令行客户端输入如下 SQL 语句：

```
mysql> SELECT studentName, YEAR(birthday)
    -> FROM tb_student
    -> WHERE sex='男'AND YEAR(birthday) >ALL(
    -> SELECT YEAR(birthday)
    -> FROM tb_student
    -> WHERE sex='女');
```

执行该查询时，先查询出女生的出生年份为(1996, 1995)，外层查询要查找出生年份比1996 和 1995 都晚的男生。最后的查询结果是：

```
+--------------+----------------+
| studentName  | YEAR(birthday) |
+--------------+----------------+
| 张晓勇       |           1997 |
| 刘涛         |           1997 |
| 郭志坚       |           1997 |
+--------------+----------------+
3 rows in set <0.00 sec>
```

比较运算符与 ALL、SOME 和 ANY 构造的子查询也可以通过聚合函数来实现。用聚合函数实现子查询通常比直接用 ANY 或 ALL 查询效率要高，因为使用聚合函数能够减少比较次数。ANY 或 ALL 与聚合函数的对应关系如下所示。

	=	!=	<	<=	>	>=
ANY	IN	--	<MAX	<= MAX	> MIN	>= MIN
ALL	--	NOT IN	<MIN	<= MIN	> MAX	>= MAX

把例 4.49 用聚合函数改写，在 MySQL 命令行客户端输入如下 SQL 语句：

```
mysql> SELECT studentName, YEAR(birthday)
    -> FROM tb_student
    -> WHERE sex='男'AND YEAR(birthday) >(
    -> SELECT MIN(YEAR(birthday)) FROM tb_student
    -> WHERE sex='女');
```

例 4.50 也可以用聚合函数改写，请读者自己试一试。

4.5.3 带 EXISTS 关键字的子查询

使用关键字 EXISTS 构造子查询时，系统对子查询进行运算以判断它是否返回结果集。如果子查询的结果集不为空，则 EXISTS 返回的结果为 TRUE，此时外层查询语句将进行查询；如果子查询的结果集为空，则 EXISTS 返回的结果为 FALSE，此时外层查询语句将不进行查询。

由于带 EXISTS 的子查询只返回 TRUE 或 FALSE，内层查询的 SELECT 子句给出字段名没有实际意义，所以其目标列表达式通常都用星号“ * ”。

例 4.51 查询选修了课程号为“31002”的学生姓名。

在 MySQL 命令行客户端输入如下 SQL 语句：

```
mysql> SELECT studentName FROM tb_student a
    -> WHERE EXISTS
    -> (SELECT * FROM tb_score b
    -> WHERE a.studentNo=b.studentNo AND courseNo='31002');
```

其查询结果如下：

studentName
黄菊
吴昊

2 rows in set <0.00 sec>

与关键字 IN 构造子查询不同的是，外层的 WHERE 子句中关键字 EXISTS 前面没有指定内层查询结果集与外层查询的比较条件，故使用关键字 EXISTS 构造子查询时内层的 WHERE 子句中需要指定连接条件，即 a.studentNo=b.studentNo。该查询等价于用 IN 构造的子查询：

```
mysql> SELECT studentName
    -> FROM tb_student
    -> WHERE studentNo IN
    -> (SELECT studentNo
    -> FROM tb_score
    -> WHERE courseNo='31002');
```

与关键字 EXISTS 相对应的是 NOT EXISTS。NOT EXISTS 与 EXISTS 使用方法相同，返回的结果相反，即如果子查询的结果集为空，则 NOT EXISTS 返回的结果为 TRUE；子查询的结果集不为空，则 NOT EXISTS 返回的结果为 FALSE。

例 4.52 查询没有选修课程号为“31002”的学生姓名。

在 MySQL 命令行客户端输入如下 SQL 语句：

```
mysql> SELECT studentName
    -> FROM tb_student a
    -> WHERE NOT EXISTS
    -> (SELECT * FROM tb_score b
    -> WHERE a.studentNo=b.studentNo AND courseNo='31002');
```

其查询结果为：

studentName
张晓勇
王一敏
江山
李明
林海
刘涛
郭志坚
王林
李怡然

9 rows in set <0.00 sec>

比较例 4.51 和例 4.52 可知,两者没有交集。该查询等价于用 NOT IN 构造的子查询:

```
mysql> SELECT studentName
    -> FROM tb_student
    -> WHERE studentNo NOT IN
    -> (SELECT studentNo
    -> FROM tb_score
    -> WHERE courseNo='31002');
```

关键字 NOT EXISTS 还可以成对使用,达到用双重否定表示肯定的效果,即将一个 NOT EXISTS 子查询嵌套在另一个 NOT EXISTS 子查询的 WHERE 子句中。

例 4.53 查询选修了全部课程的学生姓名。

该查询描述等价于:查询这样的学生,没有一门课程是他没有选修的,其 SQL 语句如下:

```
mysql> SELECT studentName
    -> FROM tb_student x
    -> WHERE NOT EXISTS
    -> ( SELECT * FROM tb_course c
    -> WHERE NOT EXISTS
    -> ( SELECT * FROM tb_score
    -> WHERE studentNo=x.studentNo
    -> AND courseNo=c.courseNo ));
```

4.6 联合查询(UNION)

使用 UNION 关键字可以把来自多个 SELECT 语句的结果组合到一个结果集中,这种查询方式称为并(UNION)运算或联合查询。合并时,多个 SELECT 子句中对应的字段数和数据类型必须相同。其语法格式是:

```
SELECT -FROM-WHERE
UNION [ALL]
SELECT -FROM-WHERE
[...UNION [ALL]
SELECT -FROM-WHERE]
```

其中,不使用关键字 ALL,执行的时候去掉重复的记录,所有返回的行都是唯一的;使用关键字 ALL 的作用是不去掉重复的记录,也不对结果进行自动排序。

例 4.54 使用 UNION 查询选修了“管理学”或“计算机基础”的学生学号。

在 MySQL 命令行客户端输入如下 SQL 语句:

```
mysql> SELECT studentNo
    -> FROM tb_score, tb_course
    -> WHERE tb_score.courseNo= tb_course.courseNo AND courseName='管理学'
    -> UNION
    -> SELECT studentNo
    -> FROM tb_score, tb_course
```

```
    -> WHERE tb_score.courseNo= tb_course.courseNo AND courseName='计算机基础';
```

其查询结果为：

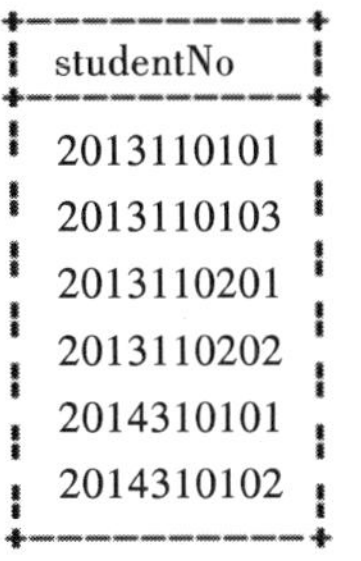

```
+-----------+
| studentNo |
+-----------+
| 2013110101 |
| 2013110103 |
| 2013110201 |
| 2013110202 |
| 2014310101 |
| 2014310102 |
+-----------+
```

```
6 rows in set <0.00 sec>
```

UNION 将多个 SELECT 语句的结果组成一个结果集合。可以分开查看每个 SELECT 语句的结果：

```
mysql> SELECT studentNo FROM tb_score, tb_course
    -> WHERE tb_score.courseNo= tb_course.courseNo AND courseName='管理学';
```

其查询结果为：

```
+-----------+
| studentNo |
+-----------+
| 2013110101 |
| 2013110103 |
| 2013110201 |
| 2013110202 |
+-----------+
4 rows in set <0.06 sec>
mysql> SELECT studentNo FROM tb_score, tb_course
    -> WHERE tb_score.courseNo= tb_course.courseNo AND courseName='计算机基础';
```

其查询结果为：

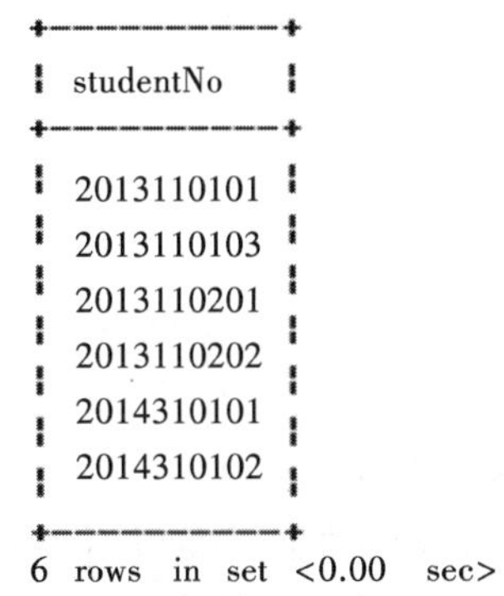

```
+-----------+
| studentNo |
+-----------+
| 2013110101 |
| 2013110103 |
| 2013110201 |
| 2013110202 |
| 2014310101 |
| 2014310102 |
+-----------+
```

```
6 rows in set <0.00 sec>
```

由分开执行的结果可以看到,第 2 个结果集包含了第 1 个,使用 UNION 执行完毕后把输出结果组合成一个集合,并删除了重复的记录。该查询语句等价于：

```
mysql> SELECT DISTINCT studentNo
    -> FROM tb_score, tb_course
    -> WHERE tb_score.courseNo= tb_course.courseNo
    -> AND (courseName='管理学'OR courseName='计算机基础');
```

例 4.55 使用 UNION ALL 查询选修了"管理学"或"计算机基础"的学生学号。

在 MySQL 命令行客户端输入如下 SQL 语句:

```
mysql> SELECT studentNo
    -> FROM tb_score, tb_course
    -> WHERE tb_score.courseNo= tb_course.courseNo AND courseName='管理学'
    -> UNION ALL
    -> SELECT studentNo
    -> FROM tb_score, tb_course
    -> WHERE tb_score.courseNo= tb_course.courseNo AND courseName='计算机基础';
```

其查询结果为:

```
+----------+
| studentNo  |
+----------+
| 2013110101 |
| 2013110103 |
| 2013110201 |
| 2013110202 |
| 2013110101 |
| 2013110103 |
| 2013110201 |
| 2013110202 |
| 2014310101 |
| 2014310102 |
+----------+
10 rows in set <0.00 sec>
```

由结果可以看到,这里的记录数等于两条 SELECT 语句返回的记录数之和,没有去除重复的记录。该查询语句等价于:

```
mysql> SELECT studentNo
    -> FROM tb_score, tb_course
    -> WHERE tb_score.courseNo= tb_course.courseNo
    -> AND (courseName='管理学'OR courseName='计算机基础');
```

使用 UNION 语句时需要注意以下几点:

- UNION 语句必须由两条或两条以上的 SELECT 语句组成,且彼此间用关键字 UNION 分隔。
- UNION 语句中的每个 SELECT 子句必须包含相同的列、表达式或聚合函数。
- 每个 SELECT 子句中对应的目标列的数据类型必须兼容。目标列的数据类型不必完全相同,但必须是 MySQL 可以隐含转换的类型,例如,不同的数值类型或不同的日期类型。
- 第一个 SELECT 子句中的目标列名称会被作为 UNION 语句结果集的列名称。
- 联合查询中只能使用一条 ORDER BY 子句或 LIMIT 子句,且它们必须置于最后一条 SELECT 语句之后。

使用 UNION 语句的联合查询是标准 SQL 直接支持的集合操作,相当于集合操作中的并运算。MySQL 的当前版本只支持并运算,交运算和差运算只能用子查询来实现。

例 4.56 查询选修了“计算机基础”和“管理学”的学生学号。

```
mysql> SELECT studentNo
    -> FROM tb_score, tb_course
    -> WHERE tb_score.courseNo= tb_course.courseNo AND courseName='计算机基础'
    -> AND studentNo IN (SELECT studentNo
    -> FROM tb_score, tb_course
    -> WHERE tb_score.courseNo= tb_course.courseNo AND courseName='管理学');
```

其查询结果为：

```
+-----------+
| studentNo  |
+-----------+
| 2013110101 |
| 2013110103 |
| 2013110201 |
| 2013110202 |
+-----------+
4 rows in set <0.06 sec>
```

例 4.57 查询选修了“计算机基础”但没有选修“管理学”的学生学号。

```
mysql> SELECT studentNo
    -> FROM tb_score, tb_course
    -> WHERE tb_score.courseNo= tb_course.courseNo AND courseName='计算机基础'
    -> AND studentNo NOT IN (SELECT studentNo
    -> FROM tb_score, tb_course
    -> WHERE tb_score.courseNo= tb_course.courseNo AND courseName='管理学');
```

其查询结果为：

```
+-----------+
| studentNo  |
+-----------+
| 2014310101 |
| 2014310102 |
+-----------+
2 rows in set <0.01 sec>
```

思考与练习

一、选择题

1. 在 MySQL 中，要进行数据的检索、输出操作，通常所使用的语句是________。

A）SELECT　　B）INSERT　　C）DELETE　　D）UPDATE

2. 在 SELECT 语句中，要将结果集中的数据行根据选择列的值进行逻辑分组，以便实现对每个组的聚集计算，可以使用的子句是________。

A）LIMIT　　B）GROUP BY　　C）WHERE　　D）ORDER BY

二、填空题

1. SELECT 语句的执行过程是从数据库中选取匹配的特定______和______，并将这些数据组织成一个结果集，然后以一张______的形式返回。

2. 当使用 SELECT 语句返回的结果集中行数很多时，为了便于用户对查询结果集的浏览和操作，可以使用

______子句来限制被 SELECT 语句返回的记录数。

三、编程题

给定供应商供应零件的数据库 db_sp,其中包含供应商表 S、零件表 P 和供应情况表 SP,表结构如下:

供应商 S(SNO,SNAME,STATUS,CITY),各字段的含义依次为供应商编号、供应商名称、状态和所在城市,其中 STATUS 为整型,其他均为字符型。

零　件 P(PNO,PNAME,COLOR,WEIGHT),各字段的含义依次为零件编号、零件名称、颜色和重量,其中 WEIGHT 为浮点型,其他均为字符型。

供　应 SP(SNO,PNO,JNO,QTY),各字段的含义依次为供应商编号、零件编号和供应量,其中 QTY 为整型,其他均为字符型。

各数据表的记录如下:

(a) 数据表 S

SNO	SNAME	STATUS	CITY
S1	Smith	20	London
S2	Jones	10	Paris
S3	Blake	30	Paris
S4	Clark	20	London
S5	Adams	30	Athens
S6	Brown	(null)	New York

(b) 数据表 P

PNO	PNAME	COLOR	WEIGHT
P1	Nut	Red	12
P2	Bolt	Green	17
P3	Screw	Blue	17
P4	Screw	Red	14
P5	Cam	Blue	12
P6	Cog	Red	19

(c) 数据表 SP

SNO	PNO	QTY
S1	P1	200
S1	P4	700
S1	P5	400
S2	P1	200
S2	P2	200
S2	P3	500
S2	P4	600
S2	P5	400
S2	P6	800
S3	P3	200
S3	P4	500
S4	P2	300
S4	P5	300
S5	P1	100
S5	P6	200
S5	P2	100
S5	P3	200
S5	P5	400

请使用 SELECT 语句完成如下查询。

1. 查询供应零件号为 P1 的供应商号码。
2. 查询供货量在 300~500 之间的所有供货情况。
3. 查询供应红色零件的供应商号码和供应商名称。
4. 查询重量在 15 以下,Paris 供应商供应的零件代码和零件名。
5. 查询由 London 供应商供应的零件名称。
6. 查询不供应红色零件的供应商名称。
7. 查询供应商 S3 没有供应的零件名称。
8. 查询供应零件代码为 P1 和 P2 两种零件的供应商名称。

9. 查询与零件名 Nut 颜色相同的零件代码和零件名称。

10. 查询供应了全部零件的供应商名称。

四、简答题

1. 请简述什么是子查询。

2. 请简述 UNION 语句的作用。

第五章　数据更新

MySQL 中提供了功能丰富的数据库更新操作语句，包括向数据库中插入数据的 INSERT 语句、修改数据的 UPDATE 语句，以及当数据不再使用时删除数据的 DELETE 语句。本章详细介绍在 MySQL 中如何使用这些 SQL 语句操作数据。与图形界面操作方式相比，通过 SQL 语句操作表数据更加灵活，功能上也更为强大。

5.1　插入数据

在使用数据库之前，数据库中必须要有数据。MySQL 中使用 INSERT 或 REPLACE 语句向数据库的表中插入新的数据记录，插入的方式有：插入完整的数据记录、插入记录的一部分、插入多条记录、插入另一个查询的结果等。需要注意的是，在插入数据之前应使用 USE 语句将需要插入记录的表所在的数据库指定为当前数据库。

5.1.1　插入完整的数据记录

使用 INSERT 语句向数据库的表中插入记录时，要求指定表名称和插入到新记录中的值，其基本的语法格式是：

```
INSERT INTO tb_name (column_list) VALUES(value_list);
```

其中，tb_name 指定要插入数据的表名，column_list 指定要插入数据的字段，value_list 指定每个字段对应插入的数据。注意，使用该语句时字段和数据值的数量必须相同，并且要保证每个插入值的类型和对应字段定义的数据类型匹配。

向表中所有属性列插入值的方法有两种：一种是指定所有字段名，另一种是不指定字段名。不指定字段名时，值列表中需要为表的每一个字段指定值，并且值的顺序必须和数据表中字段定义时的顺序相同。

例 5.1　向表 tb_student 中插入一条新记录('2014210103','王玲','女','1998-02-21','安徽','汉','CS1401')。

在 MySQL 命令行客户端输入如下 SQL 语句：

```
mysql> INSERT INTO db_school.tb_student
    ->     VALUES('2014210103','王玲','女','1998-02-21','安徽','汉','CS1401');
Query OK, 1 row affected (0.02 sec)
```

语句执行完毕，使用如下语句查看结果如下：

```
mysql> SELECT * FROM tb_student;
```

studentNo	studentName	sex	birthday	native	nation	classNo
2013110101	张晓勇	男	1997-12-11	山西	汉	AC1301
2013110103	王一敏	女	1996-03-25	河北	汉	AC1301
2013110201	江山	女	1996-09-17	内蒙	锡伯	AC1302
2013110202	李明	男	1996-01-14	广西	壮	AC1302
2013310101	黄菊	女	1995-09-30	北京	汉	IS1301
2013310102	林海	男	1996-01-18	北京	满	IS1301
2013310103	吴昊	男	1995-11-18	河北	汉	IS1301
2014210101	刘涛	男	1997-04-03	湖南	侗	CS1401
2014210102	郭志坚	男	1997-02-21	上海	汉	CS1401
2014210103	王玲	女	1998-02-21	安徽	汉	CS1401
2014310101	王林	男	1996-10-09	河南	汉	IS1401
2014310102	李怡然	女	1996-12-31	辽宁	汉	IS1401

```
12 rows in set <0.00 sec>
```

可以看到插入记录成功，数据表中增加了一条新记录。在插入记录时没有指定要插入值的字段列表，只有一组值列表，为每一个字段指定插入值，并且这些值的顺序必须和表中字段定义的顺序完全相同。

尽管这种不必指定所有字段名的 INSERT 语句非常简单，但它却高度依赖于表中所有字段的定义次序，因而当表结构发生改变时就会特别不安全，所以应尽量避免使用这种语法。

例 5.2 向表 tb_student 中插入一条新记录('2013110102','赵婷婷','女','1996-11-30','天津','汉','AC1301')。

在 MySQL 命令行客户端输入如下 SQL 语句：

```
mysql>INSERT INTO tb_student(studentNo,studentName,sex,birthday,native,nation,classNo)
    ->    VALUES('2013110102','赵婷婷','女','1996-11-30','天津','汉','AC1301');
Query OK, 1 row affected (0.03 sec)
```

语句执行成功，在插入记录时 INSERT 语句在表名后面明确指定了 tb_student 表的所有字段，因此为每一个字段都插入了新值。

例 5.3 向表 tb_student 中插入一条新记录，学号为“2013110203”，姓名为“孟颖”，性别为“女”，出生日期为“1997-03-20”，籍贯为“上海”，民族为“汉”，班号为“AC1302”。

在 MySQL 命令行客户端输入如下 SQL 语句：

```
mysql>INSERT INTO tb_student(studentNo,studentName,native,nation,sex,birthday,classNo)
    ->    VALUES('2013110203','孟颖','上海','汉','女','1997-03-20','AC1302');
Query OK, 1 row affected (0.02 sec)
```

在使用 INSERT 语句插入记录时指定的字段名顺序可以不是 tb_student 表定义时的顺序，即插入数据时不需要按照表定义时的字段顺序插入，只要保证值的顺序与字段的顺序相同就可以了。

5.1.2 为表的指定字段插入数据

为表的指定字段插入数据就是在 INSERT 语句中只给部分字段插入值，而其他字段的值为表定义时的默认值，没有定义默认值的字段应允许取空值。

例 5.4 向数据库 db_school 的表 tb_student 中插入一条新记录，学号为"2014310103"，姓名为"孙新"，性别为"男"，民族为"傣"，班号为"IS1401"。

在 MySQL 命令行客户端输入如下 SQL 语句：

```
mysql> INSERT INTO tb_student(studentNo,studentName,sex,nation,classNo)
    ->     VALUES('2014310103','孙新','男','傣','IS1401');
Query OK, 1 row affected (0.02 sec)
```

由提示信息可以看到该语句成功地插入了一条记录。查看结果如下：

```
mysql> SELECT * FROM tb_student;
```

studentNo	studentName	sex	birthday	native	nation	classNo
2013110101	张晓勇	男	1997-12-11	山西	汉	AC1301
2013110102	赵婷婷	女	1996-11-30	天津	汉	AC1301
2013110103	王一敏	女	1996-03-25	河北	汉	AC1301
2013110201	江山	女	1996-09-17	内蒙古	锡伯	AC1302
2013110202	李明	男	1996-01-14	广西	壮	AC1302
2013110203	孟颖	女	1997-03-20	上海	汉	AC1302
2013310101	黄菊	女	1995-09-30	北京	汉	IS1301
2013310102	林海	男	1996-01-18	北京	满	IS1301
2013310103	吴昊	男	1995-11-18	河北	汉	IS1301
2014210101	刘涛	男	1997-04-03	湖南	侗	CS1401
2014210102	郭志坚	男	1997-02-21	上海	汉	CS1401
2014210103	王玲	女	1998-02-21	安徽	汉	CS1401
2014310101	王林	男	1996-10-09	河南	汉	IS1401
2014310102	李怡然	女	1996-12-31	辽宁	汉	IS1401
2014310103	孙新	男	NULL	NULL	傣	IS1401

```
15 rows in set <0.00 sec>
```

该语句插入记录时没有给字段 birthday 和 native 赋值，而且字段 birthday 和 native 也没有定义默认值，但允许为空值，故系统自动为该字段插入空值 NULL。

5.1.3 同时插入多条数据记录

在 MySQL 中，INSERT 语句可以同时向数据表中插入多条记录，插入时只需指定多个值列表，每个值列表之间用逗号分隔，其基本的语法格式是：

```
INSERT INTO tb_name (column_list) VALUES(value_list1), (value_list2), ..., (value_listn);
```

其中，value_list1，value_list2，…，value_list*n* 分别表示第 *n* 个插入记录的值列表。

例 5.5 在表 tb_student 中插入三条新记录：学号为"2014310104"，姓名为"陈卓卓"，性别为"女"；学号为"2014310105"，姓名为"马丽"，性别为"女"；学号为"2014310106"，姓名为"许江"，性别为"男"。

在 MySQL 命令行客户端输入如下 SQL 语句：

```
mysql> INSERT INTO tb_student(studentNo,studentName,sex)
    ->     VALUES('2014310104','陈卓卓','女'),
```

```
    ->      ('2014310105','马丽','女'),
    ->      ('2014310106','许江','男');
Query OK, 3 rows affected (0.00 sec)
Records: 3  Duplicates: 0  Warnings: 0
```

由 MySQL 的提示信息可知,该 INSERT 语句向 tb_student 表中添加了 3 条记录。

使用 INSERT 语句同时插入多条记录时,MySQL 会返回一些额外信息:Records 表示成功插入的记录数;Duplicates 表示插入时被忽略的记录,原因可能是这些记录包含了重复的主键值;Warnings 表示有问题的数据值,例如数据发生类型转换。

例 5.6 不指定插入字段列表,向数据库 db_school 的表 tb_student 中插入两条记录('2014310107','赵鹏','男','1997-10-16','吉林','朝鲜','IS1401')、('2014310108','李菊','女','1998-01-24','河北','汉','IS1401')。

在 MySQL 的命令行客户端输入如下 SQL 语句:

```
mysql> INSERT INTO tb_student
    -> VALUES('2014310107','赵鹏','男','1997-10-16','吉林','朝鲜','IS1401'),
    -> ('2014310108','李菊','女','1998-01-24','河北','汉','IS1401');
Query OK, 2 rows affected (0.00 sec)
Records: 2  Duplicates: 0  Warnings: 0
```

语句执行成功,该 INSERT 语句向 tb_student 表中添加了 2 条记录。值得注意的是,同时插入多条记录时如果没有指定插入字段列表,VALUES 关键字后面的多个值列表都要为每一条记录的每一个字段指定插入的值,并且这些值的顺序必须和表中字段定义的顺序完全相同。

5.1.4 插入查询结果

INSERT 语句用来给数据表插入记录时,不仅可以指定插入记录的值列表,还可以将 SELECT 语句查询的结果插入到表中。其语法格式如下:

```
INSERT INTO tb_name1 (column_list1)
SELECT column_list2) FROM tb_name2 WHERE (condition);
```

其中,tb_name1 指定待插入数据的表名,tb_name2 指定要查询的数据来源表;column_list1 指定待插入表中待插入数据的字段列表,column_list2 指定数据来源表的查询字段列表,该列表必须和 column_list1 列表中的字段个数相同,且数据类型相匹配;condition 指定 SELECT 语句的查询条件。

这个语句用于快速地从一个或多个表中取出数据,并将这些数据插入到另一个表中。SELECT 子句返回的是一个查询结果集,INSERT 语句将这个结果集插入到指定表中,其中结果集中每行数据的字段数、字段的数据类型必须与被操作的表完全一致。

例 5.7 假设要为表 tb_student 制作一个备份表 tb_student_copy,两个表结构完全一致,现使用 INSERT…SELECT 语句将表 tb_student 中的数据备份到表 tb_student_copy 中。

首先需在数据库 db_school 中新建表 tb_student_copy,其 SQL 语句如下:

```
mysql>CREATE TABLE tb_student_copy
    -> (studentNo CHAR(10) ,
    -> studentName VARCHAR(20) NOT NULL,
```

```
    -> sex CHAR(2) NOT NULL,
    -> birthday DATE,
    -> native VARCHAR(20),
    -> nation VARCHAR(10),
    -> classNo CHAR(6),
    -> CONSTRAINT PK_student PRIMARY KEY(studentNo));
```

然后把表 tb_student 中的全部记录插入表 tb_student_copy 中,其 SQL 语句如下:

```
mysql> INSERT INTO tb_student_copy(studentNo,studentName,native,nation,sex,birthday,classNo)
    -> SELECT studentNo,studentName,native,nation,sex,birthday,classNo FROM tb_student;
Query OK, 20 rows affected (0.01 sec)
Records: 20  Duplicates: 0  Warnings: 0
```

该语句的执行成功,tb_student 中的全部记录均插入至表 tb_student_copy 中。

SELECT 语句用于从一个表中检索出要插入的数据集,而非列出具体的属性值。SELECT 语句中列出的每个属性对应于待插入表的表名后所跟的列表中的每个属性。如果 SELECT 语句检索出的数据行数为 0,则表示没有行被插入到待插入表中去,此时的操作是合法的,不会产生错误。

5.1.5 使用 REPLACE 语句插入表数据

若一个待插入的表中存在有 PRIMARY KEY 或 UNIQUE 约束,而待插入的数据行中包含有与待插入表的已有数据行中相同的 PRIMARY KEY 或 UNIQUE 列值,那么 INSERT 语句将无法插入此行。此时如果需要插入这行数据,则可使用 REPLACE 语句来实现。使用 REPLACE 语句可以在插入数据之前将表中与待插入的新记录相冲突的旧记录删除,从而保证新记录能够能正常插入。

REPLACE 语句的语法格式与 INSERT 语句基本相同:

```
REPLACE INTO tb_name (column_list) VALUES(value_list);
```

例 5.8 当前表 tb_student_copy 中已经存在这样一条数据记录:('2013110101','张晓勇','男','1997-12-11','山西','汉','AC1301'),其中该表中 studentNo 是主键,现向该表中再次插入一行数据:('2013110101','周旭','男','1996-10-01','湖南','汉','AC1301')。

首先,使用 INSERT 语句插入该记录:

```
mysql> INSERT INTO tb_student_copy(studentNo,studentName,sex,birthday,native,nation,classNo)
    -> VALUES('2013110101','周旭','男','1996-10-01','湖南','汉','AC1301');
ERROR 1062 (23000): Duplicate entry '2013110101' for key 'PRIMARY'
```

接着,根据系统返回的结果可以看出,该语句不能成功执行,其原因在于待插入的新记录中的主键值与表中原有一条记录的主键值相同,均为“'2013110101'”。

然后,使用 REPLACE 语句插入该记录:

```
mysql>REPLACE INTO tb_student_copy(studentNo,studentName,sex,birthday,native,nation,classNo)
    -> VALUES('2013110101','周旭','男','1996-10-01','湖南','汉','AC1301');
Query OK, 2 rows affected (0.01 sec)
```

语句成功执行,并显示 2 条记录受影响。表 tb_student_copy 中原有的一条记录

('2013110101','张晓勇','男','1997-12-11','山西','汉','AC1301')被新记录('2013110101','周旭','男','1996-10-01','湖南','汉','AC1301')替换,即删除了一条记录,插入了一条记录。

注意:如果数据表的某个字段上定义了外码,使用 REPLACE INTO 插入数据时依然会出错。

5.2 修改数据记录

在 MySQL 中,可以使用 UPDATE 语句来修改一个表或多个表中的数据。其语法格式如下:

```
UPDATE tb_name
SET column1=value1, column2=value2,..., columnn=valuen
[WHERE <conditions>];
```

其中,SET 子句用于指定表中要修改的字段名及其值,“column1,column2,…,column*n*”为指定修改的字段名称,“value1,value2,…,value*n*”为相对应的指定字段修改后的值;修改多个字段时,每个“字段-值”对之间用逗号隔开;每个指定的列值可以是表达式,也可是该列所对应的默认值;如果指定的是默认值,则用关键字 DEFAULT 表示列值。

WHERE 子句为可选项,用于限定表中要修改的行,conditions 指定修改的记录需要满足的条件。若不指定 WHERE 子句,则 UPDATE 语句会修改表中所有的数据行。

5.2.1 修改特定数据记录

使用 UPDATE 语句修改特定数据记录时,需要通过 WHERE 子句指定被修改的记录所需满足的条件。

例 5.9 将表 tb_student 中学号为“2014210101”的学生姓名修改为“黄涛”,籍贯修改为“湖北”,民族修改为缺省值。

在 MySQL 的命令行客户端输入如下 SQL 语句:

```
mysql> UPDATE db_school.tb_student
    -> SET studentName='黄涛', native='湖北', nation='汉'
    -> WHERE studentNo='2014210101';
Query OK, 1 row affected (0.02 sec)
Rows matched: 1  Changed: 1  Warnings: 0
```

语句执行完毕,查看执行结果:

```
mysql> SELECT * FROM tb_student WHERE studentNo= '2014210101';
```

studentNo	studentName	sex	birthday	native	nation	classNo
2014210101	黄涛	男	1997-04-03	湖北	汉	CS1401

1 row in set <0.00 sec>

由结果可知,学号等于“2014210101”的记录中姓名和籍贯字段的值被成功修改为指定值。

5.2.2 修改所有数据记录

使用 UPDATE 语句修改所有数据记录时,不需要指定 WHERE 子句。

例 5.10 将成绩表 tb_score 中所有学生的成绩提高 5%。

在 MySQL 的命令行客户端输入如下 SQL 语句：

```
mysql> UPDATE db_school.tb_score
    -> SET score=score * 1.05;
Query OK, 20 rows affected (0.03 sec)
Rows matched: 20  Changed: 20  Warnings: 0
```

查看执行结果：

```
mysql> SELECT * FROM tb_score;
+------------+----------+-------+
| studentNo  | courseNo | score |
+------------+----------+-------+
| 2013110101 | 11003    |  94.5 |
| 2013110101 | 21001    |  90.3 |
| 2013110103 | 11003    | 93.45 |
| 2013110103 | 21001    |  92.4 |
| 2013110201 | 11003    |  81.9 |
| 2013110201 | 21001    |  96.6 |
| 2013110202 | 11003    |  86.1 |
| 2013110202 | 21001    | 89.25 |
| 2013310101 | 21004    | 87.15 |
| 2013310101 | 31002    |  71.4 |
| 2013310103 | 21004    |    84 |
| 2013310103 | 31002    |  79.8 |
| 2014210101 | 21002    | 97.65 |
| 2014210101 | 21004    | 93.45 |
| 2014210102 | 21002    | 99.75 |
| 2014210102 | 21004    |  92.4 |
| 2014310101 | 21001    | 82.95 |
| 2014310101 | 21004    |    84 |
| 2014310102 | 21001    | 95.55 |
| 2014310102 | 21004    | 91.35 |
+------------+----------+-------+
20 rows in set <0.00 sec>
```

语句执行成功，表 tb_score 中所有的 20 条记录中成绩值被成功修改。

5.2.3 带子查询的修改

在 UPDATE 语句的 WHERE 子句中也可以嵌套子查询，用以构造修改的条件。如果待修改数据的表与设置修改条件的表不相同，需要用子查询来构造修改的条件。

例 5.11 将选修“程序设计”这门课程的学生成绩置零。

在 MySQL 的命令行客户端输入如下 SQL 语句：

```
mysql> UPDATE db_school.tb_score
    -> SET score=0
    -> WHERE courseNo=(SELECT courseNo FROM tb_course WHERE courseName='程序设计');
Query OK, 6 rows affected (0.00 sec)
Rows matched: 6  Changed: 6  Warnings: 0
```

此例中,待修改数据的表为 tb_score,而修改的条件需要通过对表 tb_course 进行查询的结果来指定。

语句执行完毕,查看执行结果:

```
mysql> SELECT studentNo, tb_score.courseNo, courseName, score
    -> FROM tb_course, tb_score
    -> WHERE tb_course.courseNo=tb_score.courseNo AND courseName='程序设计';
```

studentNo	courseNo	courseName	score
2013310101	21004	程序设计	0
2013310103	21004	程序设计	0
2014210101	21004	程序设计	0
2014210102	21004	程序设计	0
2014310101	21004	程序设计	0
2014310102	21004	程序设计	0

6 rows in set <0.00 sec>

可见,所有选修“程序设计”这门课程的学生记录中,score 的值均为零。

5.3 删除数据记录

在 MySQL 中,可以使用 DELETE 语句删除表中的一行或多行数据。DELETE 语句的语法格式如下:

```
DELETE FROM tb_name [WHERE <conditions>];
```

其中,tb_name 为指定要删除数据的表名;WHERE 子句为可选项,用于指定删除条件,如果不指定 WHERE 子句,DELETE 语句将删除表中的所有记录。

5.3.1 删除特定数据记录

使用 DELETE 语句删除特定数据记录时,需要通过 WHERE 子句指定被删除的记录所需满足的条件。

例 5.12 删除表 tb_student 中姓名为“王一敏”的学生信息。

执行删除操作前,使用 SELECT 语句查看姓名为“王一敏”的学生记录:

```
mysql> SELECT * FROM tb_student WHERE studentName='王一敏';
```

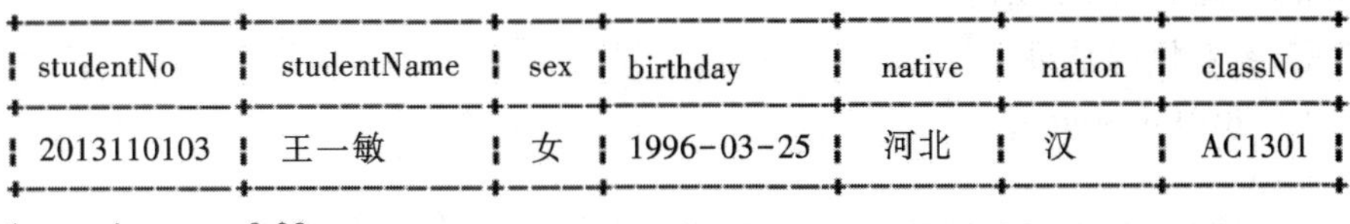

studentNo	studentName	sex	birthday	native	nation	classNo
2013110103	王一敏	女	1996-03-25	河北	汉	AC1301

1 row in set <0.00 sec>

可以看到,tb_student 表中存在姓名为“王一敏”的记录,下面使用 DELETE 语句删除该记录:

```
mysql> DELETE FROM tb_student
```

```
    -> WHERE studentName='王一敏';
Query OK, 1 row affected (0.01 sec)
```

语句执行完毕,查看执行结果:

```
mysql> SELECT * FROM tb_student WHERE studentName='王一敏';
Empty set <0.00 sec>
```

查询结果为空,说明删除操作成功。

5.3.2 带子查询的删除

在 DELETE 语句的 WHERE 子句中也可以嵌套子查询,用以构造删除操作的条件。如果待删除数据的表与设置删除条件的表不相同,需要用子查询来构造删除条件。

例 5.13 将“程序设计”这门课程的所有选课记录删除。

在 MySQL 的命令行客户端输入如下 SQL 语句:

```
mysql> DELETE FROM db_school.tb_score
    -> WHERE courseNo=(SELECT courseNo FROM tb_course WHERE courseName='程序设计');
Query OK, 6 rows affected (0.00 sec)
```

此例中,待删除数据的表为 tb_score,而删除的条件需要通过对表 tb_course 进行查询的结果来指定。

语句执行完毕,查看执行结果:

```
mysql> SELECT studentNo,tb_score.courseNo,courseName,score
    -> FROM tb_course,tb_score
    -> WHERE tb_course.courseNo=tb_score.courseNo AND courseName='程序设计';
Empty set <0.00 sec>
```

可见,所有选修“程序设计”这门课程的记录都已经被删除了。

5.3.3 删除所有数据记录

使用 DELETE 语句删除特定的数据记录时,如果省略 WHERE 子句,表示删除表中的所有记录,但表的定义仍然存在数据库中。也就是说,DELETE 语句删除的是表中的数据,而不会删除表的定义。

例 5.14 删除所有学生的选课记录。

在 MySQL 的命令行客户端输入如下 SQL 语句:

```
mysql> DELETE FROM db_school.tb_score;
Query OK, 20 rows affected (0.00 sec)
```

语句执行完毕,查看执行结果:

```
mysql> SELECT * FROM tb_score;
Empty set <0.00 sec>
```

查询结果为空,说明表中的所有记录均被成功删除,现在 tb_score 表中已经没有任何数据记录了。

如果要删除表中的所有记录,还可以使用 TRUNCATE 语句。TRUNCATE 语句将直接删除原来的表并重新创建一个表,而不是逐行删除表中的记录,因此执行速度会比 DELETE 操作更快。

TRUNCATE 语句的语法格式是：

```
TRUNCATE [TABLE] tb_name
```

其中，tb_name 用于指定要删除数据的表名。

例 5.15 使用 TRUNCATE 语句删除数据表 tb_student 的备份 tb_student_copy 中的所有记录。

在 MySQL 的命令行客户端输入如下 SQL 语句：

```
mysql> TRUNCATE db_school.tb_student_copy;
Query OK, 20 rows affected (0.02 sec)
```

语句执行完毕，查看执行结果：

```
mysql> SELECT * FROM db_school.tb_student_copy;
Empty set <0.00 sec>
```

查询结果为空，说明表中的所有记录均被成功删除，现在 tb_student_copy 表中已经没有任何数据记录了。

TRUNCATE 语句的使用非常简单，但仍需注意以下几点：

- 由于 TRUNCATE 语句在功能上与不带 WHERE 子句的 DELETE 语句相同，它将删除表中的所有数据，且无法恢复，因此使用时必须十分小心。
- 使用 TRUNCATE 语句后，表中的 AUTO_INCREMENT 计数器将被重新设置为该列的初始值。

思考与练习

一、选择题

下列语句中，表数据的基本操作语句不包括________。

A) CREATE 语句　　B) INSERT 语句　　C) DELETE 语句　　D) UPDATE 语句

二、填空题

1. 在 MySQL 中，可以使用 INSERT 或______语句，向数据库中一个已有的表中插入一行或多行记录。
2. 在 MySQL 中，可以使用______语句或______语句删除表中的所有记录。
3. 在 MySQL 中，可以使用______语句来修改数据表中的记录。

三、应用题

给定供应商供应零件的数据库 db_sp，其中包含供应商表 S、零件表 P 和供应情况表 SP，表结构如下：

供应商 S(SNO,SNAME,STATUS,CITY)，各字段的含义依次为供应商编号、供应商名称、状态和所在城市，其中 STATUS 为整型，其他均为字符型。

零　件 P(PNO,PNAME,COLOR,WEIGHT)，各字段的含义依次为零件编号、零件名称、颜色和重量，其中 WEIGHT 为浮点型，其他均为字符型。

供　应 SP(SNO,PNO,JNO,QTY)，各字段的含义依次为供应商编号、零件编号和供应量，其中 QTY 为整型，其他均为字符型。

1. 数据库 db_sp 和数据表 S、P 和 SP 均已在第三章作业中定义，请使用 INSERT 语句向各数据表插入如下记录。

(a) 数据表 S

SNO	SNAME	STATUS	CITY
S1	Smith	20	London
S2	Jones	10	Paris
S3	Blake	30	Paris
S4	Clark	20	London
S5	Adams	30	Athens
S6	Brown	(null)	New York

(b) 数据表 P

PNO	PNAME	COLOR	WEIGHT
P1	Nut	Red	12
P2	Bolt	Green	17
P3	Screw	Blue	17
P4	Screw	Red	14
P5	Cam	Blue	12
P6	Cog	Red	19

(c) 数据表 SPJ

SNO	PNO	QTY
S1	P1	200
S1	P4	700
S1	P5	400
S2	P1	200
S2	P2	200
S2	P3	500
S2	P4	600
S2	P5	400
S2	P6	800
S3	P3	200
S3	P4	500
S4	P2	300
S4	P5	300
S5	P1	100
S5	P6	200
S5	P2	100
S5	P3	200
S5	P5	400

2. 请使用 UPDATE 语句将数据库 db_sp 的表 P 中蓝色零件的重量增加 20%。
3. 请使用 DELETE 语句将数据库 db_sp 的表 S 中状态为空值的供应商信息删除。
4. 请使用 DELETE 语句删除数据库 db_sp 中没有供应零件的供应商信息。

第六章　索　引

索引(Index)是数据库技术中的一个重要概念与技术,也是 MySQL 的一个数据库对象。对于任何 DBMS,索引都是查询优化的最主要方式。当数据量非常大时,如若没有合适的索引,数据库的查询性能会急剧下降。因此,建立索引的目的就是加快数据库检索的速度。本章主要介绍索引的基本概念、特点,以及在 MySQL 中通过使用 SQL 语句创建、查看和删除索引的方法。

6.1　索引概述

对数据库中数据表进行查询操作时,系统对表中的数据主要有两种搜索扫描方式:一种是全表扫描、检索,另一种是利用数据表上建立的索引进行扫描。

全表扫描是将表中所有数据记录从头至尾逐行读取,与查询条件进行对比,返回满足条件的记录。这种搜索方式需要读取相关表中的所有数据,需要进行大量的磁盘读写操作,当表中数据量巨大时,查询检索的效率会大大降低。

索引访问是通过搜索索引值,再根据索引值与记录的关系直接访问数据表中的记录行。例如,对学生表的姓名字段建立索引,即按照表中姓名字段的数据进行索引排序,并为其建立指向数据表(学生表)中记录所在位置的"指针"。如图 6.1 所示,索引表中字段 studentName 称为索引项或索引字段,该列各字段值称为索引值。比如当检索姓名为"王林"的学生信息时,首先在索引项中找到"王林",然后按照索引值与数据表之间的对应关系,直接找到数据表中"王林"所对应的数据记录。

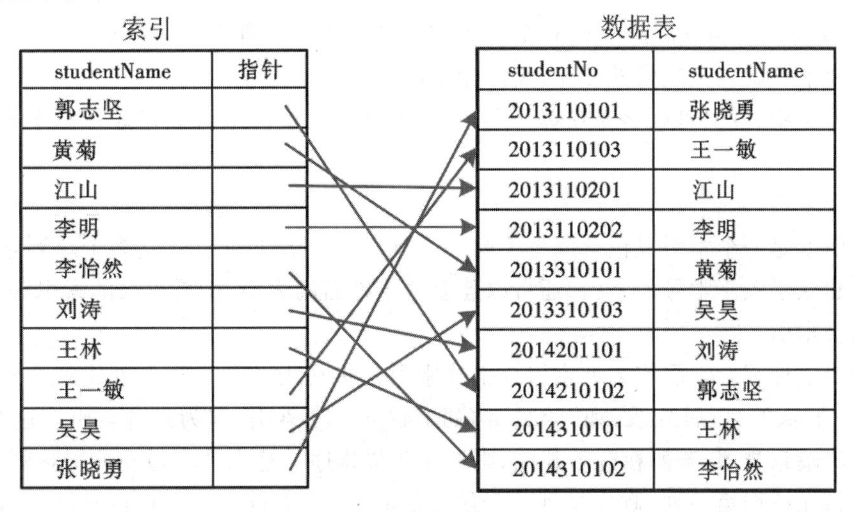

图 6.1　索引示意

由上述示意图可见,通过索引进行数据检索的方式类似于在图书馆查找图书的过程,即在图书馆首先通过检索书名或书号等信息,获得所需图书的位置信息,然后按照该位置信息直接到确定的书库、书架上拿取图书,而不是对图书馆的所有书籍进行逐库、逐书架的查找。因此,在数据库中建立适当的索引,能有效提高数据检索的效率。

根据用途,MySQL 中的索引主要分为普通索引、唯一性索引、主键索引、聚簇索引及全文索引等几类。

(1) 普通索引

普通索引(INDEX)是最基本的索引类型。普通索引的索引列值可以取空值或重复值。创建普通索引时,通常使用的关键字是 INDEX 或 KEY。

(2) 唯一性索引

唯一性(UNIQUE)索引与普通索引基本相同,区别仅在于索引列值不能重复,即索引列值必须是唯一的,但可以是空值。创建唯一性索引所使用的关键字是 UNIQUE。

(3) 主键索引

在 MySQL 中建立主键时,系统自动创建主键(PRIMARY KEY)索引。主键索引是一种唯一性索引。与唯一性索引的不同在于其索引列值不能为空。创建主键时,必须使用关键字 PRIMARY KEY。一般是在创建表的时候指定主键,也可以通过修改表的方式添加主键。每个表只能有一个主键。

(4) 聚簇索引

聚簇索引(CLUSTERED INDEX)的索引顺序就是数据存储的物理存储顺序,这样能保证索引值相近的元组所存储的物理位置也相近。对于非聚簇索引,索引顺序与数据的物理排列顺序无关,图 6.1 就是一个非聚簇索引的示例。一个表只能有一个聚簇索引。并非所有的 MySQL 存储引擎都支持聚簇索引,目前只有 solidDB 和 InnoDB 支持。

(5) 全文索引

全文索引(FULLTEXT)只能创建在数据类型为 VARCHAR 或 TEXT 的列上。建立全文索引后,能够在建立了全文索引的列上进行全文查找。全文索引只能在 MyISAM 存储引擎的表中创建。本书只要求了解全文检索的概念,具体操作不要求。

在实际使用中,索引可以建立在单一列上,称为单列索引。也可以建立在多个列上,称为组合索引。

(1) 单列索引

单列索引就是一个索引只包含原表中的一个列。一个表上可以建立多个单列索引。例如,在学生表中建立了关于学号的索引,还可以建立关于姓名的索引、所属班级的索引等。

(2) 组合索引

组合索引也称复合索引或多列索引。组合索引是指在表的多个列上创建一个索引。例如,在班级表 tb_class 的“所属院系”和“年级”两列上建立一个索引,即为组合索引。这个索引的含义是先按所属院系排序,若所在院系相同,则按照年级排序。这也就是最左前缀法则。所谓最左前缀法则是指先按照第一列(顺序排列位于最左侧的字段)进行排序,当第一列的值相同的情况下再对第二列排序,依此类推。

6.2 查看数据表上所建立的索引

在 MySQL 中,使用 SHOW INDEX 语句能够查看数据表中是否建立了索引,以及所建立索引的类型及相关参数,其语法格式是:

```
SHOW {INDEX | INDEXES | KEYS} {FROM | IN} tbl_name  [{FROM | IN} db_name]
```

该语句的功能是显示出表名为 tbl_name 的表上所有定义的索引名及索引类型。例如,在 MySQL 命令行客户端输入如下语句:

```
mysql> SHOW INDEX FROM db_school.tb_score;
```

执行以上语句之后,以二维表的形式显示建立在表 tb_score 上所有索引的信息。由于屏幕显示的项目较多,不易查看,因此可在该语句中使用\G 参数,即:

```
mysql> SHOW INDEX FROM db_school.tb_score \G;
```

语句成功执行后,以如下格式显示表 tb_class 中索引的情况。

```
mysql> SHOW INDEX FROM db_school.tb_score\G;
* * * * * * * * * * * * * * * * * * * * * * * * * * * 1.row * * * * * * * * * * * * * * * * * * * * * * * * * *
        Table:tb_score
   Non_unique:0
     Key_name:PRIMARY
 Seq_in_index:1
  Column_name:studentNo
    Collation:A
  Cardinality:NULL
     Sub_part:NULL
       Packed:NULL
         Null:
   Index_type:BTREE
      Comment:
* * * * * * * * * * * * * * * * * * * * * * * * * * * 2.row * * * * * * * * * * * * * * * * * * * * * * * * * *
        Table:tb_score
   Non_unique:0
     Key_name:PRIMARY
 Seq_in_index:2
  Column_name:courseNo
    Collation:A
  Cardinality:20
     Sub_part:NULL
       Packed:NULL
         Null:
   Index_type:BTREE
      Comment:
2 rows in set <0.00 sec>
```

系统返回的索引信息列表有十几行数据，这里重点介绍其中的几项。

- Table：指明索引所在表的名称。
- Non_unique：该索引是否不是唯一性索引。如果不是唯一性索引，则该列值为 1；如果是唯一性索引，则该列值为 0。
- Key_name：索引的名称。若是在创建索引的语句中使用 PRIMARY KEY 关键字，且没有明确给出索引名，则系统会为其指定一个索引名称，即“PRIMARY”。
- Column_name：建立索引的列名称。
- Collation：说明以何种顺序（升序或降序）索引。如果是升序，则该列的值显示为 A；如果该列的值显示为 NULL，则表示无分类。

由此，通过上述返回的结果可以看到，表 tb_score 上建立了两个主键索引，索引名称是 PRIMARY KEY。索引建立在 studentNo 和 courseNo 列上。

6.3 创建索引

MySQL 提供了三种创建索引的方法。一种是在创建表的同时创建索引，另外两种分别是在已经存在的表上使用 CREATE INDEX 语句创建索引，或使用 ALTER TABLE 语句添加索引。

6.3.1 使用 CREATE TABLE 语句创建索引

使用 CREATE TABLE 语句可在创建表的同时创建该表的索引，其语法格式是：

```
CREATE TABLE tbl_name[col_name data_type]
    [CONSTRAINT index_name] [UNIQUE] [INDEX | KEY]
    [index_name](index_col_name[length]) [ASC | DESC]
```

语法说明如下：

- tbl_name：指定需要建立索引的表名。
- index_name：指定所建立的索引名称。一个表上可以建立多个索引，而每个索引的名称必须是唯一的。
- UNIQUE：可选项，指定所创建的是唯一性索引。
- index_col_name：指定要创建索引的列名。通常可考虑将查询语句中在 WHERE 子句和 JION 子句里出现的列作为索引列。
- length：可选项，用于指定使用列的前 length 个字符创建索引。使用列值的一部分创建索引有利于减小索引文件的大小，节省磁盘空间。当然，在某些情况下，只能对列的前缀进行索引。例如，由于索引列的长度有一个最大上限，所以如果索引列的长度超过了这个上限，那么此时就需要利用前缀来进行索引。另外，为 BLOB 或 TEXT 类型的数据列建立索引时必须使用前缀索引。前缀最长为 255 个字节，但对于 MyISAM 和 InnoDB 表，前缀最长为 1 000 个字节。
- ASC | DESC：可选项，指定索引是按升序（ASC）还是降序（DESC）排列，默认为 ASC。

例 6.1 在创建新表的同时建立普通索引。

为了测试使用 CREATE TABLE 时建立索引的方法，建立一个表 tb_student1，包括 7 个字段，用于测试索引的创建、查看等。要求在创建表的同时，在 studentName 字段上建立普通索引。语句如下：

```
mysql> CREATE TABLE tb_student1(
    ->      studentNo CHAR(10) NOT NULL,
    ->      studentName VARCHAR(20) NOT NULL,
    ->      sex CHAR(2) NOT NULL,
    ->      birthday DATE,
    ->      native VARCHAR(20),
    ->      nation VARCHAR(10) DEFAULT '汉',
    ->      classNo CHAR(6),
    ->      INDEX (studentName));
```

语句执行成功后，可以使用 SHOW INDEX 语句查看 tb_student1 表上所建立的索引。

例 6.2 创建新表时，建立唯一性索引。

建立一个表 tb_student2，要求在建立表 tb_student2 的同时，在 studentNo 字段上建立唯一性索引。执行如下语句：

```
mysql> CREATE TABLE tb_student2(
    ->      studentNo CHAR(10) NOT NULL UNIQUE,
    ->      studentName VARCHAR(20) NOT NULL,
    ->      sex CHAR(2) NOT NULL,
    ->      birthday DATE,
    ->      native VARCHAR(20),
    ->      nation VARCHAR(10) DEFAULT '汉',
    ->      classNo CHAR(6)
    -> );
```

创建成功后，可以使用 SHOW INDEX 语句查看 tb_ student2 表上所建立的索引。

例 6.3 在创建新表的同时建立主键索引。

在 MySQL 中，创建表时，若指定表的主键，系统自动建立主键索引。若建立外键，系统亦自动建立索引。为了便于查看创建索引的效果，我们分别建立两个表 tb_score1 及 tb_score2。两个表的结构完全相同，区别仅在于创建 tb_score2 语句中定义了表的主键和外键。以创建 tb_score1 表为例，查看该表上所建立的索引。创建表的语句如下：

```
mysql> CREATE TABLE tb_score1(
    ->      studentNo CHAR(10),
    ->      courseNo CHAR(5),
    ->      score FLOAT);
```

该语句执行成功后，在数据库中创建了 tb_score1 表。然后执行 SHOW INDEX 语句，查看表 tb_ score1 上所建立的索引。由 SHOW 语句的执行结果可以看到，表中没有索引。再创建一个表 tb_score2，结构定义与 tb_score1 表相同。区别仅在于增加了建立主键和外键的子句。语句如下：

```
mysql> CREATE TABLE tb_score2(
    ->      studentNo CHAR(10),
    ->      courseNo CHAR(5),
```

```
    ->    score FLOAT,
    ->    CONSTRAINT PK_score PRIMARY KEY(studentNo,courseNo),
    ->    CONSTRAINT FK_score1 FOREIGN KEY (studentNo) REFERENCES tb_student(studentNo),
    ->    CONSTRAINT FK_score2 FOREIGN KEY (courseNo) REFERENCES tb_course(courseNo));
```

执行上述语句后,创建了 tb_score2 表,同时在表上建立了包含 studentNo、courseNo 两个字段的主键,系统自动建立了主键索引。建立外键时,系统也自动为外键列建立索引。

执行 SHOW INDEX 语句,查看该表上的索引,结果如下图所示。

```
mysql> SHOW INDEX FROM db_school.tb_score2\G;
*************************** 1.row ***************************
        Table:tb_score2
   Non_unique:0
     Key_name:PRIMARY
 Seq_in_index:1
  Column_name:studentNo
    Collation:A
  Cardinality:NULL
     Sub_part:NULL
       Packed:NULL
         Null:
   Index_type:BTREE
      Comment:
*************************** 2.row ***************************
        Table:tb_score2
   Non_unique:0
     Key_name:PRIMARY
 Seq_in_index:2
  Column_name:courseNo
    Collation:A
  Cardinality:0
     Sub_part:NULL
       Packed:NULL
         Null:
   Index_type:BTREE
      Comment:
*************************** 3.row ***************************
        Table:tb_score2
   Non_unique:1
     Key_name:FK_score2
 Seq_in_index:1
  Column_name:courseNo
    Collation:A
```

```
Cardinality:NULL
   Sub_part:NULL
     Packed:NULL
       Null:
 Index_type:BTREE
    Comment:
3 rows in set <0.00 sec>
```

对比分别建立在表 tb_score1 和 tb_score2 上的索引,可以看到,MySQL 中创建表时,凡是被定义为主键或外键的数据列,系统均会自动建立相应字段的索引。

需要提醒的是,并非所有的数据库管理系统都自动对主键、外键建立索引。在使用其他数据库管理系统时,应该查看手册或测试一下。

6.3.2 使用 CREATE INDEX 语句创建索引

用 CREATE INDEX 语句能够在一个已存在的表上创建索引,其语法格式是:

```
CREATE  [UNIQUE]  INDEX index_name
  ON tbl_name (col_name [(length)] [ASC | DESC],...)
```

以上语句中的 index_name、tbl_name、col_name、length、ASC | DESC 等选项的含义与 CREATE TABLE 中相关选项的含义类似,这里不再详细解释,而是通过例题说明如何使用 CREATE INDEX 语句建立索引。

例 6.4 创建普通索引。

在数据库 db_school 的学生表 tb_student 上建立一个普通索引,索引字段是学号 studentNo。语句如下:

```
mysql> CREATE INDEX index_stu ON db_school.tb_student(studentNo);
```

该语句执行后,在数据库 db_ school 中建立一个名称为 index_stu 的普通索引,索引字段是 studentNo。普通索引是没有唯一性等约束的索引。普通索引可以建在任何数据类型的字段上。语句中没有指明排序的方式,因此采用默认的索引方式,即升序索引。

该语句成功执行后,再执行如下语句,查看已建立的索引:

```
mysql> SHOW INDEX FROM db_school.tb_student;
```

请大家自行上机测试。

例 6.5 创建基于字段值前缀字符的索引。

在数据库 db_school 中课程表 tb_course 上建立一个索引,要求按课程名称 courseName 字段值前三个字符建立降序索引。

在命令行客户端上输入并执行如下 SQL 语句:

```
mysql> CREATE INDEX index_course ON db_school.tb_course(courseName(3) DESC);
```

对字符类型排序,若是英文,按照字母序排列;若是中文,不同的系统有不同的处理规则。MySQL 中是按照汉语拼音对应的英文字母顺序进行排序。

例 6.6 创建组合索引。

在数据库 db_ school 中表 tb_book 上建立图书类别(升序)和书名(降序)的组合索引,索引名称为 index_book。

在命令行客户端上输入并运行如下 SQL 语句：

```
mysql>CREATE INDEX index_book  ON db_school.tb_book(bclassNo,bookName DESC);
```

在表 tb_book 上的索引 index_book 是建立在两个字段 bclassNo、bookName 上的，排序时，先按照 bclassNo 字段值排序。当 bclassNo 值相同时，再按照 bookName 字段值排序。

6.3.3 使用 ALTER TABLE 语句创建索引

在 MySQL 中，除了使用 CREATE INDEX 语句在一个已存在的表上创建索引之外，还可以使用 ALTER TABLE 语句实现类似的功能。语法格式如下：

```
ALTER TABLE tbl_name ADD [UNIQUE | FULLTEXT] [INDEX|KEY] [index_name] (col_name[length][ASC|DESC],...)
```

例 6.7 使用 ALTER TABLE 语句建立普通索引。

使用 ALTER TABLE 语句在例 6.1 所建立的 tb_student1 表 studentName 列上建立一个普通索引，索引名为 idx_studentName。

在命令行客户端上输入并执行如下 SQL 语句：

```
mysql>ALTER TABLE db_school.tb_student1 ADD INDEX idx_studentName(studentName);
```

除了使用 ALTER TABLE 语句的 ADD INDEX 建立索引，使用 ADD CONSTRAINT 子句能够在表中添加主键或外键约束，与此同时，系统自动地创建相应的索引。使用 ADD CONSTRAINT 添加主键、外键的操作方法请参看第三章。

6.4 删除索引

在 MySQL 中，使用 DROP INDEX 语句或 ALTER TABLE 语句能够删除一个不再需要的索引。

1. 使用 DROP INDEX 语句删除索引

删除索引语句的语法格式是：

```
DROP INDEX index_name ON tbl_name
```

其中，index_name 指定要删除的索引名，tbl_name 指明该索引所在的表。

例 6.8 删除例 6.7 中所创建的索引 idx_studentName。

在 MySQL 的命令行客户端上输入如下 SQL 语句：

```
mysql> DROP INDEX idx_studentName ON db_school.tb_student1;
```

该语句执行后，tb_student1 表上的 idx_studentName 索引被删除，对 tb_student1 表本身没有任何影响，也不影响该表上其他的索引。

2. 使用 ALTER TABLE 语句删除索引

ALTER TABLE 语句具有很多功能，不仅能添加索引，还能删除索引。其语法格式是：

```
ALTER TABLE tbl_name DROP INDEX index_name
```

该语句的作用是删除建立在 tbl_name 表上的名称为 index_name 的索引。

例 6.9 使用 ALTER TABLE 语句删除索引。

使用 ALTER TABLE 语句删除数据库 db_school 中表 tb_student 的索引 index_stu。在命令行

客户端上输入如下 SQL 语句:

```
mysql> ALTER TABLE db_school.tb_student DROP INDEX index_stu;
```

使用 ALTER TABLE 语句的 DROP CONSTRAINT 子句能够在表中删除主键或外键约束,同时就删除了相应于主键、外键的索引。

注意:

- 若删除表中某一列,而该列是索引项,则该列也会从索引中被删除。
- 如果组成索引的所有列都被删除,则整个索引将被删除。

6.5 对索引的进一步说明

1. 使用索引时的问题

尽管使用索引可以大大加快查询响应的速度,提高 MySQL 的检索性能,但过多地使用索引将会影响系统的性能,其主要原因如下:

(1) 降低更新表中数据的速度

索引在提高查询速度的同时,会降低更新数据表的速度。在更新表中数据时,系统会自动地更新索引列的数据,以确保索引与表中的数据保持一致,这可能需要重新组织一个索引。如果表上建立的索引很多,会非常浪费更新操作的时间,由此会降低 INSERT、UPDATE、DELETE 及其他写入操作的效率。表中建立的索引越多,则更新表的时间就会越长。

(2) 增加存储空间

无论采用 InnoDB 还是 MyISAM 存储引擎,索引都需要占用磁盘空间。如果有大量的索引,索引文件可能会比数据文件更快地达到最大的文件尺寸。特别是如果在一个大表上创建了多种组合索引,索引文件的大小会膨胀得非常快。

因此,索引只是提高检索效率的一个手段。如果 MySQL 数据库中存在大数据量的表,而这些表的更新操作比较多,则需要认真分析,设计有效的索引,或者优化所使用的查询语句。

2. 使用索引的建议

在使用索引时,需要注意以下一些技巧和事项:

- 使用索引有利于提高数据查询的效率,但会影响数据更新的速度。不恰当的索引会降低系统性能。因此,在插入、修改、删除操作较多的数据表上避免过多地建立索引。
- 数据量较小的表最好不要建立索引。
- 使用组合索引时,严格遵循最左前缀法则,即先按照第一列(最左字段)进行排序,当第一列的值相同的情况下对第二列排序,依此类推。
- 在查询表达式中经常使用、有较多不同值的字段上建立索引。避免在不同值较少的字段上建立索引。例如,“性别”字段的值只有两个:“男”或“女”。在这类字段上建立索引不仅不会提高查询效率,反而会降低更新速度。
- 在 WHERE 子句中尽量避免将索引列作为表达式的一部分。在使用 LIKE 时,避免在开头使用通配符,例如“LIKE %aaa%”会使索引失效,而“LIKE aaa%”子句可以使用索引。
- 为了提高索引的效率,若 CHAR 或 VARCHAR 列的字符数很多,则可视具体情况选取字段前 N 个字符值进行索引,即对索引列的前缀建立索引,这样可节约存储空间。

思考与练习

一、选择题

1. 建立索引的主要目的是________。

A）节省存储空间　B）提高安全性　C）提高查询速度　D）提高数据更新的速度

2. 以下不属于 MySQL 的索引类型是________。

A）主键索引　B）唯一性索引　C）全文索引　D）非空值索引

3. 能够在已存在的表上建立索引的语句是________。

A）CREATE TABEL　B）ALTER TABLE　C）UPDATE TABLE　D）REINDEX TABLE

二、编程题

1. 分别用 ALTER TABLE 及 CREATE INDEX 语句在表 tb_student 上建立主键索引。
2. 在创建表 tb_score 的同时，建立学号、课程号的组合索引。
3. 删除上题创建在 tb_score 表上的索引。

三、简答题

1. 简述索引的概念及其作用。
2. 简述 MySQL 中索引的分类及特点。
3. 简述在 MySQL 中创建、查看和删除索引的 SQL 语句。
4. 简述使用索引应注意的问题。

第七章　视　　图

视图是数据库系统中一种非常有用的数据库对象,它往往是和外模式联系在一起的概念。外模式是数据库用户(包括应用程序员和最终用户)能够看见和使用的局部数据时逻辑结构和特征的描述,通常通过数据库用户的数据视图来实现,用于对与某一应用有关的数据进行逻辑表示。

MySQL 5.0 之后的版本添加了对视图的支持。本章主要学习视图的概念、特点以及视图在 MySQL 中的使用方法。

7.1　视图概述

视图是从一个或多个表或者视图中导出的表,它也包含一系列带有名称的数据列和若干条数据行。然而,视图不同于数据库中真实存在的表,其区别在于:

- 视图不是数据库中真实的表,而是一张虚拟表,其结构和数据是建立在对数据库中真实表的查询基础上的。
- 视图的内容是由存储在数据库中进行查询操作的 SQL 语句来定义的,它的列数据与行数据均来自定义视图的查询所引用的真实表(也称基础表、基表或源表)或者是基于真实表的计算值,并且这些数据是在引用视图时动态生成的。
- 视图不是以数据集的形式存储在数据库中,它所对应的数据实际上是存储在视图所引用的真实表(基础表)中。
- 视图是用来查看存储在别处的数据的一种设施,其自身并不存储数据。

尽管视图与数据库中的表存在着本质上的不同,但视图一经定义后,可以如同使用表一样,对视图进行查询以及受限的修改、删除和更新等操作。并且,使用视图具有如下一些优点:

- 集中分散数据。当用户所需的数据分散在数据库的多个表中时,通过定义视图可以将这些数据集中在一起,以方便用户对分散数据的集中查询与处理。
- 简化查询语句。定义视图可为用户屏蔽数据库的复杂性,使其不必详细了解数据库中复杂的表结构和表连接,因而能简化用户对数据库的查询语句。例如,即便是底层数据库表发生了更改,也不会影响上层用户对数据库的正常使用,只需数据库编程人员重新定义视图的内容即可。这也正是使用外模式,以及模式和外模式之间映射的目的。实际上,视图的查询定义就是模式和外模式之间的映射关系。这样一来,依据数据外模式编写的应用程序就不用修改,从而保证了数据与程序的逻辑独立性。
- 重用 SQL 语句。视图提供的是一种对查询操作的封装,它本身不包含数据,其所呈现的数据是根据视图的定义从基础表中检索出来的,若基础表中的数据被新增或更改,视图所呈现的则是更新后的数据。因此,通过定义视图,编写完所需查询后,可以方便地重用该视图,而不必了解它的具体查询细节。

• 保护数据安全。通过只授予用户使用视图的权限,而不具体指定使用表的权限,来保护基础数据的安全性。因为,通过视图用户只能查询和修改他们所能见到的数据,数据库中的其他数据则既看不见也取不到。数据库授权命令可以使每个用户对数据库的检索限制到特定的数据库对象上,但不能授权到数据库的特定行上。通过视图,用户可以被限制在数据的不同子集上:使用权可被限制在基表的行的子集上。

• 共享所需数据。通过视图,每个用户不必都定义和存储自己所需的数据,可以共享数据库中的数据,从而同样的数据只需存储一次。

• 更改数据格式。通过视图,可以重新格式化检索出的数据,并组织输出到其他应用程序中去。

7.2 创建视图

在 MySQL 5.5 中,可以使用 CREATE VIEW 语句来创建视图,其语法格式为:

```
CREATE [OR REPLACE]
    VIEW view_name [(column_list)]
    AS SELECT_statement
    [WITH [CASCADED | LOCAL] CHECK OPTION]
```

主要语法说明如下:

• OR REPLACE:可选项,用于指定 OR REPLACE 子句。该语句用于替换数据库中已有的同名视图,但需要在该视图上具有 DROP 权限。

• view_name:指定视图的名称。该名称在数据库中必须是唯一的,不能与其他表或视图同名。

• column_list:这个可选子句可以为视图中的每个列指定明确的名称。其中,列名的数目必须等于 SELECT 语句检索出的结果数据集的列数,并且每个列名间用逗号分隔。如若省略 column_list 子句,则新建视图使用与基础表或源视图中相同的列名。

• SELECT_statement:用于指定创建视图的 SELECT 语句。这个 SELECT 语句给出了视图的定义,它可用于查询多个基础表或源视图。对于 SELECT 语句的指定,存在以下一些限制:

① 定义视图的用户除了要求被授予 CREATE VIEW 的权限外,还必须被授予可以操作视图所涉及的基础表或其他视图的相关权限,例如,由 SELECT 语句选择的每一列上的某些权限。

② SELECT 语句不能包含 FROM 子句中的子查询。

③ SELECT 语句不能引用系统变量或用户变量。

④ SELECT 语句不能引用预处理语句参数。

⑤ 在 SELECT 语句中引用的表或视图必须存在。但是,创建完视图后,可以删除视图定义中所引用的基础表或源视图。若想检查视图定义是否存在这类问题,可使用 CHECK TABLE 语句。

⑥ 若 SELECT 语句中所引用的不是当前数据库的基础表或源视图时,需要在该表或视图前加上数据库的名称作为限定前缀。

⑦ 在由 SELECT 语句构造的视图定义中,允许使用 ORDER BY 子句。但是,如果从特定视图进行了选择,而该视图使用了自己的 ORDER BY 语句,则视图定义中的 ORDER BY 子句将被忽略。

⑧ 对于 SELECT 语句中的其他选项或子句,若所创建的视图中也包含了这些选项,则语句执行效果未定义。例如,如果在视图定义中包含了 LIMIT 子句,而 SELECT 语句也使用了自己的 LIMIT 子句,那么 MySQL 对使用哪一个 LIMIT 语句未做定义。

- WITH CHECK OPTION:这个可选子句用于指定在可更新视图上所进行的修改都需要符合 select_statement 中所指定的限制条件,这样可以确保数据修改后仍可以通过视图看到修改后的数据。当视图是根据另一个视图定义时,WITH CHECK OPTION 给出两个参数,即 CASCADED 和 LOCAL,它们决定检查测试的范围。其中,关键字 CASCADED 为选项默认值,它会对所有视图进行检查,而关键字 LOCAL 则使 CHECK OPTION 只对定义的视图进行检查。

例 7.1 在数据库 db_school 中创建视图 v_student,要求该视图包含客户信息表 tb_student 中所有男生的信息,并且要求保证今后对该视图数据的修改都必须符合学生性别为男性这个条件。

在 MySQL 的命令行客户端输入如下 SQL 语句,即可创建所需视图 v_student:

```
mysql> CREATE OR REPLACE VIEW db_school.v_student
    ->    AS
    ->    SELECT * FROM db_school.tb_student WHERE sex='男'
    ->    WITH CHECK OPTION;
Query OK, 0 row affected (0.11 sec)
```

例 7.2 在数据库 db_school 中创建视图 db_school.v_score_avg, 要求该视图包含表 tb_score 中所有学生的学号和平均成绩,并按学号 studentNo 进行排序。

在命令行客户端输入如下 SQL 语句,即可创建所需视图 db_score.v_score_avg:

```
mysql> CREATE VIEW db_school.v_score_avg(studentNo,score_avg)
    ->    AS
    ->    SELECT studentNo,AVG(score) FROM tb_score
    ->    GROUP BY studentNo;
Query OK, 0 row affected (0.05 sec)
```

例 7.3 举一个例子,针对前面的 SELECT 语句的规则①~⑧,最好能涵盖几个;也可以举一个产生错误的例子。

针对数据库 db_school 中的表 tb_score 创建视图 db_score.v_score_avgs, 要求该视图包含表 tb_score 中所有学生的学号和平均成绩,并按学号 studentNo 进行排序。

在命令行客户端输入如下 SQL 语句,即可创建所需视图 db_score.v_score_avg:

```
mysql> CREATE VIEW v_score_avgs(studentNo,score_avg)
    ->    AS
    ->    SELECT t1.studentNo,t2.avgscore FROM tb_score t1,
    ->    (SELECT studentNo,avg(score) as score_avg FROM tb_score GROUP BY studentNo) t2
    ->    WHERE t1.studentNo=t2.studentNo;
ERROR 1349 (HY000): View's SELECT contains a subquery in the FROM clause
```

结合视图创建失败原因可知,在创建视图时不能在 FROM 子句中使用子查询。

例 7.4 举一个例子,说明 WITH CHECK OPTION 中的内容。

针对数据库 db_school 中的表 tb_score,使用 WITH CHECK OPTION 子句创建视图 v_score,要求该视图包含表 tb_score 中所有 score<90 的学生学号、课程号和成绩信息;分别使用 WITH LOCAL CHECK OPTION、WITH CASCADED CHECK OPTION 子句创建视图 v_score_local 和 v_score_cascaded,要求该视图包含表 tb_score 中所有 score>80 的学生学号、课程号和成绩信息。

在命令行客户端输入如下 SQL 语句,即可创建所需视图 v_score、v_score_local、v_score_cascaded:

```
mysql> CREATE VIEW v_score
    ->    AS
    ->    SELECT * FROM db_school.tb_score WHERE score<90
    ->    WITH CHECK OPTION;
Query OK, 0 row affected (0.29 sec)

mysql> CREATE VIEW v_score_local
    ->    AS
    ->    SELECT * FROM db_school.v_score WHERE score>80
    ->    WITH LOCAL CHECK OPTION;
Query OK, 0 row affected (0.12 sec)

mysql> CREATE VIEW v_score_cascaded
    ->    AS
    ->    SELECT * FROM db_school.v_score WHERE score>80
    ->    WITH CASCADED CHECK OPTION;
Query OK, 0 row affected (0.01 sec)
```

在这里,视图 v_score_local 和 v_score_cascaded 是根据视图 v_score 定义的。视图 v_score_local 具有 LOCAL 检查选项,因此,仅会针对其自身检查对插入项进行测试;视图 v_score_cascaded 含有 CASCADED 检查选项,因此,不仅会针对它自己的检查对插入项进行测试,也会针对基本视图 v_score 的检查对插入项进行测试。通过下列插入语句可以清楚地分辨彼此之间的差异:

```
mysql>INSERT INTO db_school.v_score_local VALUES('2013110101', '21005',90);
Query OK,1 row affected (0.19sec)
mysql>INSERT INTO db_school.v_score_cascaded VALUES('2013110101', '21005',90);
ERROR 1369 (HY000): CHECK OPTION failed 'v_score_cascaded'
```

7.3 删除视图

在 MySQL 5.5 中,可以使用 DROP VIEW 语句来删除视图,其语法格式为:

```
DROP VIEW [IF EXISTS]
    view_name [, view_name] ...
```

语法说明如下:

- view_name：指定要被删除的视图名。使用 DROP VIEW 语句可以一次删除多个视图，但必须在每个视图上都拥有 DROP 权限。
- IF EXISTS：可选项，用于防止因删除不存在的视图而出错。若在 DROP VIEW 语句中没有给出该关键字，则当指定的视图不存在时系统会发生错误。

例 7.5 删除数据库 db_school 中的视图 v_student。

在命令行客户端输入如下 SQL 语句，即可删除视图 v_student：

```
mysql>DROP VIEW [IF EXISTS] db_school.v_student;
Query OK, 0 row affected (0.04 sec)
```

7.4 修改视图定义

在 MySQL 5.5 中，可以使用 ALTER VIEW 语句来对已有视图的定义（结构）进行修改，其语法格式为：

```
ALTER VIEW view_name [(column_list)]
    AS SELECT_statement
    [WITH [CASCADED | LOCAL] CHECK OPTION]
```

ALTER VIEW 语句的语法与 CREATE VIEW 类似，这里不再重复叙述。但需要注意的是，对于 ALTER VIEW 语句的使用，需要用户具有针对视图的 CREATE VIEW 和 DROP 权限，以及由 SELECT 语句选择的每一列上的某些权限。

例 7.6 使用 ALTER VIEW 语句修改数据库 db_school 中的视图 v_student 的定义，要求该视图包含学生表 tb_student 中性别为“男”、民族为“汉”的学生的学号、姓名和所属班级，并且要求保证今后对该视图数据的修改都必须符合学生性别为“男”、民族为“汉”这个条件。

在命令行客户端输入如下 SQL 语句，即可修改视图 v_student 的定义：

```
mysql> ALTER VIEW db_school.v_student (studentNo,studentName,classNo)
    ->   AS
    ->   SELECT studentNo,studentName,classNo FROM db_school.tb_student
    ->   WHERE sex='男' AND nation='汉'
    ->   WITH CHECK OPTION;
Query OK, 0 row affected (0.13 sec)
```

另外，修改视图的定义也可以通过先使用 DROP VIEW 语句，再使用 CREATE VIEW 语句的过程来实现，还可以直接使用 CREATE OR REPLACE VIEW 语句来实现。若使用 CREATE OR REPLACE VIEW 语句，则当要修改的视图不存在时，该语句会创建一个新的视图，而当要修改的视图存在时，该语句会替换原有视图，重新构造一个修改后的视图定义。

例 7.7 使用 CREATE OR REPLACE VIEW 语句修改数据库 db_school 中的视图 v_student 的定义，要求该视图包含学生表 tb_student 中性别为“男”、民族为“汉”的学生，并且要求保证今后对该视图数据的修改都必须符合学生性别为“男”、民族为“汉”这个条件。

在命令行客户端输入如下 SQL 语句，即可修改视图 v_student 的定义：

```
mysql>CREATE OR REPLACE VIEW db_school. v_student
    ->   AS
```

```
    ->   SELECT studentNo,studentName,classNo FROM db_school.tb_student
    ->   WHERE sex='男' AND nation='汉'
    ->   WITH CHECK OPTION;
Query OK, 0 row affected (0.07 sec)
```

7.5 查看视图定义

在 MySQL 5.5 中,可以使用 SHOW CREATE VIEW 语句来查看已有视图的定义(结构),其语法格式为:

```
SHOW CREATE VIEW view_name
```

其中,view_name 指定要查看视图的名称。

在 MYSQL 中,使用"\G"参数可以改变输出结果集的显示方式,使用该参数可以将输出按列显示。注意:"\G"为大写字母,不可使用小写;使用"\G"参数后,SQL 语句后可以不加分隔符,如果加分隔符,则会报"error:no query specified"的错误。

例 7.8 查看数据库 db_school 中视图 v_course 的定义。

```
mysql> SHOW CREATE VIEW db_school. v_course \G
*************************** 1. row ***************************
View:tb_course_view
Create View: CREATE ALGORITHM=UNDEFINED DEFINER='root'@'localhost' SQL
SECURITY DEFINER VIEW 'tb_course_view' AS SELECT 'tb_course'.'courseNo' AS 'courseNo',
  'tb_course'.'courseName' AS 'courseName', 'tb_course'.'credit' AS 'credit''tb_course'.'courseHour' AS 'course-
  Hour', 'tb_course'.'term' AS 'term', 'tb_course'.'priorCourse' AS 'priorCourse' FROM 'tb_course' WHERE ('tb_
  course'. 'credit' =
3) WITH CASCADED CHECK OPTION
character_set_client: gb2312
collation_connection: gb2312_chinese_ci
1 row in set (0.01 sec)
```

7.6 更新视图数据

由于视图是一个虚拟表,所以通过插入、修改和删除等操作方式来更新视图中的数据,实质上是在更新视图所引用的基础表中的数据。然而,视图的更新操作是受一定限制的,并非所有的视图都可以进行 INSERT、UPDATE 或 DELETE 等更新操作,只有满足可更新条件的视图才能进行更新,否则可能会导致系统出现不可预期的结果。对于可更新的视图,需要该视图中的行和基础表中的行之间具有一对一的关系。另外,倘若视图中包含了下述任何一种 SQL 语句结构,那么该视图就是不可更新的:

- 聚合函数。
- DISTINCT 关键字。
- GROUP BY 子句。

- ORDER BY 子句。
- HAVING 子句。
- UNION 运算符。
- 位于选择列表中的子查询。
- FROM 子句中包含多个表。
- SELECT 语句中引用了不可更新视图。
- WHERE 子句中的子查询,引用 FROM 子句中的表。

1. 使用 INSERT 语句通过视图向基础表插入数据

例 7.9 在数据库 db_school 中,向视图 v_student 中插入下面一条记录:('2014310108','周明','男','1997-08-16','辽宁','汉','IS1401')。

这里,使用 INSERT 语句在 MySQL 的命令行客户端输入如下 SQL 语句即可插入数据:

```
mysql>INSERT INTO db_school. v_student
    ->   VALUES ('2014310108','周明','男','1997-08-16','辽宁','汉','IS1401');
Query OK,1 row affected(0.05 sec)
```

然后使用下列语句就可以查看视图 v_student 中插入新的数据后的内容:

```
mysql> SELECT * FROM db_school.v_student;
```

studentNo	studentName	sex	birthday	native	nation	classNo
2013110101	张晓勇	男	1997-12-11	山西	汉	AC1301
2013110202	李明	男	1996-01-14	广西	壮	AC1302
2013310103	吴昊	男	1995-11-18	河北	汉	IS1301
2014210101	刘涛	男	1997-04-03	湖南	侗	CS1401
2014210102	郭志坚	男	1997-02-21	上海	汉	CS1401
2014310101	王林	男	1996-10-09	河南	汉	IS1401
2014310108	周明	男	1997-08-16	辽宁	汉	IS1401

7 rows in set<0.00 sec>

WITH CHECK OPTION 子句会在更新数据时检查新数据是否符合视图定义中 WHERE 子句的条件,并且 WITH CHECK OPTION 子句只能和可更新视图一起使用。若插入的新数据不符合 WHERE 子句的条件,则数据插入操作无法成功,因而此时视图的数据插入操作受限。另外,当视图所依赖的基础表有多个时,也不能向该视图插入数据,这是因为 MySQL 不能正确地确定而要被更新的基础表。

2. 使用 UPDATE 语句通过视图修改基础表的数据

例 7.10 将视图 v_student 中所有学生的 native 列更新为"河南"。

使用 UPDATE 语句在 MySQL 的命令行客户端输入如下 SQL 语句进行数据更新:

```
mysql> UPDATE db_school.v_student
    -> SET native='河南';
Query OK, 7 rows affected (0.09 sec)
Rows matched:7  Changed:7  Warnings: 0
```

然后使用下列语句就可以查看视图 v_student 中更改后的内容:

```
mysql> SELECT * FROM db_school.v_student;
```

studentNo	studentName	sex	birthday	native	nation	classNo
2013110101	张晓勇	男	1997-12-11	河南	汉	AC1301
2013110202	李明	男	1996-01-14	河南	壮	AC1302
2013310103	吴昊	男	1995-11-18	河南	汉	IS1301
2014210101	刘涛	男	1997-04-03	河南	侗	CS1401
2014210102	郭志坚	男	1997-02-21	河南	汉	CS1401
2014310101	王林	男	1996-10-09	河南	汉	IS1401
2014310108	周明	男	1997-08-16	河南	汉	IS1401

7 rows in set <0.01 sec>

3. 使用 DELETE 语句通过视图删除基础表的数据

例 7.11 删除视图 v_student 中姓名为“周明”的学生信息。

使用 DELETE 语句在 MySQL 的命令行客户端输入如下 SQL 语句删除指定数据：

```
mysql> DELETE FROM db_school.v_student
    ->    WHERE studentName='周明';
Query OK, 1 row affected (0.06 sec)
```

注意，对于依赖多个基础表的视图，不能使用 DELETE 语句。

7.7 查询视图数据

视图一经定义后，就可以如同查询数据库中的表一样，对视图进行数据查询，这也是对视图使用最多的一种操作。视图用于查询检索，主要体现在这样一些应用：

- 利用视图简化复杂的表连接。
- 使用视图重新格式化检索出的数据。
- 使用视图过滤不想要的数据。

例 7.12 在视图 v_student 中查找 classNo 为“CS1401”的学生学号和姓名。

在 MySQL 的命令行客户端输入如下 SQL 语句即可：

```
mysql> SELECT studentNo,studentName
    -> FROM db_school.v_student
    -> WHERE classNo='CS1401';
```

studentNo	studentName
2014210101	刘涛
2014210102	郭志坚

2 rows in set<0.00 sec>

7.8 对视图的进一步说明

在 MySQL 中，对视图的使用还需要注意以下几点：

- 创建视图必须具有足够的访问权限。

● 对于可以创建的视图数目没有限制。

● 视图可以嵌套,即可以利用从其他视图中检索数据的查询来构造一个视图。

● ORDER BY 子句可以用在视图中。但如果从该视图检索数据的 SELECT 语句中也含有 ORDER BY 子句,那么该视图中的 ORDER BY 子句将被覆盖。

● 视图不能索引,也不能有关联的触发器、默认值。

● 视图可以和表一起使用。例如,编写一条连接表和视图的 SELECT 语句。

● 由于视图不包含数据,所以每次使用视图时都必须处理查询执行时所需的任何一个检索操作。倘若用多个连接和过滤条件创建了复杂的视图或者嵌套了视图,可能会发现系统运行性能下降得十分严重。因此,在部署使用了大量视图的应用前,应该进行性能测试。

思考与练习

一、选择题

不可对视图执行的操作有________。

A) SELECT　　B) INSERT　　C) DELETE　　D) CREATE INDEX

二、填空题

1. 在 MySQL 中,可以使用________语句创建视图。

2. 在 MySQL 中,可以使用________语句删除视图。

三、编程题

1. 在数据库 db_test 中创建视图 content_view,要求该视图包含表 content 中所有留言人姓名为“MySQL 初学者”的信息,并且要求保证今后对该视图数据的修改都必须符合留言人姓名为“MySQL 初学者”这个条件。

2. 在数据库 db_score 中创建视图 v_score,要求该视图包含成绩表 tb_score 中所有成绩在 90 分以上的成绩信息,并且要求保证今后对该视图数据的修改都必须符合成绩大于 90 这个条件。

3. 在视图 v_score 中查找 courseNo 为“21002”的学生的学号和成绩。

4. 在数据库 db_score 中,向视图 v_score 中插入下面一条记录:('2014310101','31005',95)。

5. 删除视图 v_score 中学号为“2014310101”的学生成绩信息。

四、简答题

1. 请解释视图与表的区别。

2. 请简述使用视图的益处。

第八章　触　发　器

本章主要学习什么是触发器、为何要使用触发器以及怎样使用触发器。其中,重点介绍创建和使用触发器的语法。触发器是自 MySQL 5.0 开始支持的一种过程式数据库对象,因此本章的内容适用于 MySQL 5.0 或之后的版本。

8.1　触发器

触发器是一个被指定关联到一个表的数据库对象,当对一个表的特定事件出现时,它将会被激活。触发器具有 MySQL 语句在需要时才被执行的特点,即某条(或某些)MySQL 语句在特定事件发生时自动执行。例如:

- 每当增加一个客户到数据库的客户基本信息表时,都检查其电话号码的格式是否正确。
- 每当客户订购一个产品时,都从产品库存量中减去订购的数量。
- 每当删除客户基本信息表中一个客户的全部基本信息数据时,该客户所订购的未完成订单信息也应该被自动删除。
- 无论何时删除一行,都在数据库的存档表中保留一个副本。

触发器与表的关系十分密切,用于保护表中的数据。当有操作影响到触发器所保护的数据时,触发器就会自动执行,从而保障数据库中数据的完整性,以及多个表之间数据的一致性。

具体而言,触发器就是 MySQL 响应 INSERT、UPDATE 和 DELETE 语句而自动执行的一条 MySQL 语句(或位于 BEGIN 和 END 语句之间的一组 MySQL 语句)。需要注意的是,其他 MySQL 语句是不支持触发器的。

8.2　创建触发器

在 MySQL 5.5 中,可以使用 CREATE TRIGGER 语句创建触发器,其语法格式为:

```
CREATE
    TRIGGER trigger_name trigger_time trigger_event
    ON tbl_name FOR EACH ROW trigger_body
```

语法说明如下:

- trigger_name:触发器的名称,触发器在当前数据库中必须具有唯一的名称。如果要在某个特定数据库中创建,名称前面应该加上数据库的名称。
- trigger_time:触发器被触发的时刻,它有两个选项,即 BEFORE 和 AFTER,用于表示触发器是在激活它的语句之前或者之后触发。如果希望验证新数据是否满足使用的限制,则使用 BEFORE 选项;如果希望在激活触发器的语句执行之后完成几个或更多的改变,通常使用

AFTER 选项。

● trigger_event:触发事件,用于指定激活触发器的语句的种类,其可以是下述值之一:

① INSERT:将新行插入表时激活触发器。例如,INSERT 的 BEFORE 触发器不仅能被 MySQL 的 INSERT 语句激活,也能被 LOAD DATA 语句激活。

② UPDATE:更改表中某一行时激活触发器。例如,通过 MySQL 的 UPDATE 语句。

③ DELETE:从表中删除某一行时激活触发器。例如,通过 MySQL 的 DELETE 和 REPLACE 语句。

● tbl_name:与触发器相关联的表名,必须引用永久性表,不能将触发器与临时表或视图关联起来。在该表上触发事件发生时才会激活触发器。同一个表不能拥有两个具有相同触发时刻和事件的触发器。例如,对于一张数据表,不能同时有两个 BEFORE UPDATE 触发器,但可以有一个 BEFORE UPDATE 触发器和一个 BEFORE INSERT 触发器,或一个 BEFORE UPDATE 触发器和一个 AFTER UPDATE 触发器。

● FOR EACH ROW:这个声明用来指定对于受触发事件影响的每一行都要激活触发器的动作。例如,使用一条 INSERT 语句向一个表中插入多行数据时,触发器会对每一行数据的插入都执行相应的触发器动作。

● trigger_body:触发器动作主体,包含触发器激活时将要执行的 MySQL 语句。如果要执行多个语句,可使用 BEGIN...END 复合语句结构。这里可使用存储过程中允许的相同语句。

注意,在触发器的创建中,每个表每个事件每次只允许一个触发器。因此,每个表最多支持 6 个触发器,即每条 INSERT、UPDATE 和 DELETE 的之前与之后。单一触发器不能与多个事件或多个表关联,例如,需要一个对 INSERT 和 UPDATE 操作执行的触发器,则应该定义两个触发器。

另外,在 MySQL 中,如若需要查看数据库中已有的触发器,可以使用 SHOW TRIGGERS 语句,其语法格式为:

```
SHOW TRIGGERS [{FROM | IN} db_name]
```

例 8.1 在数据库 db_school 的表 tb_student 中创建一个触发器 tb_student_insert_trigger,用于每次向表 tb_student 中插入一行数据时将学生变量 str 的值设置为“one student added!”。

首先,在 MySQL 命令行客户端输入如下 SQL 语句:

```
mysql> CREATE TRIGGER db_school.tb_student_insert_trigger AFTER INSERT
    ->    ON db_school.tb_student FOR EACH ROW SET @ str='one student added!';
Query OK, 0 row affected (0.13 sec)
```

然后,在 MySQL 命令行客户端使用 INSERT 语句向表 tb_student 中插入如下一行数据:

```
mysql> INSERT INTO db_school.tb_student
    ->    VALUES('2013110101','张晓勇','男','1997-12-11','山西','汉','AC1301');
Query OK, 1 row affected (0.13 sec)
```

最后,在 MySQL 命令行客户端输入如下 SQL 语句验证触发器:

```
mysql> SELECT @ str;
```

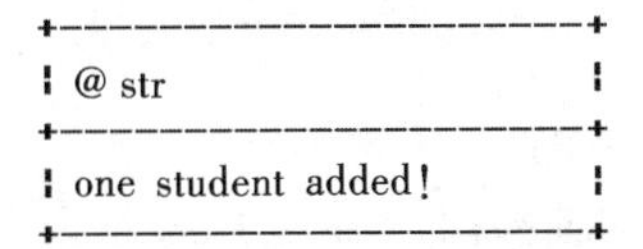

@ str
one student added!

```
1 row in set<0.00 sec>
```

8.3 删除触发器

与其他数据库对象一样，同样可以使用 DROP 语句将触发器从数据库中删除，其语法格式为：

```
DROP TRIGGER [IF EXISTS] [schema_name.]trigger_name
```

语法说明如下：

- IF EXISTS：可选项，用于避免在没有触发器的情况下删除触发器。
- schema_name.：可选项，用于指定触发器所在的数据库的名称。若没有指定，则为当前默认数据库。
- trigger_name：要删除的触发器名称。
- DROP TRIGGER 语句需要 SUPER 权限。

注意，当删除一个表的同时也会自动地删除该表上的触发器。另外，触发器不能更新或覆盖，为了修改一个触发器，必须先删除它，然后再重新创建。

例 8.2 删除数据库 db_school 中的触发器 tb_student_insert_trigger。

在 MySQL 命令行客户端输入如下 SQL 语句即可删除该触发器：

```
mysql> DROP TRIGGER IF EXISTS db_school.tb_student_insert_trigger;
Query OK, 0 row affected (0.00 sec)
```

8.4 使用触发器

在实际使用中，MySQL 所支持的触发器有三种：INSERT 触发器、DELETE 触发器和 UPDATE 触发器。

1. INSERT 触发器

INSERT 触发器可在 INSERT 语句执行之前或之后执行。使用该触发器时，需要注意以下几点：

- 在 INSERT 触发器代码内可引用一个名为 NEW(不区分大小写)的虚拟表来访问被插入的行。
- 在 BEFORE INSERT 触发器中，NEW 中的值也可以被更新，即允许更改被插入的值(只要具有对应的操作权限)。
- 对于 AUTO_INCREMENT 列，NEW 在 INSERT 执行之前包含的是 0 值，在 INSERT 执行之后将包含新的自动生成值。

例 8.3 在数据库 db_school 的表 tb_student 中重新创建触发器 tb_student_insert_trigger，用于每次向表 tb_student 中插入一行数据时将学生变量 str 的值设置为新插入学生的学号。

首先，在 MySQL 命令行客户端输入如下 SQL 语句：

```
mysql> CREATE TRIGGER db_school.tb_student_insert_trigger AFTER INSERT
    ->   ON db_school.tb_student FOR EACH ROW SET @str=NEW.studentNo;
```

```
Query OK, 0 row affected (0.34 sec)
```

然后,在 MySQL 命令行客户端使用 INSERT 语句向表 tb_student 中插入如下一行数据:

```
mysql> INSERT INTO db_school.tb_student
    ->    VALUES('2013110101','张晓勇','男','1997-12-11','山西','汉','AC1301');
Query OK, 1 row affected (0.11 sec)
```

最后,在 MySQL 命令行客户端输入如下 SQL 语句验证触发器:

```
mysql> SELECT @ str;
+------------+
| @ str      |
+------------+
| 2013110101 |
+------------+
1 row in set<0.00 sec>
```

2. DELETE 触发器

DELETE 触发器可在 DELETE 语句执行之前或之后执行。使用该触发器时,需要注意这样几点:

- 在 DELETE 触发器代码内可以引用一个名为 OLD(不区分大小写)的虚拟表来访问被删除的行。
- OLD 中的值全部是只读的,不能被更新。

3. UPDATE 触发器

UPDATE 触发器在 UPDATE 语句执行之前或之后执行。使用该触发器时,需要注意如下几点:

- 在 UPDATE 触发器代码内可以引用一个名为 OLD(不区分大小写)的虚拟表访问以前(UPDATE 语句执行前)的值,也可以引用一个名为 NEW(不区分大小写)的虚拟表访问新更新的值。
- 在 BEFORE UPDATE 触发器中,NEW 中的值可能也被更新,即允许更改将要用于 UPDATE 语句中的值(只要具有对应的操作权限)。
- OLD 中的值全部是只读的,不能被更新。
- 当触发器涉及对表自身的更新操作时,只能使用 BEFORE UPDATE 触发器,而 AFTER UPDATE 触发器将不被允许。

例 8.4 在数据库 db_school 的表 tb_student 中创建一个触发器 tb_student_update_trigger,用于每次更新表 tb_student 时将该表中 nation 列的值设置为 native 列的值。

首先,在 MySQL 命令行客户端输入如下 SQL 语句:

```
mysql> CREATE TRIGGER db_school.tb_student_update_trigger BEFORE UPDATE
    ->    ON db_school.tb_student FOR EACH ROW
    ->    SET NEW. nation=OLD. native;
Query OK, 0 row affected (0.33 sec)
```

然后,在 MySQL 命令行客户端使用 UPDATE 语句更新表 tb_student 中学生名为“张晓勇”的 nation 列的值为“壮”:

```
mysql> UPDATE db_school.tb_student SET nation='壮'
    ->    WHERE studentName='张晓勇';
```

```
Query OK, 1 row affected (0.11 sec)
Rows matched: 1  Changed: 1  Warnings: 0
```

最后,在 MySQL 命令行客户端输入如下 SQL 语句,会发现“张晓勇”的 nation 列的值并非是“壮”,而是被触发器更新为了原表中 native 列对应的值,即“山西”:

```
mysql> SELECT nation FROM db_school.tb_student WHERE studentName='张晓勇';
```

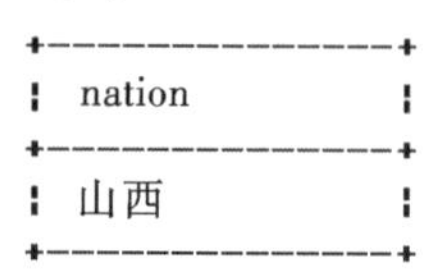

```
+---------------+
| nation        |
+---------------+
| 山西          |
+---------------+
1 row in set<0.00 sec>
```

在触发器的执行过程中,MySQL 会按照下面的方式来处理错误:

- 如果 BEFORE 触发程序失败,则 MySQL 将不执行相应行上的操作。
- 仅当 BEFORE 触发程序和行操作均已被成功执行,MySQL 才会执行 AFTER 触发程序(如果有的话)。
- 如果在 BEFORE 或 AFTER 触发程序的执行过程中出现错误,将导致调用触发程序的整个语句的失败。

8.5 对触发器的进一步说明

本章前面几节重点介绍了触发器的创建与使用方法,这里还将对触发器的使用做进一步的说明:

- 与其他 DBMS 相比,目前 MySQL 版本所支持的触发器还较为初级。未来的 MySQL 版本中有一些改进和增强触发器支持的计划。
- 创建触发器可能需要特殊的安全访问权限,但是触发器的执行是自动的。也就是说,如果 INSERT、DELETE 和 UPDATE 语句能够执行,则相关的触发器也能执行。
- 应该多用触发器来保证数据的一致性、完整性和正确性。例如,使用 BEFORE 触发程序进行数据的验证和净化,这样可保证插入表的数据确实是所需要的正确数据,而且这种操作对用户是透明的。
- 触发器有一种十分有意义的使用模式——创建审计跟踪,也就是可使用触发器把表的更改状态以及之前和之后的状态记录到另外一张数据表中。

思考与练习

一、填空题

在实际使用中,MySQL 所支持的触发器有________、________和________三种。

二、编程题

1. 在数据库 db_test 的表 content 中创建一个触发器 content_delete_trigger,用于每次当删除表 content 中一行数据时将用户变量 str 的值设置为“old content deleted!”。

2. 在数据库 db_score 的表 tb_score 中创建触发器 tb_score_insert_trigger,用于每次向表 tb_score 插入一行数

据时将成绩变量 str 的值设置为“new score record added!”。

3. 在数据库 db_score 的表 tb_score 中创建一个触发器 tb_score_update_trigger,用于每次更新表 tb_score 时,将该表中 score 列的值在原值的基础上加 1。

4. 删除数据库 db_score 中的触发器 tb_score_insert_trigger。

第九章 事　件

本章主要学习 MySQL 中另一类过程式数据库对象——事件，重点介绍创建、修改和删除事件的 SQL 语法。

9.1 事件

从 MySQL 5.1 版本起，事件开始被支持。它可以通过 MySQL 服务器中一个非常有特色的功能模块——事件调度器(Event Scheduler)进行监视，并判断其是否需要被调用。事件调度器可以在指定的时刻执行某些特定的任务，并以此可取代原先只能由操作系统的计划任务来执行的工作。这种需要在指定的时刻才被执行的某些特定任务就是事件，这些特定任务通常是一些确定的 SQL 语句。目前，MySQL 的事件调度器可以精确到每秒钟执行一个任务，这对于一些对数据实时性要求较高的应用非常适合，如股票、赔率和比分等。

事件和触发器相似，都是在某些事情发生的时候启动，因此事件也可称为临时触发器(temporal trigger)。其中，事件是基于特定时间周期触发来执行某些任务，而触发器是基于某个表所产生的事件触发的，它们的区别也在于此。

在使用事件调度器这个功能之前，必须确保 MySQL 中 EVENT_SCHEDULER 已被开启。这可通过执行如下 MySQL 命令语句来查看当前是否已开启事件调度器：

```
mysql> SHOW VARIABLES LIKE 'EVENT_SCHEDULER';
```

或者，查看系统变量：

```
mysql> SELECT @@EVENT_SCHEDULER;
```

如若没有被开启，可通过执行如下 MySQL 命令语句来开启该功能：

```
mysql> SET GLOBAL EVENT_SCHEDULER = 1;
```

或

```
mysql> SET GLOBAL EVENT_SCHEDULER = TRUE;
```

再或者，可以在 MySQL 的配置文件 my.ini 中加上“EVENT_SCHEDULER = 1”或“SET GLOBAL EVENT_SCHEDULER = ON”来开启。

9.2 创建事件

在 MySQL 5.5 中，事件可以通过 CREATE EVENT 语句来创建，其语法格式为：

```
CREATE
    EVENT
    [IF NOT EXISTS]
```

```
        event_name
        ON SCHEDULE schedule
        [ENABLE | DISABLE | DISABLE ON SLAVE]
        DO event_body
```

其中,schedule 的语法格式为:

```
    AT timestamp [+ INTERVAL interval] ...
  | EVERY interval
    [STARTS timestamp [+ INTERVAL interval] ...]
    [ENDS timestamp [+ INTERVAL interval] ...]
```

interval 的语法格式为:

```
quantity {YEAR | QUARTER | MONTH | DAY | HOUR | MINUTE |
          WEEK | SECOND | YEAR_MONTH | DAY_HOUR | DAY_MINUTE |
          DAY_SECOND | HOUR_MINUTE | HOUR_SECOND | MINUTE_SECOND}
```

主要语法说明如下:

- event name:指定事件名,前面可以添加关键字 IF NOT EXISTS 来修饰。
- schedule:时间调度,用于指定事件何时发生或者每隔多久发生一次,分别对应下面两个子句:

① AT 子句:用于指定事件在某个时刻发生。其中,timestamp 表示一个具体的时间点,后面可以加上一个时间间隔,表示在这个时间间隔后事件发生;interval 表示这个时间间隔,由一个数值和单位构成;quantity 是间隔时间的数值。

② EVERY 子句:用于表示事件在指定时间区间内每间隔多长时间发生一次。其中,STARTS子句用于指定开始时间,ENDS 子句用于指定结束时间。

- event_body:DO 子句中的 event_body 部分用于指定事件启动时所要求执行的代码。如果包含多条语句,可以使用 BEGIN...END 复合结构。
- ENABLE | DISABLE | DISABLE ON SLAVE:为可选项,表示事件的一种属性。其中,关键字 ENABLE 表示该事件是活动的,活动意味着调度器检查事件动作是否必须调用;关键字 DISABLE 表示该事件是关闭的,关闭意味着事件的声明存储到目录中,但是调度器不会检查它是否应该调用;关键字 DISABLE ON SLAVE 表示事件在从机中是关闭的。如果不指定这三个选项中的任何一个,则在一个事件创建之后,它立即变为活动的。

例 9.1 在数据库 db_school 中创建一个事件,用于每个月向表 tb_student 中插入一条数据,该事件开始于下个月并且在 2016 年 12 月 31 日结束。

在 MySQL 命令行客户端输入如下 SQL 语句即可实现该事件:

```
mysql> USE db_school;
Database changed
mysql> DELIMITER $$
mysql> CREATE EVENT IF NOT EXISTS event_insert
    ->    ON SCHEDULE EVERY 1 MONTH
    ->      STARTS CURDATE()+INTERVAL 1 MONTH
```

```
    ->      ENDS '2016-12-31'
    ->      DO
    ->      BEGIN
    ->        IF YEAR(CURDATE()) < 2013 THEN
    ->          INSERT INTO tb_student
    ->          VALUES(NULL,'张晓勇','男','1997-12-11','山西','汉','AC1301');
    ->        END IF;
    ->      END $$
Query OK, 0 row affected (2.48 sec)
```

9.3 修改事件

在 MySQL 5.5 中,事件被创建之后可以通过使用 ALTER EVENT 语句来修改其定义和相关属性,其语法格式为:

```
ALTER
    EVENT event_name
    [ON SCHEDULE schedule]
    [RENAME TO new_event_name]
    [ENABLE | DISABLE | DISABLE ON SLAVE]
    [DO event_body]
```

ALTER EVENT 语句与 CREATE EVENT 语句使用的语法相似,这里不再重复解释其语法。用户可以使用一条 ALTER EVENT 语句让一个事件关闭或再次让其活动。需要注意的是,一个事件最后一次被调用后,它是无法被修改的,因为此时它已不存在了。

例 9.2 临时关闭例 9.1 中创建的事件 event_insert。

在 MySQL 命令行客户端输入如下 SQL 语句即可实现:

```
mysql> ALTER EVENT event_insert DISABLE;
Query OK, 0 row affected (0.00 sec)
```

例 9.3 再次开启例 9.2 中临时关闭的事件 event_insert。

在 MySQL 命令行客户端输入如下 SQL 语句即可实现:

```
mysql> ALTER EVENT event_insert ENABLE;
Query OK, 0 row affected (0.00 sec)
```

例 9.4 将事件 event_insert 的名字修改为事件 e_insert。

在 MySQL 命令行客户端输入如下 SQL 语句即可实现:

```
mysql> ALTER EVENT event_insert
    ->   RENAME TO e_insert;
Query OK, 0 row affected (0.00 sec)
```

9.4 删除事件

在 MySQL 5.5 中,可以使用 DROP EVENT 语句删除已创建的事件,其语法较为简单,语法格

式为：

```
DROP EVENT [IF EXISTS] event_name
```

例 9.5 删除名为 e_insert 的事件。

在 MySQL 命令行客户端输入如下 SQL 语句即可实现：

```
mysql> DROP EVENT IF EXISTS e_insert;
Query OK, 0 row affected (0.00 sec)
```

思考与练习

一、编程题

1. 在数据库 db_test 中创建一个事件,用于每个月将表 content 中姓名为“MySQL 初学者”的留言人所发的全部留言信息删除,该事件开始于下个月并且在 2016 年 12 月 31 日结束。

2. 临时关闭第 1 题中创建的事件。

3. 再次开启第 2 题中临时关闭的事件。

4. 将第 3 题中开启的事件的名字修改为事件 e_delete。

二、简答题

1. 请解释什么是事件?

2. 请简述事件的作用。

3. 请简述事件与触发器的区别。

第十章　存储过程与存储函数

存储过程和存储函数是 MySQL 自 5.0 版本之后开始支持的过程式数据库对象。它们作为数据库存储的重要功能,可以有效提高数据库的处理速度,同时也可以提高数据库编程的灵活性。本章主要介绍有关存储过程与存储函数的基础知识。

10.1　存储过程

前面章节介绍的大多数 MySQL 语句都是针对一个或多个表使用的单条语句,而在数据库的实际操作中,并非所有操作都这么简单,经常是一个完整的操作需要多条语句处理多个表才能完成。例如,为了处理某个商品的订单,需要核对以保证库存中有相应的商品,此时就需要多条 SQL 语句来针对几个数据表完成这个处理要求,而存储过程就可以有效地完成这个数据库操作。

存储过程是一组为了完成某个特定功能的 SQL 语句集,其实质上就是一段存放在数据库中的代码,它可以由声明式的 SQL 语句(如 CREATE、UPDATE 和 SELECT 等语句)和过程式 SQL 语句(如 IF-THEN-ELSE 控制结构语句)组成。这组语句集经过编译后会存储在数据库中,用户只需通过指定存储过程的名字并给定参数(如果该存储过程带有参数),即可随时调用并执行它,而不必重新编译,因此这种通过定义一段程序存放在数据库中的方式,可加大数据库操作语句的执行效率。而前面介绍的各条 MySQL 数据库操作语句(SQL 语句)在其执行过程中,需要首先编译,然后再执行。尽管这个过程会由 DBMS 自动完成,且对 SQL 语句的使用者透明,但这种每次执行之前都需要预先编译,就成了数据库操作语句执行效率的一个瓶颈问题。

一个存储过程是一个可编程的函数,同时可看作是在数据库编程中对面向对象方法的模拟,它允许控制数据的访问方式。因而,当希望在不同的应用程序或平台上执行相同的特定功能时,存储过程尤为适合,其通常具有这样一些优点:

• 可增强 SQL 语言的功能和灵活性。存储过程可以用流控制语句编写,有很强的灵活性,可以完成复杂的判断和较复杂的运算。

• 良好的封装性。存储过程被创建后,可以在程序中被多次调用,而不必重新编写该存储过程的 SQL 语句,并且数据库专业人员可以随时对存储过程进行修改,而不会影响到调用它的应用程序源代码。

• 高性能。存储过程执行一次后,其执行规划就驻留在高速缓冲存储器中,在以后的操作中,只需从高速缓冲存储器中调用已编译好的二进制代码执行即可,从而提高了系统性能。

• 可减少网络流量。由于存储过程是在服务器端运行,且执行速度快,那么当在客户计算机上调用该存储过程时,网络中传送的只是该调用语句,从而可降低网络负载。

• 存储过程可作为一种安全机制来确保数据库的安全性和数据的完整性。使用存储过程可以完成所有数据库操作,并可通过编程方式控制这些数据库操作对数据库信息访问的权限。

10.1.1 创建存储过程

在 MySQL 5.5 中,可以使用 CREATE PROCEDURE 语句创建存储过程,其语法格式为:

```
CREATE
    PROCEDURE sp_name([proc_parameter[,...]])
    [characteristic...]routine_body
```

其中,proc_parameter 的格式为:

```
[IN|OUT|INOUT]param_name type
```

type 的格式为:

```
Any valid MySQL data type
```

characteristic 的格式为:

```
  COMMENT'string'
|LANGUAGE SQL
|[NOT]DETERMINISTIC
|{CONTAINS SQL|NO SQL|READS SQL DATA|MODIFIES SQL DATA}
|SQL SECURITY{DEFINER|INVOKER}
```

routine_body 的格式为:

```
Valid SQL routine statement
```

主要语法说明如下:

- sp_name:存储过程的名称,默认在当前数据库中创建。需要在特定数据库中创建存储过程时,则要在名称前面加上数据库的名称,即 db_name.sp_name 的格式。需要注意的是,这个名称应当尽量避免取与 MySQL 的内置函数相同的名称,否则会发生错误。

- proc_parameter:存储过程的参数列表。其中,param_name 为参数名,type 为参数的类型(可以是任何有效的 MySQL 数据类型)。当有多个参数时,参数列表中彼此间用逗号分隔。存储过程可以没有参数(此时存储过程的名称后仍需加上一对括号),也可以有 1 个或多个参数。MySQL 存储过程支持三种类型的参数,即输入参数、输出参数和输入/输出参数,分别用 IN、OUT 和 INOUT 三个关键字标识。其中,输入参数是使数据可以传递给一个存储过程;输出参数用于存储过程需要返回一个操作结果的情形;而输入/输出参数既可以充当输入参数也可以充当输出参数。需要注意的是,参数的取名不要与数据表的列名相同,否则尽管不会返回出错消息,但是存储过程中的 SQL 语句会将参数名看作是列名,从而引发不可预知的结果。

- characteristic:存储过程的某些特征设定,下面分别介绍。

① COMMENT 'string':用于对存储过程的描述,其中 string 为描述内容,COMMENT 为关键字。这个描述信息可以用 SHOW CREATE PROCEDURE 语句来显示。

② LANGUAGE SQL:指明编写这个存储过程的语言为 SQL 语言。目前而言,MySQL 存储过程还不能用外部编程语言来编写,也就是说,这个选项可以不指定。今后 MySQL 将会对其扩展,最有可能第一个被支持的语言是 PHP。

③ DETERMINISTIC:如若设置为 DETERMINISTIC,表示存储过程对同样的输入参数产生相同的结果;若设置为 NOT DETERMINISTIC,则表示会产生不确定的结果。默认为 NOT DETER-

MINISTIC。

④ CONTAINS SQL|NO SQL|READS SQL DATA|MODIFIES SQL DATA：CONTAINS SQL 表示存储过程包含读或写数据的语句；NO SQL 表示存储过程不包含 SQL 语句；READS SQL DATA 表示存储过程包含读数据的语句，但不包含写数据的语句；MODIFIES SQL DATA 表示存储过程包含写数据的语句。若没有明确给定，则默认为 CONTAINS SQL。

⑤ SQL SECURITY：这个特征用来指定存储过程使用创建该存储过程的用户（DEFINER）的许可来执行，还是使用调用者（INVOKER）的许可来执行。没有明确指定时，默认为 DEFINER。

- routine_body：存储过程的主体部分，也称为存储过程体，其包含了在过程调用的时候必须执行的 SQL 语句。这个部分是以关键字 BEGIN 开始，以关键字 END 结束。如若存储过程体中只有一条 SQL 语句时，可以省略 BEGIN-END 标志。另外，在存储过程体中，BEGIN-END 复合语句还可以嵌套使用。

在存储过程的创建中，经常会用到一个十分重要的 MySQL 命令，即 DELIMITER 命令。特别是对于通过命令行的方式来操作 MySQL 数据库的使用者，更是要学会使用该命令。

在 MySQL 中，服务器处理 SQL 语句默认是以分号作为语句结束标志。然而，在创建存储过程时，存储过程体中可能包含有多条 SQL 语句，这些 SQL 语句如果仍以分号作为语句结束符，那么 MySQL 服务器在处理时会以遇到的第一条 SQL 语句结尾处的分号作为整个程序的结束符，而不再去处理存储过程体中后面的 SQL 语句，这样显然不行。为解决这个问题，通常可使用 DELIMITER 命令，将 MySQL 语句的结束标志临时修改为其他符号，从而使得 MySQL 服务器可以完整地处理存储过程体中所有的 SQL 语句。

DELIMITER 命令的语法格式是：

```
DELIMITER $$
```

语法说明如下：

- $$ 是用户定义的结束符。通常这个符号可以是一些特殊的符号，如两个“#”或两个“￥”等。
- 当使用 DELIMITER 命令时，应该避免使用反斜杠“\”字符，因为它是 MySQL 的转义字符。

例 10.1 将 MySQL 结束符修改为两个感叹号“!!”。

在 MySQL 命令行客户端输入如下 SQL 语句：

```
mysql>DELIMITER !!
```

成功执行这条 SQL 语句后，任何命令、语句或程序的结束标志就换为两个感叹号“!!”了。若希望换回默认的分号“;”作为结束标志，只需再在 MySQL 命令行客户端输入如下 SQL 语句即可：

```
mysql>DELIMITER;
```

例 10.2 在数据库 db_school 中创建一个存储过程，用于实现给定表 tb_student 中一个学生的学号即可修改表 tb_student 中该学生的性别为一个指定的性别。

在 MySQL 命令行客户端输入如下 SQL 语句即可创建这个存储过程：

```
mysql>USE db_school;
Database changed
```

```
mysql>DELIMITER $$
mysql>CREATE PROCEDURE sp_update_sex(IN sno CHAR(20),IN ssex CHAR(2))
    ->BEGIN
    ->  UPDATE tb_student SET sex=ssex WHERE studentNo=sno;
    ->END $$
Query OK,0 row affected(0.11 sec)
```

使用说明:在 MySQL 5.5 中创建存储过程,必须具有 CREATE ROUTINE 权限。若要查看数据库中存在哪些存储过程,可以使用 SHOW PROCEDURE STATUS 命令;若要查看某个存储过程的具体信息,则可以使用 SHOW CREATE PROCEDURE sp_name 命令,其中 sp_name 用于指定该存储过程的名称。

10.1.2 存储过程体

在存储过程体中可以使用各种 SQL 语句与过程式语句的组合,来封装数据库应用中复杂的业务逻辑和处理规则,以实现数据库应用的灵活编程。这里,主要介绍几个用于构造存储过程体的常用语法元素。

1. 局部变量

在存储过程体中可以声明局部变量,用来存储存储过程体中的临时结果。在 MySQL 5.5 中,可以使用 DECLARE 语句来声明局部变量,并且同时还可以对该局部变量赋予一个初始值,其语法格式为:

```
DECLARE var_name[,...]type[DEFAULT value]
```

语法说明如下:

- var_name:用于指定局部变量的名称。
- type:用于声明局部变量的数据类型。
- DEFAULT 子句:用于为局部变量指定一个默认值。若没有指定,则默认为 NULL。

例 10.3 声明一个整型局部变量 sno。

在存储过程中可使用如下语句来实现:

```
DECLARE sno CHAR(10);
```

使用说明:

- 局部变量只能在存储过程体的 BEGIN...END 语句块中声明。
- 局部变量必须在存储过程体的开头处声明。
- 局部变量的作用范围仅限于声明它的 BEGIN...END 语句块,其他语句块中的语句不可以使用它。
- 局部变量不同于用户变量,两者的区别是:局部变量声明时,在其前面没有使用“@”符号,并且它只能被声明它的 BEGIN...END 语句块中的语句所使用;而用户变量在声明时,会在其名称前面使用“@”符号,同时已声明的用户变量存在于整个会话之中。

2. SET 语句

在 MySQL 5.5 中,可以使用 SET 语句为局部变量赋值,其语法格式是:

```
SET  var_name=expr[,var_name=expr]...
```

例 10.4 为例 10.3 中声明的局部变量 sno 赋予一个字符串“2013110101”。

在存储过程中可使用如下语句来实现：

```
SET sno='2013110101'
```

3. SELECT...INTO 语句

在 MySQL 5.5 中，可以使用 SELECT...INTO 语句把选定列的值直接存储到局部变量中，其语法格式是：

```
SELECT col_name[,...]INTO var_name[,...]table_expr
```

语法说明如下：

- col_name：用于指定列名。
- var_name：用于指定要赋值的变量名。
- table_expr：表示 SELECT 语句中的 FROM 子句及后面的语法部分，本书第五章中已详细介绍，这里不再重复。

说明：存储过程体中的 SELECT...INTO 语句返回的结果集只能有一行数据。

4. 流程控制语句

在 MySQL 5.5 中，可以在存储过程体中使用以下两类用于控制语句流程的过程式 SQL 语句：

（1）条件判断语句

常用的条件判断语句有 IF-THEN-ELSE 语句和 CASE 语句。其中，IF-THEN-ELSE 语句可以根据不同的条件执行不同的操作，其语法格式为：

```
IF search_condition THEN statement_list
    [ELSEIF search_condition THEN statement_list]...
    [ELSE   statement_list]
END IF
```

语法及使用说明如下：

- search_condition：用于指定判断条件。
- statement_list：用于表示包含了一条或多条的 SQL 语句。
- 只有当判断条件 search_condition 为真时，才会执行相应的 SQL 语句。
- IF-THEN-ELSE 语句不同于系统内置函数 IF()。

CASE 语句在存储过程中的使用具有两种语法格式，分别为：

```
CASE case_value
    WHEN when_value THEN statement_list
    [WHEN when_value THEN statement_list]...
    [ELSE statement_list]
END CASE
```

或

```
CASE
    WHEN search_condition THEN statement_list
    [WHEN search_condition THEN statement_list]...
```

```
    [ELSE statement_list]
END CASE
```

语法说明如下：

- 第一种语法格式中的 case_value 用于指定要被判断的值或表达式，随后紧跟的是一系列的 WHEN-THEN 语句块。其中，每一个 WHEN-THEN 语句块中的参数 when_value 用于指定要与 case_value 进行比较的值。倘若比较的结果为真，则执行对应的 statement_list 中的 SQL 语句。如若每一个 WHEN-THEN 语句块中的参数 when_value 都不能与 case_value 相匹配，则会执行 ELSE 子句中指定的语句。该 CASE 语句最终会以关键字 END CASE 作为结束。

- 第二种语法格式中的关键字 CASE 后面没有指定参数，而是在 WHEN-THEN 语句块中使用 search_condition 指定了一个比较表达式。若该表达式为真，则会执行对应的关键字 THEN 后面的语句。与第一种语法格式相比，这种语法格式能够实现更为复杂的条件判断，而且使用起来会更方便些。

(2) 循环语句

常用的循环语句有 WHILE 语句、REPEAT 语句和 LOOP 语句。其中，WHILE 语句的语法格式是：

```
[begin_label:]WHILE search_condition DO
    statement_list
END WHILE[end_label]
```

语法说明如下：

- WHILE 语句首先判断条件 search_condition 是否为真，倘若为真，则执行 statement_list 中的语句，然后再次进行判断，如若仍然为真则继续循环，直至条件判断不为真时结束循环。

- begin_label 和 end_label 是 WHILE 语句的标注，且必须使用相同的名字，并成对出现。

REPEAT 语句的语法格式为：

```
[begin_label:]REPEAT
    statement_list
UNTIL search_condition
END REPEAT[end_label]
```

语法说明如下：

- REPEAT 语句首先执行 statement_list 中的语句，然后判断条件 search_condition 是否为真，倘若为真则结束循环，如若不为真则继续循环。

- REPEAT 也可以使用 begin_label 和 end_label 进行标注。

- REPEAT 语句和 WHILE 语句的区别在于：REPEAT 语句先执行语句，后进行判断；而 WHILE 语句是先判断，条件为真时才执行语句。

LOOP 语句的语法格式为：

```
[begin_label:]LOOP
    statement_list
END LOOP[end_label]
```

语法说明如下：

• LOOP 语句允许重复执行某个特定语句或语句块,实现一个简单的循环构造,其中 statement_list 用于指定需要重复执行的语句。

• begin_label 和 end_label 是 LOOP 语句的标注,且必须使用相同的名字,并成对出现。

• 在循环体 statement_list 中语句会一直重复执行,直至循环使用 LEAVE 语句退出。其中,LEAVE 语句的语法格式为:LEAVE label,这里的 label 是 LOOP 语句中所标注的自定义名字。

另外,循环语句中还可以使用 ITERATE 语句,但它只能出现在循环语句的 LOOP、REPEAT 和 WHILE 子句中,用于表示退出当前循环,且重新开始一个循环。其语法格式是:ITERATE label,这里的 label 同样是循环语句中自定义的标注名字。ITERATE 语句与 LEAVE 语句的区别在于:LEAVE 语句是结束整个循环,而 ITERATE 语句只是退出当前循环,然后重新开始一个新的循环。

5. 游标

在 MySQL 中,一条 SELECT...INTO 语句成功执行后,会返回带有值的一行数据,这行数据可以被读取到存储过程中进行处理。然而,在使用 SELECT 语句进行数据检索时,若该语句被成功执行,则会返回一组称为结果集的数据行,该结果集中可能拥有多行数据,这些数据无法直接被一行一行地进行处理,此时就需要使用游标。游标是一个被 SELECT 语句检索出来的结果集。在存储了游标后,应用程序或用户就可以根据需要滚动或浏览其中的数据。

在目前版本的 MySQL 中,若要使用游标,首先需要注意以下几点:

• MySQL 对游标的支持是从 MySQL 5.0 开始的,之前的 MySQL 版本无法使用游标。

• 游标只能用于存储过程或存储函数中,不能单独在查询操作中使用。

• 在存储过程或存储函数中可以定义多个游标,但是在一个 BEGIN...END 语句块中每一个游标的名字必须是唯一的。

• 游标不是一条 SELECT 语句,是被 SELECT 语句检索出来的结果集。

在 MySQL 5.5 中,使用游标的具体步骤如下:

(1) 声明游标

在使用游标之前,必须先声明(定义)它。这个过程实际上没有检索数据,只是定义要使用的 SELECT 语句。在 MySQL 5.5 中,可以使用 DECLARE CURSOR 语句创建游标,其语法格式为:

```
DECLARE cursor_name CURSOR FOR select_statement
```

语法说明如下:

• cursor_name:指定要创建的游标的名称,其命名规则与表名相同。

• select_statement:指定一个 SELECT 语句,其会返回一行或多行的数据。注意:这里的 SELECT语句不能有 INTO 子句。

(2) 打开游标

在定义游标之后,必须打开该游标,才能使用。这个过程实际上是将游标连接到由 SELECT 语句返回的结果集中。在 MySQL 5.5 中,可以使用 OPEN 语句打开游标,其语法格式是:

```
OPEN cursor_name
```

其中,cursor_name 用于指定要打开的游标。

在实际应用中,一个游标可以被多次打开,由于其他用户或应用程序可能随时更新了数据表,因此每次打开游标的结果集可能会不同。

(3) 读取数据

对于填有数据的游标,可根据需要取出数据。在 MySQL 5.5 中,可以使用 FETCH...INTO 语句从中读取数据,其语法格式为:

```
FETCH cursor_name INTO var_name[ ,var_name]...
```

语法说明如下:

- cursor_name:用于指定已打开的游标。
- var_name:用于指定存放数据的变量名。

FETCH...INTO 语句与 SELECT...INTO 语句具有相同的意义,FETCH 语句是将游标指向的一行数据赋给一些变量,这些变量的数目必须等于声明游标时 SELECT 子句中选择列的数目。游标相当于一个指针,它指向当前的一行数据。

(4) 关闭游标

在结束游标使用时,必须关闭游标。在 MySQL 5.5 中,可以使用 CLOSE 语句关闭游标,其语法格式为:

```
CLOSE cursor_name
```

其中,cursor_name 用于要关闭的游标。

每个游标不再需要时都应该被关闭,使用 CLOSE 语句将会释放游标所使用的全部资源。在一个游标被关闭后,如果没有重新被打开,则不能被使用。对于声明过的游标,则不需要再次声明,可直接使用 OPEN 语句打开。另外,如果没有明确关闭游标,MySQL 将会在到达 END 语句时自动关闭它。

例 10.5 在数据库 db_school 中创建一个存储过程,用于计算表 tb_student 中数据行的行数。

首先,在 MySQL 命令行客户端输入如下 SQL 语句创建存储过程 sp_sumofrow:

```
mysql>USE db_school;
Database changed
mysql>DELIMITER $$
mysql>CREATE PROCEDURE sp_sumofrow(OUT ROWS INT)
    ->BEGIN
    ->  DECLARE sno CHAR;
    ->  DECLARE FOUND BOOLEAN DEFAULT TRUE;
    ->  DECLARE cur CURSOR FOR
    ->    SELECT studentNo FROM tb_student;
    ->  DECLARE CONTINUE HANDLER FOR NOT FOUND
    ->    SET FOUND=FALSE;
    ->  SET ROWS=0;
    ->  OPEN cur;
    ->  FETCH cur INTO sno;
    ->  WHILE FOUND DO
    ->    SET ROWS=ROWS+1;
    ->    FETCH cur INTO sno;
    ->  END WHILE;
    ->  CLOSE cur;
    ->END $$
```

```
Query OK,0 row affected(0.00 sec)
```

然后,在 MySQL 命令行客户端输入如下 SQL 语句对存储过程 sp_sumofrow 进行调用:

```
mysql>CALL sp_sumofrow(@rows);
Query OK,0 row affected,1 warning(0.00 sec)
```

最后,在 MySQL 命令行客户端输入如下 SQL 语句,查看调用存储过程 sp_sumofrow 后的结果:

```
mysql>SELECT @rows;
+--------+
| @rows  |
+--------+
|     10 |
+--------+
1 row in set <0.00 sec>
```

例 10.5 说明如下:

- 本例中定义了一个 CONTINUE HANDLER 句柄,它是在条件出现时被执行的代码,用于控制循环语句,以实现游标的下移。
- DECLARE 语句的使用存在特定的次序。用 DECLARE 语句定义的局部变量必须在定义任意游标或句柄之前定义,而句柄必须在游标之后定义,否则系统会出现错误信息。

10.1.3 调用存储过程

创建好存储过程后,可以使用 CALL 语句在程序、触发器或者其他存储过程中调用它,其语法格式为:

```
CALL sp_name([parameter[,...]])
CALL sp_name[()]
```

语法说明如下:

- sp_name:指定被调用的存储过程的名称。如果要调用某个特定数据库的存储过程,则需要在前面加上该数据库的名称。
- parameter:指定调用存储过程所要使用的参数。调用语句中参数的个数必须等于存储过程的参数个数。
- 当调用没有参数的存储过程时,使用 CALL sp_name()语句与使用 CALL sp_name 语句是相同的。

例 10.6 调用数据库 db_school 中的存储过程 sp_update_sex,将学号为“2013110201”的学生性别修改为“男”。

在 MySQL 命令行客户端输入如下 SQL 语句即可实现:

```
mysql>CALL sp_update_sex('2013110201','男');
Query OK,1 row affected(0.11 sec)
```

10.1.4 删除存储过程

存储过程在被创建后,会被保存在服务器上以供使用,直至被删除。在 MySQL 5.5 中,可以使用 DROP PROCEDURE 语句删除数据库中已创建的存储过程,其语法格式为:

```
DROP PROCEDURE FUNCTION[IF EXISTS]sp_name
```

语法说明如下：

- sp_name：指定要删除的存储过程的名称。注意，它后面没有参数列表，也没有括号。在删除之前，必须确认该存储过程没有任何依赖关系，否则会导致其他与之关联的存储过程无法运行。
- IF EXISTS：指定这个关键字，用于防止因删除不存在的存储过程而引发的错误。

例 10.7 删除数据库 db_school 中的存储过程 sp_update_sex。

在 MySQL 命令行客户端输入如下 SQL 语句即可实现：

```
mysql>DROP PROCEDURE sp_update_sex;
Query OK,0 row affected(0.02 sec)
```

10.2 存储函数

在 MySQL 中，存在一种与存储过程十分相似的过程式数据库对象——存储函数。它与存储过程一样，都是由 SQL 语句和过程式语句所组成的代码片段，并且可以被应用程序和其他 SQL 语句调用。但是，存储函数与存储过程之间仍存在这样几点区别：

- 存储函数不能拥有输出参数。这是因为存储函数自身就是输出参数；而存储过程可以拥有输出参数。
- 可以直接对存储函数进行调用，且不需要使用 CALL 语句；而对存储过程的调用，需要使用 CALL 语句。
- 存储函数中必须包含一条 RETURN 语句，而这条特殊的 SQL 语句不允许包含于存储过程中。

10.2.1 创建存储函数

在 MySQL 5.5 中，可以使用 CREATE FUNCTION 语句创建存储函数，其语法格式为：

```
CREATE
    FUNCTION sp_name([func_parameter[,...]])
    RETURNS type
    routine_body
```

其中，func_parameter 的格式为：

```
param_name type
```

type 的格式为：

```
Any valid MySQL data type
```

routine_body 的格式为：

```
Valid SQL routine statement
```

由于 CREATE FUNCTION 语句与前面 CREATE PROCEDURE 语句的语法大致相同，故这里仅对两者有所区别的语法说明如下：

- sp_name：用于指定存储函数的名称。注意，存储函数不能与存储过程具有相同的名字。

- func_parameter：用于指定存储函数的参数。这里的参数只有名称和类型，不能指定关键字 IN、OUT 和 INOUT。
- RETURNS 子句：用于声明存储函数返回值的数据类型。其中，type 用于指定返回值的数据类型。
- routine_body：存储函数的主体部分，也称存储函数体。所有在存储过程中使用的 SQL 语句在存储函数中同样也适用，包括前面介绍的局部变量、SET 语句、流程控制语句、游标等。但是，存储函数体中还必须包含一个 RETURN value 语句，其中 value 用于指定存储函数的返回值。

例 10.8 在数据库 db_school 中创建一个存储函数，要求该函数能根据给定的学号返回学生的性别，如果数据库中没有给定的学号，则返回“没有该学生”。

在 MySQL 命令行客户端输入如下 SQL 语句即可实现这个存储函数：

```
mysql>USE db_school;
Database changed
mysql>DELIMITER $$
mysql>CREATE FUNCTION fn_search(sno CHAR(10))
    ->  RETURNS CHAR(2)
    ->  DETERMINISTIC
    ->BEGIN
    ->  DECLARE SSEX CHAR(2);
    ->  SELECT sex INTO SSEX FROM tb_student
    ->    WHERE studentNo=sno;
    ->  IF SSEX IS NULL THEN
    ->    RETURN(SELECT '没有该学生');
    ->  ELSE IF SSEX='女' THEN
    ->            RETURN(SELECT '女');
    ->          ELSE RETURN(SELECT '男');
    ->          END IF;
    ->  END IF;
    ->END $$
Query OK,0 row affected(0.00 sec)
```

使用说明：在 RETURN value 语句中包含有 SELECT 语句时，SELECT 语句的返回结果只能是一行且只能有一列值。另外，如若要查看数据库中存在哪些存储函数，可以使用 SHOW FUNCTION STATUS 语句；若要查看数据库中某个具体的存储函数，可以使用 SHOW CREATE FUNCTION sp_name 语句，其中 sp_name 用于指定该存储函数的名称。

10.2.2 调用存储函数

成功创建存储函数后，就可以如同调用系统内置函数一样，使用关键字 SELECT 对其进行调用，其语法格式是：

```
SELECT sp_name([func_parameter[,...]])
```

例 10.9 调用数据库 db_school 中的存储函数 fn_search。

在 MySQL 命令行客户端输入如下 SQL 语句即可实现：

```
mysql>SELECT fn_search('2013110101');
+-------------------------+
| fn_search('2013110101'): |
+-------------------------+
| 男                       |
+-------------------------+
1 row in set<2.59 sec>
```

10.2.3 删除存储函数

存储函数在被创建后,会被保存在服务器上以供使用,直至被删除。删除存储函数的方法与删除存储过程的方法基本一样。在 MySQL 5.5 中,可以使用 DROP FUNCTION 语句来实现,其语法格式为:

```
DROP FUNCTION[IF EXISTS]sp_name
```

语法说明如下:

- sp_name:指定要删除的存储函数的名称。注意,它后面没有参数列表,也没有括号。在删除之前,必须确认该存储函数没有任何依赖关系,否则会导致其他与之关联的存储函数无法运行。
- IF EXISTS:指定这个关键字,用于防止因删除不存在的存储函数而引发的错误。

例 10.10 删除数据库 db_school 中的存储函数 fn_search。

在 MySQL 命令行客户端输入如下 SQL 语句即可实现:

```
mysql>DROP FUNCTION IF EXISTS fn_search;
Query OK,0 row affected(0.00 sec)
```

思考与练习

一、编程题

1. 在数据库 db_test 中创建一个存储过程,用于实现给定表 content 中一个留言人的姓名即可修改表 content 中该留言人的电子邮件地址为一个给定的值。

2. 删除第 1 题中的存储过程。

3. 在数据库 db_score 中创建一个存储函数,要求该函数能根据给定的学生学号和课程编号返回学生的成绩,如果数据库中没有给定的学生成绩则返回 0。

4. 调用数据库 db_score 中的存储函数 fn_search。

5. 删除数据库 db_score 中的存储函数 fn_search。

二、简答题

1. 请解释什么是存储过程。

2. 请列举使用存储过程的益处。

3. 请简述游标在存储过程中的作用。

4. 请简述存储过程与存储函数的区别。

第十一章　访问控制与安全管理

数据库服务器通常包含有关键的数据，这些数据的安全和完整可通过访问控制来维护。MySQL 提供了访问控制，以此确保 MySQL 服务器的安全访问，即用户应该对他们需要的数据具有适当的访问权，既不能多，也不能少。因此，MySQL 的访问控制实际上就是为用户提供且仅提供他们所需的访问权。本章主要介绍支持 MySQL 访问控制的用户账号与权限管理。

11.1　用户账号管理

MySQL 的用户账号及相关信息都存储在一个名为 mysql 的 MySQL 数据库中，这个数据库里有一个名为 user 的数据表，包含了所有用户账号，并且它用一个名为 user 的列存储用户的登录名。这里，可以使用下面的 SQL 语句查看 MySQL 数据库的使用者账号。

```
mysql>select user from mysql.user;
+-------+
|  user |
+-------+
|  root |
+-------+
1 row in set<0.00 sec>
```

可以看到，作为一个新安装的系统，当前只有一个名为 root 的用户。这个用户是在成功安装 MySQL 服务器后由系统创建的，并且被赋予了操作和管理 MySQL 的所有权限。因此，root 用户拥有对整个 MySQL 服务器完全控制的权限。

在对 MySQL 的日常管理和实际操作中，为了避免恶意用户冒名使用 root 账号操控数据库，通常需要创建一系列具备适当权限的账号，而尽可能地不用或少用 root 账号登录系统，以此来确保数据的安全访问。

11.1.1　创建用户账号

可以使用 CREATE USER 语句来创建一个或多个 MySQL 账户，并设置相应的口令，其语法格式为：

```
CREATE USER user_specification
    [,user_specification]...
```

其中，user_specification 的格式为：

```
user
[
    IDENTIFIED BY[PASSWORD]'password'
  |IDENTIFIED WITH auth_plugin[AS 'auth_string']
```

```
]
```

语法说明如下：

- user：指定创建的用户账号，其格式为'user_name'@'host name'。这里，user_name 是用户名，host_name 为主机名，即用户连接 MySQL 时所在主机的名字。如果在创建的过程中，只给出了账户中的用户名，而没指定主机名，则主机名会被默认为是“%”，表示一组主机。
- IDENTIFIED BY 子句：用于指定用户账号对应的口令，若该用户账号无口令，则可省略此子句。
- 可选项 PASSWORD：用于指定散列口令，即若使用明文设置口令时，需忽略 PASSWORD 关键字；如果不想以明文设置口令，且知道 PASSWORD( ) 函数返回给密码的散列值，则可以在此口令设置语句中指定此散列值，但需要加上关键字 PASSWORD。
- password：指定用户账号的口令，在 IDENTIFIED BY 关键字或 PASSWORD 关键字之后。给定的口令值可以是只由字母和数字组成的明文，也可以是通过 PASSWORD( ) 函数得到的散列值。
- IDENTIFIED WITH 子句：用于指定验证用户账号的认证插件。
- auth_plugin：指定认证插件的名称，紧跟在 IDENTIFIED WITH 关键字之后。

例 11.1　在 MySQL 服务器中添加两个新的用户，其用户名分别为 zhangsan 和 lisi，他们的主机名均为 localhost，用户 zhangsan 的口令设置为明文“123”，用户 lisi 的口令设置为对明文“456”使用 PASSWORD( ) 函数加密返回的散列值。

首先，在 MySQL 的命令行客户端输入下面的 SQL 语句，得到明文“456”所对应的 PASSWORD( ) 函数返回的散列值：

```
mysql>SELECT PASSWORD('456');
+-------------------------------------------+
| PASSWORD('456')                           |
+-------------------------------------------+
| *531E182E2F72080AB0740FE2F2D689DBE0146E04 |
+-------------------------------------------+
1 row in set<0.02 sec>
```

接着，使用 CREATE USER 语句创建这两个新用户：

```
mysql >CREATE USER 'zhangsan'@'localhost' IDENTIFIED BY '123',
    ->              'lisi'@'localhost' IDENTIFIED BY PASSWORD
    ->              '*531E182E2F72080AB0740FE2F2D689DBE0146E04';
Query OK,0 row affected(0.00 sec)
```

CREATE USER 语句的使用说明如下：

- 要使用 CREATE USER 语句，必须拥有 MySQL 中 mysql 数据库的 INSERT 权限或全局 CREATE USER 权限。
- 使用 CREATE USER 语句创建一个用户账号后，会在系统自身的 mysql 数据库的 user 表中添加一条新记录。如果创建的账户已经存在，则语句执行会出现错误。
- 如果两个用户具有相同的用户名和不同的主机名，MySQL 会将他们视为不同的用户，并允许为这两个用户分配不同的权限集合。
- 如果在 CREATE USER 语句的使用中没有为用户指定口令，那么 MySQL 允许该用户可以不使用口令登录系统,然而从安全的角度而言,不推荐这种做法。

- 新创建的用户拥有的权限很少。他们可以登录到 MySQL,只允许进行不需要权限的操作,如使用 SHOW 语句查询所有存储引擎和字符集的列表等,不能使用 USE 语句来让其他用户已经创建的任何数据库成为当前数据库,因而无法访问相关数据库的表。

11.1.2 删除用户

为了删除一个或多个用户账号以及相关的权限,可以使用 DROP USER 语句,其语法格式为:

```
DROP USER user[,user]...
```

使用说明如下:

- DROP USER 语句可用于删除一个或多个 MySQL 账户,并消除其权限。
- 要使用 DROP USER 语句,必须拥有 MySQL 中 mysql 数据库的 DELETE 权限或全局 CREATE USER 权限。
- 在 DROP USER 语句的使用中,如果没有明确地给出账户的主机名,则该主机名会被默认为是%。
- 用户的删除不会影响到他们之前所创建的表、索引或其他数据库对象,这是因为 MySQL 并没有记录是谁创建了这些对象。

例 11.2 删除前面例子中的 lisi 用户。

在 MySQL 的命令行客户端输入如下 SQL 语句:

```
mysql>DROP USER lisi;
ERROR 1396(HY000):Operation DROP USER failed for 'lisi'@'%'
```

可以看到,该语句不能成功执行,并给出一个错误提示。原因在于,在 DROP USER 语句中只给出了用户名 lisi,没有明确给出该账号的主机名,系统则默认这个用户账号是'lisi'@'%',而该账户不存在,所以语句执行出错。这里,只需在 MySQL 的命令行客户端重新输入下面 SQL 语句即可成功执行:

```
mysql>DROP USER lisi@ localhost;
Query OK,0 row affected(0.00 sec)
```

11.1.3 修改用户账号

可以使用 RENAME USER 语句修改一个或多个已经存在的 MySQL 用户账号,其语法格式为:

```
RENAME USER old_user TO new_user[,old_user TO new_user]...
```

语法说明如下:

- old_user:系统中已经存在的 MySQL 用户账号。
- new_user:新的 MySQL 用户账号。

例 11.3 将前面例子中用户 zhangsan 的名字修改成 wangwu。

在 MySQL 的命令行客户端输入如下 SQL 语句:

```
mysql>RENAME USER 'zhangsan'@'localhost' TO 'wangwu'@'localhost';
```

```
Query OK,0 row affected(0.00 sec)
```

RENAME USER 语句的使用说明如下：

- RENAME USER 语句用于对原有 MySQL 账户进行重命名。
- 要使用 RENAME USER 语句，必须拥有 MySQL 中 mysql 数据库的 UPDATE 权限或全局 CREATE USER 权限。
- 倘若系统中旧账户不存在或者新账户已存在，则语句执行会出现错误。

11.1.4 修改用户口令

可以使用 SET PASSWORD 语句修改一个用户的登录口令，其语法格式为：

```
SET PASSWORD[FOR user] =
    {
        PASSWORD('new_password') |'encrypted password'
    }
```

语法说明如下：

- FOR 子句：指定欲修改口令的用户。该子句为可选项。
- PASSWORD('new_password')：表示使用函数 PASSWORD( )设置新口令 new_password，即新口令必须传递到函数 PASSWORD( )中进行加密。
- encrypted password：表示已被函数 PASSWORD( )加密的口令值。

例 11.4 将前面例子中用户 wangwu 的口令修改成明文"hello"对应的散列值。

首先，在 MySQL 的命令行客户端输入下面的 SQL 语句，得到明文"hello"所对应的 PASSWORD( )函数返回的散列值：

```
mysql>SELECT PASSWORD('hello');
+-------------------------------------------+
| PASSWORD('hello')                         |
+-------------------------------------------+
| *6B4F89A54E2D27ECD7E8DA05B4AB8FD9D1D8B119 |
+-------------------------------------------+
1 row in set<0.00 sec>
```

接着，使用 SET PASSWORD 语句修改用户 wangwu 的口令为明文"hello"对应的散列值：

```
mysql>SET PASSWORD FOR 'wangwu'@'localhost'
    ->='*6B4F89A54E2D27ECD7E8DA05B4AB8FD9D1D8B119';
Query OK,0 row affected(0.00 sec)
```

SET PASSWORD 语句的使用说明如下：

- 在 SET PASSWORD 语句中，若不加上 FOR 子句，表示修改当前用户的口令；若加上 FOR 子句，表示修改账户为 user 的用户口令，其中 user 的格式必须以'user_name'@'host_name'的格式给定，user_name 为账户的用户名，host_name 为账户所在的主机名。该账户必须在系统中存在，否则语句执行会出现错误。
- 在 SET PASSWORD 语句中，只能使用选项 PASSWORD('new_password')和 encrypted password 中的一项，且必须使用其中的某一项。

11.2 账户权限管理

成功创建用户账号后,需要为该用户分配适当的访问权限,因为新创建的用户账号没有访问权限,只能登录 MySQL 服务器,不能执行任何数据库操作。例如,使用 SHOW GRANTS FOR 语句就可以查看前面新创建的用户 zhangsan 的如下授权表:

```
mysql>SHOW GRANTS FOR 'zhangsan'@'localhost';
+----------------------------------------------+
| Grants for zhangsan@ localhost               |
+----------------------------------------------+
| GRANT USAGE ON *.* TO 'zhangsan'@ 'localhost' |
+----------------------------------------------+
1 row in set<0.00 sec>
```

根据语句执行后的输出结果,可以看到用户 zhangsan 仅有一个权限 USAGE ON *.*,表示该用户对任何数据库和任何表都没有权限。

11.2.1 权限的授予

新建的 MySQL 用户必须被授权,可以使用 GRANT 语句来实现,其常用的语法格式为:

```
GRANT
    priv_type[(column_list)][,priv_type[(column_list)]]...
    ON[object_type]priv_level
    TO user_specification[,user_specification]...
    [REQUIRE{NONE|ssl_option[[AND]ssl_option]...}]
    [WITH with_option...]
```

其中,object_type 的格式为:

```
TABLE|FUNCTION|PROCEDURE
```

priv_level 的格式为:

```
* | * . * |db_name. * |db_name.tbl_name|tbl_name|db_name.routine_name
```

user_specification 的格式为:

```
user
[
    IDENTIFIED BY[PASSWORD]'password'
  |IDENTIFIED WITH auth_plugin[AS'auth_string']
]
```

with_option 的格式为:

```
  GRANT OPTION
|MAX_QUERIES_PER_HOUR count
|MAX_UPDATES_PER_HOUR count
|MAX_CONNECTIONS_PER_HOUR count
|MAX_USER_CONNECTIONS count
```

语法说明如下：

- priv_type：用于指定权限的名称，如 SELECT、UPDATE、DELETE 等数据库操作。
- 可选项 column_list：用于指定权限要授予给表中哪些具体的列。
- ON 子句：用于指定权限授予的对象和级别，如可在 ON 关键字后面给出要授予权限的数据库名或表名等。
- 可选项 object_type：用于指定权限授予的对象类型，包括表、函数和存储过程，分别用关键字 TABLE、FUNCTION 和 PROCEDURE 标识。
- priv_level：用于指定权限的级别。可以授予的权限有如下几组：

① 列权限，其和表中的一个具体列相关。例如，可以使用 UPDATE 语句更新表 tb_student 中 studentName 列的值的权限。

② 表权限，其和一个具体表中的所有数据相关。例如，可以使用 SELECT 语句查询表 tb_student 的所有数据的权限。

③ 数据库权限，其和一个具体的数据库中的所有表相关。例如，可以在已有的数据库 db_school 中创建新表的权限。

④ 用户权限，其和 MySQL 中所有的数据库相关。例如，可以删除已有的数据库或者创建一个新的数据库的权限。

对应地，在 GRANT 语句中可用于指定权限级别的值有这样几类格式：

① *：表示当前数据库中的所有表。

② *.*：表示所有数据库中的所有表。

③ db_name.*：表示某个数据库中的所有表，db_name 指定数据库名。

④ db_name.tbl_name：表示某个数据库中的某个表或视图，db_name 指定数据库名，tbl_name 指定表名或视图名。

⑤ tbl_name：表示某个表或视图，tbl_name 指定表名或视图名。

⑥ db_name.routine_name：表示某个数据库中的某个存储过程或函数，routine_name 指定存储过程名或函数名。

- TO 子句：用来设定用户的口令，以及指定被授予权限的用户 user。若在 TO 子句中给系统中存在的用户指定口令，则新密码会将原密码覆盖；如果权限被授予给一个不存在的用户，MySQL 会自动执行一条 CREATE USER 语句来创建这个用户，但同时必须为该用户指定口令。由此可见，GRANT 语句亦可以用于创建用户账号。
- user_specification：TO 子句中的具体描述部分，其与 CREATE USER 语句中的 user_specification 部分一样。
- WITH 子句：GRANT 语句的最后可以使用 WITH 子句，为可选项，其用于实现权限的转移或限制。

例 11.5 授予用户 zhangsan 在数据库 db_school 的表 tb_student 上拥有对列 studentNo 和列 studentName 的 SELECT 权限。

使用 root 登录 MySQL 服务器，并在 MySQL 的命令行客户端输入下面的 SQL 语句：

```
mysql>GRANT SELECT(studentNo,studentName)
    ->        ON db_school.tb_student
```

```
    ->      TO 'zhangsan'@'localhost';
Query OK,0 row affected(0.02 sec)
```

这条权限授予语句成功执行后,使用用户 zhangsan 的账户登录 MySQL 服务器,可以使用 SELECT 语句来查看表 customers 中列 cust_id 和列 cust_name 的数据了,而且目前仅能执行这项操作,如果执行其他的数据库操作,则会出现错误,例如,

```
mysql>select * from db_school.tb_student;
ERROR 1142(42000):SELECT command denied to user 'zhangsan'@'localhost' for table 'tb_student'
```

例 11.6 当前系统中不存在用户 liming 和用户 huang,要求创建这两个用户,并设置对应的系统登录口令,同时授予他们在数据库 db_school 的表 tb_student 上拥有 SELECT 和 UPDATE 的权限。

使用 root 登录 MySQL 服务器,并在 MySQL 的命令行客户端输入下面的 SQL 语句:

```
mysql>GRANT SELECT,UPDATE
    ->    ON db_school.tb_student
    ->    TO 'liming'@'localhost' IDENTIFIED BY '123',
    ->      'huang'@'localhost' IDENTIFIED BY '789';
Query OK,0 row affected(0.06 sec)
```

语句成功执行后,即可分别使用 liming 和 huang 的账户登录 MySQL 服务器,验证这两个用户是否具有了对表 tb_student 可以执行 SELECT 和 UPDATE 操作的权限。

例 11.7 授予系统中已存在用户 wangwu 可以在数据库 db_school 中执行所有数据库操作的权限。

使用 root 登录 MySQL 服务器,并在 MySQL 的命令行客户端输入下面的 SQL 语句即可:

```
mysql>GRANT ALL
    ->    ON db_school.*
    ->    TO 'wangwu'@'localhost';
Query OK,0 row affected(0.00 sec)
```

例 11.8 授予系统中已存在用户 wangwu 拥有创建用户的权限。

使用 root 登录 MySQL 服务器,并在 MySQL 的命令行客户端输入下面的 SQL 语句即可:

```
mysql>GRANT CREATE USER
    ->    ON *.*
    ->    TO 'wangwu'@'localhost';
Query OK,0 row affected(0.00 sec)
```

GRANT 语句中 priv_type 的使用说明如下:

(1) 授予表权限时,priv_type 可以指定为以下值:

- SELECT:授予用户可以使用 SELECT 语句访问特定表的权限。
- INSERT:授予用户可以使用 INSERT 语句向一个特定表中添加数据行的权限。
- DELETE:授予用户可以使用 DELETE 语句从一个特定表中删除数据行的权限。
- UPDATE:授予用户可以使用 UPDATE 语句修改特定数据表中值的权限。
- REFERENCES:授予用户可以创建一个外键来参照特定数据表的权限。
- CREATE:授予用户可以使用特定的名字创建一个数据表的权限。

- ALTER:授予用户可以使用 ALTER TABLE 语句修改数据表的权限。
- INDEX:授予用户可以在表上定义索引的权限。
- DROP:授予用户可以删除数据表的权限。
- ALL 或 ALL PRIVILEGES:表示所有的权限名。

(2) 授予列权限时,priv_type 的值只能指定为 SELECT、INSERT 和 UPDATE,同时权限的后面需要加上列名列表 column_list。

(3) 授予数据库权限时,priv_type 可以指定为以下值:

- SELECT:授予用户可以使用 SELECT 语句访问特定数据库中所有表和视图的权限。
- INSERT:授予用户可以使用 INSERT 语句向特定数据库中所有表添加数据行的权限。
- DELETE:授予用户可以使用 DELETE 语句删除特定数据库中所有表的数据行的权限。
- UPDATE:授予用户可以使用 UPDATE 语句更新特定数据库中所有数据表的值的权限。
- REFERENCES:授予用户可以创建指向特定的数据库中的表外键的权限。
- CREATE:授予用户可以使用 CREATE TABLE 语句在特定数据库中创建新表的权限。
- ALTER:授予用户可以使用 ALTER TABLE 语句修改特定数据库中所有数据表的权限。
- INDEX:授予用户可以在特定数据库中的所有数据表上定义和删除索引的权限。
- DROP:授予用户可以删除特定数据库中所有表和视图的权限。
- CREATE TEMPORARY TABLES:授予用户可以在特定数据库中创建临时表的权限。
- CREATE VIEW:授予用户可以在特定数据库中创建新的视图的权限。
- SHOW VIEW:授予用户可以查看特定数据库中已有视图的视图定义的权限。
- CREATE ROUTINE:授予用户可以为特定的数据库创建存储过程和存储函数等权限。
- ALTER ROUTINE:授予用户可以更新和删除数据库中已有的存储过程和存储函数等权限。
- EXECUTE ROUTINE:授予用户可以调用特定数据库的存储过程和存储函数的权限。
- LOCK TABLES:授予用户可以锁定特定数据库的已有数据表的权限。
- ALL 或 ALL PRIVILEGES:表示以上所有的权限。

(4) 最有效率的权限是用户权限。授予用户权限时,priv_type 除了可以指定为授予数据库权限时的所有值之外,还可以是下面这些值:

- CREATE USER:授予用户可以创建和删除新用户的权限。
- SHOW DATABASES:授予用户可以使用 SHOW DATABASES 语句查看所有已有的数据库的定义的权限。

11.2.2 权限的转移与限制

权限的转移与限制可以通过在 GRANT 语句中使用 WITH 子句来实现。

1. 转移权限

如果将 WITH 子句指定为 WITH GRANT OPTION,则表示 TO 子句中所指定的所有用户都具有把自己所拥有的权限授予其他用户的权利,而无论那些其他用户是否拥有该权限。

例 11.9 授予当前系统中一个不存在的用户 zhou 在数据库 db_school 的表 tb_student 上拥有 SELECT 和 UPDATE 的权限,并允许其可以将自身的这个权限授予其他用户。

首先,使用 root 登录 MySQL 服务器,并在 MySQL 的命令行客户端输入下面的 SQL 语句:

```
mysql>GRANT SELECT,UPDATE
    ->    ON db_school.tb_student
    ->    TO 'zhou'@'localhost' IDENTIFIED BY '123'
    ->    WITH GRANT OPTION;
Query OK,0 row affected(0.01 sec)
```

这条语句成功执行之后,会在系统中创建一个新的用户账号 zhou,其口令为"123"。以该账户登录 MySQL 服务器即可根据需要将其自身的权限授予其他指定的用户。

2. 限制权限

如果 WITH 子句中 WITH 关键字后面紧跟的是 MAX_QUERIES_PER_HOUR count、MAX_UPDATES_PER_HOUR count、MAX_CONNECTIONS_PER_HOUR count 或 MAX_USER_CONNECTIONS count 中的某一项,则该 GRANT 语句可用于限制权限。其中,MAX_QUERIES_PER_HOUR count 表示限制每小时可以查询数据库的次数;MAX_UPDATES_PER_HOUR count 表示限制每小时可以修改数据库的次数;MAX_CONNECTIONS_PER_HOUR count 表示限制每小时可以连接数据库的次数;MAX_USER_CONNECTIONS count 表示限制同时连接 MySQL 的最大用户数。这里,count 用于设置一个数值,对于前三个指定,count 如果为 0 则表示不起限制作用。

例 11.10 授予系统中的用户 huang 在数据库 db_school 的表 tb_student 上每小时只能处理一条 DELETE 语句的权限。

使用 root 登录 MySQL 服务器,并在 MySQL 的命令行客户端输入下面的 SQL 语句即可:

```
mysql>GRANT DELETE
    ->    ON db_school.tb_student
    ->    TO 'huang'@'localhost'
    ->    WITH MAX_QUERIES_PER_HOUR 1;
Query OK,0 row affected(0.00 sec)
```

11.2.3 权限的撤销

当要撤销一个用户的权限,而又不希望将该用户从系统中删除时,可以使用 REVOKE 语句来实现,其常用的语法格式为:

```
REVOKE priv_type[(column_list)][,priv_type[(column_list)]]...
    ON[object_type]priv_level
    FROM user[,user]...
```

```
REVOKE ALL PRIVILEGES,GRANT OPTION
    FROM user[,user]...
```

使用说明如下:

- REVOKE 语句和 GRANT 语句的语法格式相似,但具有相反的效果。
- 第一种语法格式用于回收某些特定的权限。
- 第二种语法格式用于回收特定用户的所有权限。
- 要使用 REVOKE 语句,必须拥有 mysql 数据库的全局 CREATE USER 权限或 UPDATE 权限。

例 11.11 回收系统中已存在的用户 zhou 在数据库 db_school 的表 tb_student 上的 SELECT 权限。

使用 root 登录 MySQL 服务器,并在 MySQL 的命令行客户端输入下面的 SQL 语句即可:

```
mysql>REVOKE SELECT
    ->      ON db_school.tb_student
    ->      FROM 'zhou'@'localhost';
Query OK,0 row affected(0.00 sec)
```

思考与练习

一、填空题

1. 在 MySQL 中,可以使用________语句来为指定数据库添加用户。

2. 在 MySQL 中,可以使用________语句来实现权限的撤销。

二、编程题

假定当前系统中不存在用户 wanming,请编写一段 SQL 语句,要求创建这个新用户,并为其设置对应的系统登录口令“123”,同时授予该用户在数据库 db_test 的表 content 上拥有 SELECT 和 UPDATE 的权限。

三、简答题

1. 在 MySQL 中可以授予的权限有哪几组?

2. 在 MySQL 的权限授予语句中,可用于指定权限级别的值有哪几类格式?

第十二章　备份与恢复

在 MySQL 数据库的日常管理中，通常会进行数据库的备份和恢复。本章着重介绍 MySQL 数据库备份与恢复的方法。

12.1　数据库备份与恢复的概念

为保证数据库的可靠性和完整性，数据库管理系统通常会采取各种有效的措施来进行维护。尽管如此，在数据库的实际使用过程中，仍然存在着一些不可预估的因素，会造成数据库运行事务的异常中断，从而影响数据的正确性，甚至会破坏数据库，使数据库中的数据部分或全部丢失。这些因素可能是：

- 计算机硬件故障。由于用户使用的不当，或者硬件产品自身的质量问题等原因，计算机硬件可能会出现故障，甚至不能使用，如硬盘损坏会导致其存储的数据丢失。
- 计算机软件故障。由于用户使用的不当，或者软件设计上的缺陷，计算机软件系统可能会误操作数据，从而引起数据破坏。
- 病毒。破坏性病毒会破坏计算机硬件、系统软件和数据。
- 人为误操作。例如，用户误使用了 DELETE、UPDATE 等命令而引起数据丢失或破坏；一个简单的 DROP TABLE 或者 DROP DATABASE 语句就会让数据表化为乌有；更危险的是 DELETE * FROM table_name 能轻易地清空数据表。这些人为的误操作是很容易发生的。
- 自然灾害。火灾、洪水、地震等这些不可抵挡的自然灾害会对人类生活造成极大的破坏，也会毁坏计算机系统及其数据。
- 盗窃。一些重要数据可能会被窃或人为破坏。

面对这些可能的因素会造成数据丢失或被破坏的风险，数据库系统提供了备份和恢复策略来保证数据库中数据的可靠性和完整性。

数据库备份是指通过导出数据或者复制表文件的方式来制作数据库的副本。数据库恢复则是当数据库出现故障或遭到破坏时，将备份的数据库加载到系统，从而使数据库从错误状态恢复到备份时的正确状态。数据库的恢复是以备份为基础的，它是与备份相对应的系统维护和管理操作。系统进行恢复操作时，先执行一些系统安全性的检查，包括检查所要恢复的数据库是否存在、数据库是否变化及数据库文件是否兼容等，然后根据所采用的数据库备份类型采取相应的恢复措施。

另外，通过备份和恢复数据库，也可以实现将数据库从一个服务器移动或复制到另一个服务器的目的。

12.2 MySQL 数据库备份与恢复的方法

MySQL 数据库中的备份和恢复组件为存储在 MySQL 数据库中的关键数据提供了重要的保护手段。本节介绍四种常用的备份和恢复方法。

12.2.1 使用 SQL 语句备份和恢复表数据

在 MySQL 5.5 中,可以使用 SELECT INTO…OUTFILE 语句把表数据导出到一个文本文件中进行备份,并可使用 LOAD DATA…INFILE 语句来恢复先前备份的数据。这种方法有一点不足,就是只能导出或导入数据的内容,而不包括表的结构,若表的结构文件损坏,则必须先设法恢复原来表的结构。

1. SELECT INTO…OUTFILE 语句

导出备份语句 SELECT INTO…OUTFILE 的语法格式为:

```
SELECT * INTO OUTFILE 'file_name' [CHARACTER SET charset_name] export_options
        | INTO DUMPFILE 'file_name'
```

其中,export_options 的格式为:

```
[FIELDS
        [TERMINATED BY 'string']
        [[OPTIONALLY] ENCLOSED BY 'char']
        [ESCAPED BY 'char' ]
]
[LINES   TERMINATED BY 'string' ]
```

语法说明如下:

- 这个语句的作用是将表中 SELECT 语句选中的所有数据行写入到一个文件中,file_name 指定数据备份文件的名称。文件默认在服务器主机上创建,并且文件名不能是已经存在的,否则可能会将原文件覆盖。如果要将该文件写入到一个特定的位置,则要在文件名前加上具体的路径。在文件中,导出的数据行会以一定的形式存放,其中空值是用"\N"表示。
- 导出语句中使用关键字 OUTFILE 时,可以在 export_options 中加入以下两个自选的子句,它们的作用是决定数据行在备份文件中存放的格式:

① FIELDS 子句:在 FIELDS 子句中有三个亚子句,分别是 TERMINATED BY、[OPTIONALLY] ENCLOSED BY 和 ESCAPED BY。如果指定了 FIELDS 子句,则这三个亚子句中至少要求指定一个。其中,TERMINATED BY 用来指定字段值之间的符号,例如,"TERMINATED BY ','"指定逗号作为两个字段值之间的标志;ENCLOSED BY 子句用来指定包裹文件中字符值的符号,例如,"ENCLOSED BY '"'"表示文件中字符值放在双引号之间,若加上关键字 OPTIONALLY 则表示所有的值都放在双引号之间;ESCAPED BY 子句用来指定转义字符,例如,"ESCAPED BY '*'"将"*"指定为转义字符,取代"\",如空格将表示为"*N"。

② LINES 子句:在 LINES 子句中使用 TERMINATED BY 指定一个数据行结束的标志,如"LINES TERMINATED BY '?'"表示一个数据行以"?"作为结束标志。

如果 FIELDS 和 LINES 子句都不指定,则默认声明的是下面的子句:

```
FIELDS TERMINATED BY '\t' ENCLOSED BY '' ESCAPED BY '\\'
LINES TERMINATED BY '\n'
```

- 导出语句中使用的是关键字 DUMPFILE 而非 OUTFILE 时,导出的备份文件里面所有的数据行都会彼此紧挨着放置,即值和行之间没有任何标记。

2. LOAD DATA...INFILE 语句

导入恢复语句 LOAD DATA...INFILE 的语法格式为:

```
LOAD DATA [LOW_PRIORITY | CONCURRENT] [LOCAL] INFILE 'file_name.txt'
    [REPLACE | IGNORE]
    INTO TABLE tbl_name
    [FIELDS
        [TERMINATED BY 'string']
        [[OPTIONALLY] ENCLOSED BY 'char']
        [ESCAPED BY 'char' ]
    ]
    [LINES
        [STARTING BY 'string']
        [TERMINATED BY 'string']
    ]
    [IGNORE number LINES]
    [(col_name_or_user_var,...)]
    [SET col_name = expr,...]]
```

语法说明如下:

- LOW_PRIORITY | CONCURRENT:若指定 LOW_PRIORITY,则延迟该语句的执行;若指定 CONCURRENT,则当 LOAD DATA 正在执行的时候其他线程可以同时使用该表的数据。
- LOCAL:若指定了 LOCAL,则文件会被客户主机上的客户端读取,并被发送到服务器。文件会被给予一个完整的路径名称,以指定确切的位置。如果给定的是一个相对的路径名称,则此名称会被理解为相对于启动客户端时所在的目录。若没有指定 LOCAL,则文件必须位于服务器主机上,并且被服务器直接读取。与让服务器直接读取文件相比,使用 LOCAL 的速度会略慢些,这是由于文件的内容必须通过客户端发送到服务器上。
- file_name:待导入的数据库备份文件名,文件中保存了待载入数据库的所有数据行。输入文件可以手动创建,也可以使用其他的程序创建。导入文件时可以指定文件的绝对路径,如“C:\backup\backupfile.txt”,则服务器会根据该路径搜索文件。若不指定路径,如“backupfile.txt”,则服务器在默认数据库的数据库目录中读取。若文件为“.\backupfile.txt”,则服务器会直接在数据库目录下读取,也就是 MySQL 的 data 目录。出于安全考虑,当读取位于服务器中的文本文件时,文件必须位于数据库目录中,或者是全体可读的。注意,这里给出的路径为 Windows 下的路径。
- REPLACE | IGNORE:如果指定 REPLACE,则当导入文件中出现与数据库中原有行相同

的唯一关键字值时，输入行会替换原有行；如果指定 IGNORE，则把与原有行有相同的唯一关键字值的输入行跳过。

- tbl_name：指定需要导入数据的表名，该表在数据库中必须存在，表结构必须与导入文件的数据行一致。
- FIELDS 子句：此处的 FIELDS 子句和 SELECT...INTO OUTFILE 语句中类似，用于判断字段之间和数据行之间的符号。
- LINES 子句：TERMINATED BY 亚子句用来指定一行结束的标志；STARTING BY 亚子句则指定一个前缀，导入数据行时，忽略数据行中的该前缀和前缀之前的内容。如果某行不包括该前缀，则整个数据行被跳过。
- IGNORE number LINES：这个选项可以用于忽略文件的前几行。例如，可以使用 IGNORE 1 LINES 来跳过数据备份文件中的第一行。
- col_name_or_user_var：如果需要载入一个表的部分列，或者文件中字段值顺序与原表中列的顺序不同时，就必须指定一个列清单，其中可以包含列名或用户变量，例如：

```
LOAD DATA INFILE 'backupfile.txt'
    INTO TABLE backupfile (cust_id, cust_name, cust_address);
```

- SET 子句：SET 子句可以在导入数据时修改表中列的值。

例 12.1 备份数据库 db_school 中表 tb_student 的全部数据到 C 盘的 BACKUP 目录下一个名为 backupfile.txt 的文件中，要求字段值如果是字符则用双引号标注，字段值之间用逗号隔开，每行以问号为结束标志。然后，将备份后的数据导入到一个和 tb_student 表结构相同的空表 tb_student_copy 中。

首先，使用下面语句导出数据：

```
mysql> SELECT * FROM db_school.tb_student
    -> INTO OUTFILE 'C:\BACKUP\backupfile.txt'
    -> FIELDS TERMINATED BY ','
    -> OPTIONALLY ENCLOSED BY '"'
    -> LINES TERMINATED BY '?';
Query OK, 10 rows affected (0.00 sec)
```

导出成功后，可以使用 Windows 记事本查看 C 盘 BACKUP 文件夹下的 backupfile.txt 文件，文件内容如图 12.1 所示。

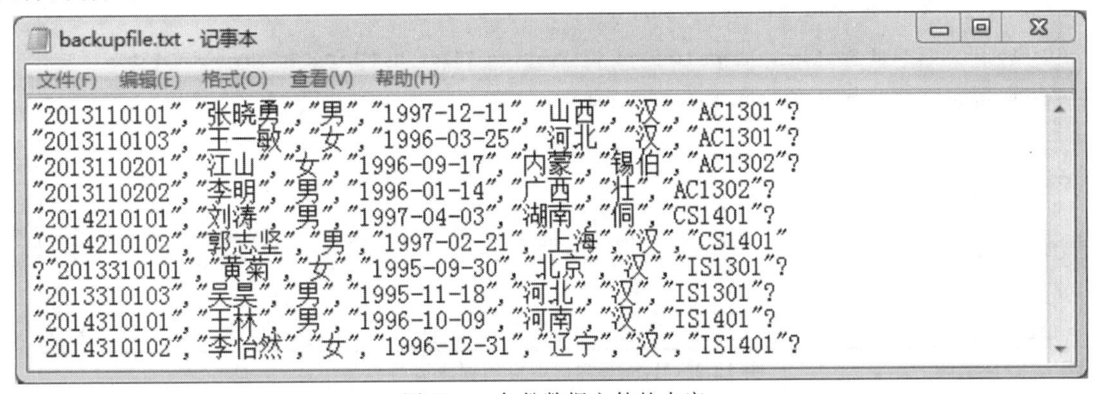

图 12.1 备份数据文件的内容

然后,使用下面的语句将备份数据导入数据库 db_school 中一个和 tb_student 表结构相同的空表 tb_student_copy 中:

```
mysql> LOAD DATA INFILE 'C:\BACKUP\backupfile.txt'
    -> INTO TABLE db_school.tb_student_copy
    -> FIELDS TERMINATED BY ','
    -> OPTIONALLY ENCLOSED BY '"'
    -> LINES TERMINATED BY '?';
Query OK, 10 rows affected (2.80 sec)
Records: 10  Deleted: 0  Skipped: 0  Warnings: 0
```

在导入数据时需要特别注意,必须根据数据备份文件中数据行的格式来指定判断的符号。例如,在 backupfile.txt 文件中字段值是以逗号隔开的,导入数据时就一定要使用"TERMINATED BY ','"子句指定逗号为字段值之间的分隔符,即与 SELECT...INTO OUTFILE 语句相对应。

另外需要注意的是,在多个用户同时使用 MySQL 数据库的情况下,为了得到一个一致的备份,需要在指定的表上使用 LOCK TABLES table_name READ 语句做一个读锁定,以防止在备份过程中表被其他用户更新;而当恢复数据时,则需要使用 LOCK TABLES table_name WRITE 语句做一个写锁定,以避免发生数据冲突。在数据库备份或恢复完毕之后需要使用 UNLOCK TABLES 语句对该表进行解锁。

12.2.2 使用 MySQL 客户端实用程序备份和恢复数据

MySQL 提供了许多免费的客户端实用程序,且存放于 MySQL 安装目录下的 bin 子目录中。这些客户端实用程序可以连接到 MySQL 服务器进行数据库的访问,或者对 MySQL 执行不同的管理任务。其中,mysqldump 程序和 mysqlimport 程序就分别是两个常用的用于实现 MySQL 数据库备份和恢复的实用工具。

1. 使用 MySQL 客户端实用程序的方法

打开计算机中的 DOS 终端,进入 MySQL 安装目录下的 bin 子目录,如 C:\Program Files\MySQL\MySQL Server 5.5\bin,出现如图 12.2 所示的 MySQL 客户端实用程序运行界面,由此可在该界面光标闪烁处输入所需的 MySQL 客户端实用程序的命令。

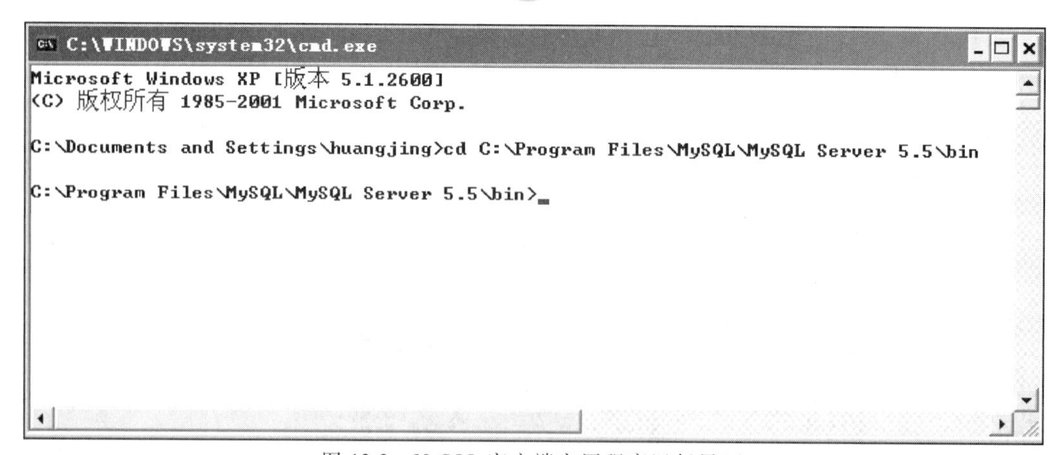

图 12.2 MySQL 客户端实用程序运行界面

2. 使用 mysqldump 程序备份数据

可以使用客户端实用程序 mysqldump 来实现 MySQL 数据库的备份。它除了可以与前面使用 SQL 语句备份表数据一样导出备份的表数据文件之外,还可以在导出的文件中包含数据库中表结构的 SQL 语句。因此,mysqldump 程序可以备份数据库表的结构,还可以备份一个数据库,甚至整个数据库系统。只需在 MySQL 客户端实用程序的运行界面中输入 mysqldump--help 命令,即可查看到 mysqldump 程序分别对应如下三种命令:

```
Usage: mysqldump [OPTIONS] database [tables]
OR     mysqldump [OPTIONS] --databases [OPTIONS] DB1 [DB2 DB3...]
OR     mysqldump [OPTIONS] --all-databases [OPTIONS]
For more options, use mysqldump --help
```

(1) 备份表

使用的命令格式为:

```
mysqldump [OPTIONS] database [tables] > filename
```

语法说明如下:

- OPTIONS:mysqldump 命令支持的选项,可以通过执行 mysqldump --help 命令得到 mysqldump 选项表及更多帮助信息。
- database:指定数据库的名称,其后面可以加上需要备份的表名。若在命令中没有指定表名,则该命令会备份整个数据库。
- filename:指定最终备份的文件名,如果该命令语句中指定了需要备份的多个表,那么备份后都会保存在这个文件中。文件默认的保存地址是 MySQL 安装目录下的 bin 目录中。如果需要保存在特定位置,可以指定其具体路径。需要注意的是,文件名在目录中不能已经存在,否则新的备份文件会将原文件覆盖。
- 与其他的 MySQL 客户端实用程序一样,使用 mysqldump 备份数据时,需要使用一个用户账号连接到 MySQL 服务器,这可以通过用户手工提供参数或在选项文件中修改有关值的方式来实现。使用参数的格式是:-h[hostname] -u[username] -p[password]。其中,-h 选项后面是主机名,如果是本地服务器,-h 选项可以省略;-u 选项后面是用户名;-p 选项后面是用户密码,-p 选项和密码之间不能有空格。

例 12.2 使用 mysqldump 备份数据库 db_school 中的表 tb_student。

在 MySQL 客户端实用程序的运行界面中输入下面的命令:

```
mysqldump -h localhost -u root -p123456 db_school tb_student > c:\backup\file.sql
```

按回车键即可执行这条命令。命令成功执行完毕后,会在指定的目录 c:\backup 下生成表 tb_student 的备份文件 file.sql,该文件中存储了创建表 tb_student 的一系列 SQL 语句以及该表中所有的数据。

(2) 备份数据库

mysqldump 程序还可以将一个或多个数据库备份到一个文件中,其使用的命令格式为:

```
mysqldump [OPTIONS] --databases [OPTIONS] DB1 [DB2 DB3...] > filename
```

例 12.3 备份数据库 db_school 到 C 盘 backup 目录下。

在 MySQL 客户端实用程序的运行界面中输入下面的命令:

```
mysqldump -u root -p123456 --databases db_school > c:\backup\data.sql
```

按回车键即可执行这条命令。命令成功执行完毕后，会在指定的目录 c:\backup 下生成包含数据库 db_school 的备份文件 data.sql，该文件中存储了创建这个数据库及其内部数据表的全部 SQL 语句以及数据库中所有的数据。

（3）备份整个数据库系统

mysqldump 程序还能够备份整个数据库系统，即系统中的所有数据库，其使用的命令格式为：

```
mysqldump [OPTIONS] --all-databases [OPTIONS] > filename
```

例 12.4 备份 MySQL 服务器上的所有数据库。

在 MySQL 客户端实用程序的运行界面中输入下面的命令：

```
mysqldump -u root -p123456 --all-databases > c:\backup\alldata.sql
```

按回车键即可执行这条命令。

需要注意的是，尽管使用 mysqldump 程序可以有效地导出表的结构，但在恢复数据的时候，倘若所需恢复的数据量很大，备份文件中众多的 SQL 语句会使恢复的效率降低。因此，可以在 mysqldump 命令中使用"--tab="选项来分开数据和创建表的 SQL 语句。"--tab="选项会在选项中"="后面指定的目录里分别创建存储数据内容的.txt 格式文件和包含创建表结构的 SQL 语句的.sql 格式文件。另外，该选项不能与--databases 选项或--all-databases 选项同时使用，并且 mysqldump 必须运行在服务器主机上。

例 12.5 将数据库 db_school 中所有表的表结构和数据分别备份到 C 盘的 backup 目录下。

在 MySQL 客户端实用程序的运行界面中输入下面的命令：

```
mysqldump -u root -p123456 --tab=c:\backup\db_school
```

按回车键即可执行这条命令。这里由于数据库 db_school 中仅包含表 tb_student 和表 tb_student_copy 两张数据表，那么该命令成功执行完毕后，会在 C 盘的 backup 目录中生成 4 个文件，分别是 tb_student.txt、tb_student.sql、tb_student_copy.txt 和 tb_student_copy.sql。

3. 使用 mysql 命令恢复数据

可以通过使用 mysql 命令将 mysqldump 程序备份的文件中全部的 SQL 语句还原到 MySQL 服务器中，从而恢复一个损坏的数据库。

例 12.6 假设数据库 db_school 遭遇损坏，试用该数据库的备份文件 db_school.sql 将其恢复。

在 MySQL 客户端实用程序的运行界面中输入下面的恢复命令：

```
mysql -u root -p123456 db_school < db_school.sql
```

按回车键即可执行这条命令。

如果是数据库中表的结构发生了损坏，也可以使用 mysql 命令对其单独做恢复处理，但是表中原有的数据将会全部被清空。

例 12.7 假设数据库 db_school 中表 tb_student 的表结构被损坏，试将存储表 tb_student 结构的备份文件 tb_student.sql 恢复到服务器中，该备份文件存放在 C 盘的 backup 目录中。

在 MySQL 客户端实用程序的运行界面中输入下面的恢复命令：

```
mysql -u root -p123456 tb_student < c:\backup\tb_student.sql
```

按回车键即可执行这条命令。

4. 使用 mysqlimport 程序恢复数据

倘若只是为了恢复数据表中的数据,可以使用 mysqlimport 客户端实用程序来完成。这个程序提供了 LOAD DATA...INFILE 语句的一个命令行接口,它发送一个 LOAD DATA INFILE 命令到服务器来运作,其大多数选项直接对应 LOAD DATA...INFILE 语句。

运行 mysqlimport 程序对应的命令格式为:

```
mysqlimport [OPTIONS] database textfile...
```

语法说明如下:

- OPTIONS:mysqlimport 命令支持的选项,可以通过执行 mysqlimport --help 命令查看这些选项的内容和作用。常用的选项有:

① -d、--delete:在导入文本文件之前清空表中所有的数据行。

② -l、--lock-tables:在处理任何文本文件之前锁定所有的表,以保证所有的表在服务器上同步,但对于 InnoDB 类型的表则不必进行锁定。

③ --low-priority、--local、--replace、--ignore:分别对应 LOAD DATA...INFILE 语句中的 LOW_PRIORITY、LOCAL、REPLACE 和 IGNORE 关键字。

- database:指定欲恢复的数据库名称。
- textfile:存储备份数据的文本文件名。使用 mysqlimport 命令恢复数据时,mysqlimport 会剥去这个文件名的扩展名,并使用它来决定向数据库中哪个表导入文件的内容。例如,“file.txt”“file.sql”“file”都会被导入名为 file 的表中,因此备份的文件名应根据需要恢复表命名。另外,在该命令中需要指定备份文件的具体路径,若没有指定,则选取文件的默认位置,即 MySQL 安装目录的 DATA 目录下。
- 与 mysqldump 程序一样,使用 mysqlimport 恢复数据时,也需要提供-h、-u、-p 选项来连接 MySQL 服务器。

例 12.8 使用存放在 C 盘 backup 目录下的备份数据文件 tb_student.txt 恢复数据库 db_school中表 tb_student 的数据。

在 MySQL 客户端实用程序的运行界面中输入下面的恢复命令:

```
mysqlimport -u root -p123456 --low-priority --replace db_school c:\backup\tb_student.txt
```

按回车键即可执行这条命令。

12.2.3 使用 MySQL 图形界面工具备份和恢复数据

用户可以使用常用的 MySQL 图形界面工具来进行 MySQL 数据库的备份与恢复操作。这种方式相对于使用 SQL 语句或 MySQL 客户端实用程序而言会简单些。本节以 phpMyAdmin 为例,介绍其备份和恢复 MySQL 数据库的操作。

1. 备份数据库

首先,以 Web 的方式登录 phpMyAdmin,出现如图 12.3 所示的 phpMyAdmin 管理界面。

在这个管理界面中,有一个“导出”选项,用于指定备份数据库的操作功能,同时还有一个格式选择下拉框,用于选择备份文件的文件格式。在界面的左边,可以对欲备份的数据库和表进行

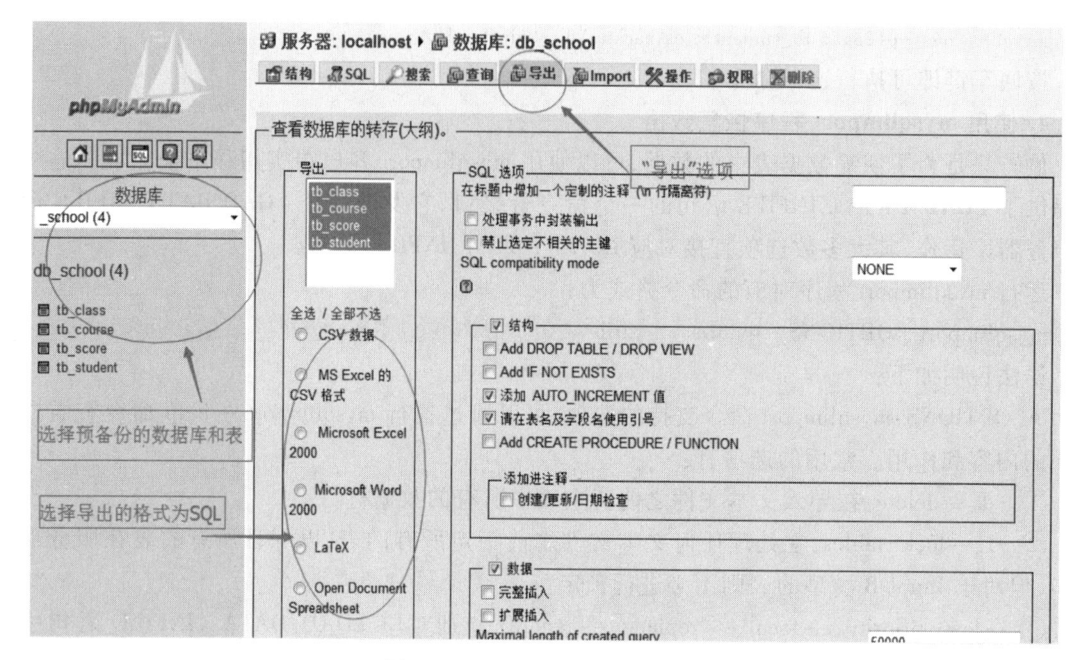

图 12.3　phpMyAdmin 管理界面

选定。最后，单击"执行"按钮，即可完成数据库的备份操作。

2. 恢复数据库

如图 12.4 所示，单击选取 phpMyAdmin 管理界面中的"Import"选择卡，并输入欲导入的备份文件名，单击"执行"按钮，即可开展数据库的恢复操作。

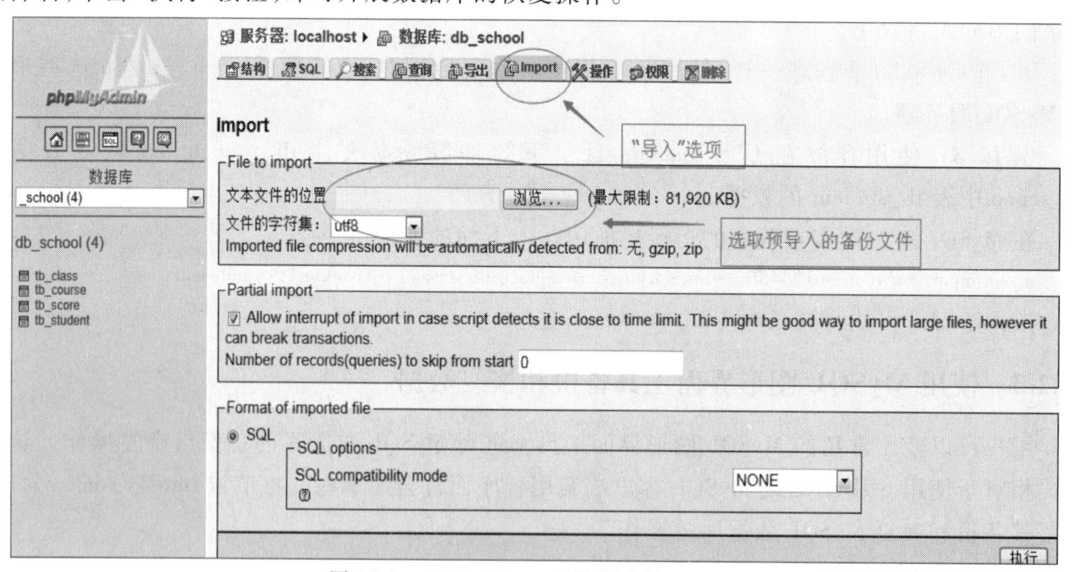

图 12.4　phpMyAdmin 的数据库导入界面

12.2.4　直接复制

由于 MySQL 的数据库和表是直接通过目录和表文件来实现的，因此可以通过直接复制文件

的方法来备份数据库,其具体过程是:

(1) 首先,在复制之前确保数据表当前状态下没有被使用,最好是暂时关闭 MySQL 服务器。

(2) 然后,复制待备份数据库所对应的文件目录下所有的表文件。其中,如果表使用的是 MyISAM 格式,则复制 table_name.frm(表的描述文件)、table_name.MYD(表的数据文件)和 table_name.MYI(表的索引文件)三类文件;如果表使用的是 ISAM 格式,则复制 table_name.frm(表的描述文件)、table_name.ISD(表的数据文件)和 table_name.ISM(表的索引文件)三类文件。

(3) 最后,重启服务器。

文件复制好之后,就可以将该文件复制到另外一个 MySQL 服务器的数据库目录下,此时该 MySQL 服务器就可以正常使用这个直接复制过来的数据库了。另外,还可以在数据库遭遇损坏时,将该文件直接覆盖到当前 MySQL 服务器的数据库目录下,实现数据库的恢复。

使用这种直接从一个 MySQL 服务器复制文件到另一个服务器的方法,需要特别注意以下两点:

- 两个服务器必须使用相同或兼容的 MySQL 版本。
- 两个服务器的硬件结构相同或相似,除非要复制的表使用 MyISAM 存储格式,这是因为这种表为在不同的硬件体系中共享数据提供了保证。

12.3 二进制日志文件的使用

在 MySQL 的实际操作中,数据库管理员及用户不可能无时无刻地都在备份数据。因此,当数据遭遇丢失或被损坏时,只能恢复已经备份的文件,而在这之后更新的数据就无法恢复了。遇到这种情形时,可以考虑使用更新日志,这是因为更新日志可以实时记录数据库中修改、插入和删除的 SQL 语句。

在 MySQL 5.5 中,更新日志已经被二进制日志取代。二进制日志以一种更加有效的格式,并且是事务安全的方式,包含了更新日志中可用的所有信息,如关于每个更新数据库的语句的执行时间信息,而不包含没有修改任何数据的语句。这些语句以“事件”的形式保存,记录了数据的更改。

由于二进制日志包含了数据备份后进行的所有更新,因此二进制日志的主要目的就是在数据恢复时能够最大可能地更新数据库。

12.3.1 开启日志文件

运行 MySQL 服务器时若启用二进制日志,系统的性能会有所降低,而且会浪费一定的存储空间,因而 MySQL 默认是不开启二进制日志功能的,需要手工来启用。具体操作如下:

(1) 打开 MySQL 安装目录下的 my.ini 文件(若是 Linux 系统,则打开 my.cnf 文件)。

(2) 找到[mysqld]这个标签,在此标签下面,添加以下格式的一行语句:

```
log-bin[=filename]
```

其中,log-bin 说明要开启二进制日志文件,可选项 filename 则是二进制日志文件的名字。加入该选项后,服务器启动时就会加载该选项,从而启用二进制日志。如果 filename 包含有扩展名,则扩展名将被忽略。MySQL 服务器会为每个二进制日志文件名后面自动添加一个数字编号扩展名，每次启动服务器或刷新日志时都会重新生成一个二进制日志文件，其扩展名中的数字编号依次递增。如果 filename 未给出，则默认为主机名。

（3）保存修改，重启 MySQL 服务器。此时，在 MySQL 安装目录的 DATA 文件夹下就可以看到这样两个格式的文件：filename.数字编号、filename.index。其中，“filename.数字编号”是二进制日志文件，它以二进制形式存储，用于保存数据库更新信息，当这个日志文件的大小达到最大时，MySQL 会自动创建一个新的二进制文件。“filename.index”是服务器自动创建的二进制日志索引文件，包含所有使用的二进制日志文件的文件名。

例 12.9 假设这里 filename 取名为 bin_log。若不指定目录，则在 MySQL 安装目录的 DATA 文件夹下会自动创建二进制日志文件。由于下面会使用实用工具 mysqlbinlog 来处理二进制日志，而该工具位于 MySQL 安装目录的 bin 目录下，所以请在 my.ini 文件的[mysqld]标签下添加一行指定二进制日志路径的语句，用于开启二进制日志功能。

输入下面语句即可：

```
log-bin=C:/Program Files/MySQL/MySQL Server 5.5/bin/bin_log
```

12.3.2 使用 mysqlbinlog 实用工具处理日志

MySQL 服务器开启二进制日志后，系统自动生成的二进制日志文件可以通过实用工具 mysqlbinlog 来处理。

1. 查看二进制日志文件

可以使用 mysqlbinlog 查看二进制日志文件，其命令格式为：

```
mysqlbinlog [options] log_files...
```

其中，log_files 是二进制日志的文件名。

例 12.10 查看二进制日志文件 bin_log.000001 的内容。

在 MySQL 客户端实用程序的运行界面中输入下面的命令：

```
mysqlbinlog bin_log.000001
```

按回车键即可执行这条命令。由于二进制日志数据可能会非常庞大，无法在屏幕上延伸，此时可以采用重定向的方法将二进制日志数据保存到一个文本文件中，以便查看。因此，可将上面一条命令修改为：

```
mysqlbinlog bin_log.000001 > c:\backup\bin_log000001.txt
```

2. 使用二进制日志恢复数据

可以使用 mysqlbinlog 恢复数据，其命令格式为：

```
mysqlbinlog [options] log_files...| mysql [options]
```

例 12.11 假设系统管理员在本周一下午五点公司下班前，使用 mysqldump 工具进行了数据库 db_school 的一个完全备份，备份文件为 alldata.sql。接着，从本周一下午五点开始启用日志，bin_log.000001 文件保存了从本周一下午五点到本周三上午九点的所有更改信息，在本周三上午九点运行一条日志刷新语句，即“FLUSH LOGS;”，此时系统自动创建了一个新的二进制日志文件 bin_log.000002，直至本周五上午十点公司数据库服务器系统崩溃。现要求将公司数据库恢复到本周五上午十点系统崩溃之前的状态。

这个恢复过程可以分为三个步骤来完成。

(1) 首先,使用 mysqldump 工具将公司的数据库恢复到本周一下午五点之前的状态,即在 MySQL 客户端实用程序的运行界面中输入下面的命令:

```
mysqldump -u root -p123456 db_school < alldata.sql
```

按回车键执行这条命令。

(2) 然后,使用 mysqlbinlog 工具将公司的数据库恢复到本周三上午九点之前的状态,即在 MySQL 客户端实用程序的运行界面中输入下面的命令:

```
mysqlbinlog bin_log.000001 | mysql -u root -p123456
```

按回车键执行这条命令。

(3) 最后,使用 mysqlbinlog 工具将公司的数据库恢复到本周五上午十点系统崩溃之前的状态,即在 MySQL 客户端实用程序的运行界面中输入下面的命令:

```
mysqlbinlog bin_log.000002 | mysql -u root -p123456
```

按回车键执行这条命令。

至此,就完成了整个数据库恢复的过程。

由于二进制日志文件会占用很大的硬盘资源,所以需要及时清除没用的二进制日志文件。可以使用下面这条 SQL 语句清除所有的日志文件:

```
RESET MASTER;
```

倘若需要删除部分日志文件,则可以使用 PURGE MASTER LOGS 语句来实现,其语法格式为:

```
PURGE {MASTER | BINARY} LOGS TO 'log_name'
```

或

```
PURGE {MASTER | BINARY} LOGS BEFORE 'date'
```

语法说明如下:

第一条语句用于删除指定的日志文件,其中 log_name 为文件名。第二条语句用于删除时间 date 之前的所有日志文件。

思考与练习

一、编程题

请使用 SELECT INTO...OUTFILE 语句,备份数据库 db_test 中表 content 的全部数据到 C 盘的 backup 目录下一个名为 backupcontent.txt 的文件中,要求字段值如果是字符则用双引号标注,字段值之间用逗号隔开,每行以问号为结束标志。

二、简答题

1. 为什么在 MySQL 中需要进行数据库的备份与恢复操作?
2. MySQL 数据库备份与恢复的常用方法有哪些?
3. 使用直接复制方法实现数据库备份与恢复时,需要注意哪些事项?
4. 二进制日志文件的用途是什么?

第十三章 MySQL 数据库的应用编程

如第二章中所述,MySQL 作为一类中小型关系数据库管理系统,目前已被广泛应用于互联网中各种中小型网站或信息管理系统的开发,其所搭建的应用环境主要有 LAMP 和 WAMP 两种,它们均可使用 PHP 作为与 MySQL 数据库进行交互的服务器端脚本语言。本章主要介绍使用 PHP 语言进行 MySQL 数据库应用编程的相关知识。

13.1 PHP 概述

PHP 是 Hypertext Preprocessor(超文本预处理器)的递归缩写,目前使用相当广泛,它是一种在服务器端执行的嵌入 HTML 文档的脚本语言,语言风格类似于 C 语言,其独特的语法混合了 C、Java、Perl 以及 PHP 自创的新语法。PHP 作为一种服务器端的脚本/编程语言,凭借其简单、面向对象、解释型、高性能、独立于框架、动态、可移植等特点,成了当前世界上最流行的构建 B/S 模式 Web 应用程序的编程语言之一。

PHP 具有强大的功能,其能实现所有的 CGI 的功能,并可提供比一般 CGI 更快的执行速度,它的多平台特性使其能无缝地运行在 Unix 和 Windows 平台。另外,更为突出的是它对数据库强大的操作能力以及操作的简便性,使其可以方便快捷地操作几乎所有流行的数据库,其中 PHP 搭配 MySQL 数据库是目前 Web 应用开发的最佳组合。

本章主要以 PHP 中一个里程碑式的版本 PHP 5 作为 MySQL 数据库编程的开发语言,同时将 Appserv(这个开源工具包含了 Apache、MySQL 和 PHP 的安装及自动配置,并通过 phpMyAdmin 来管理 MySQL,便于初学者学习)作为 MySQL 数据库编程的应用平台环境。

13.2 PHP 编程基础

使用 PHP 编程的最大好处是学习这种编程语言非常容易,只需要很少的编程知识就可以使用 PHP 建立一个真正交互的 Web 站点。PHP 网页文件会被当作一般的 HTML 网页文件来处理,并且在编辑时可以使用编辑 HTML 的常规方法来编写 PHP 程序。

为对 PHP 5 有一个基本的认识,下面通过一个最简单的使用 PHP 5 编写的示例程序 hello.php 来体会服务器端嵌入 HTML 脚本的含义。

例 13.1 编写一个可以通过浏览器网页显示“hello world”的 PHP 5 程序代码。

首先,在文本编辑器(例如记事本)中输入如下 PHP 程序,并命名为 hello.php:

```
<html>
<head>
  <title>Hello World</title>
```

```
</head>
<body>
  <h1>
   <? php
     $string = " hello" ;
    echo  $string;
   ? >
  </h1>
</body>
</html>
```

然后,将程序 hello.php 部署在已开启的 Appserv 平台环境中,并在浏览器地址栏输入 http://localhost/hello.php 或者 http://127.0.0.1/hello.php 即可查看程序执行结果。若该程序成功地被执行,则会显示如图 13.1 所示的结果。

图 13.1　程序 hello.php 成功运行的结果

在这个示例程序中,由 PHP 代码生成的页面输出将取代<? php...? >标记中的内容。通过浏览器查看图 13.1 运行结果的页面源文件,可看到如下所示内容:

```
<html>
<head>
  <title>Hello World</title>
</head>
<body>
  <h1>hello</h1>
</body>
</html>
```

由此可见,PHP 5 程序是在 Web 服务器端运行的,且最终会以 HTML 文档的格式输出到客户端/浏览器。从语法上看,PHP 语言是借鉴 C 语言的语法特征,由 C 语言改进而来的。在 PHP

程序的编写过程中,可以混合编写 PHP 5 代码和 HTML 代码,即不仅可以将 PHP 5 代码的脚本通过标签“<? php”和“? >”嵌入到 HTML 文件中,还可以把 HTML 文件的标签嵌入到 PHP 5 的脚本里。

13.3 使用 PHP 进行 MySQL 数据库应用编程

针对不同的应用,PHP 内置了许多函数。为了在 PHP 5 程序中实现对 MySQL 数据库的各种操作,可以使用其中的 mysql 函数库。然而,在使用 mysql 函数库访问 MySQL 数据库之前,需要在 PHP 的配置文件 php.ini 中将“;extension = php_mysql.dll”修改为“extension = php_mysql.dll”,即删除该选项前面的注释符号“;”,然后再重新启动 Web 服务器(例如 Apache)。

通过使用内置函数库 mysql,PHP 5 程序能够很好地与 MySQL 数据库进行交互。使用这种方式所构建的基于 B/S 模式的 Web 应用程序的工作流程可描述如下:

(1) 在用户计算机的浏览器中通过在地址栏中输入相应 URI 信息,向网页服务器提出交互请求。

(2) 网页服务器收到用户浏览器端的交互请求。

(3) 网页服务器根据请求寻找服务器上的网页。

(4) Web 应用服务器(例如 Apache)执行页面内含的 PHP 代码脚本程序。

(5) PHP 代码脚本程序通过内置的 MySQL API 函数访问后台 MySQL 数据库服务器。

(6) PHP 代码脚本程序取回后台 MySQL 数据库服务器的查询结果。

(7) 网页服务器将查询处理结果以 HTML 文档的格式返回给用户浏览器端。

13.3.1 编程步骤

使用 PHP 进行 MySQL 数据库编程的基本步骤如下:

(1) 首先建立与 MySQL 数据库服务器的连接。

(2) 然后选择要对其进行操作的数据库。

(3) 再执行相应的数据库操作,包括对数据的添加、删除、修改和查询等。

(4) 最后关闭与 MySQL 数据库服务器的连接。

以上各步骤,均是通过 PHP 5 内置函数库 mysql 中相应的函数来实现的。

13.3.2 建立与 MySQL 数据库服务器的连接

在 PHP 5 中,可以使用函数 mysql_connect()和函数 mysql_pconnect()来建立与 MySQL 数据库服务器的连接。其中,函数 mysql_connect()用于建立非持久连接,而函数 mysql_pconnect()用于建立持久连接。

1. 使用函数 mysql_connect()建立非持久连接

在 PHP 5 中,函数 mysql_connect()的语法格式为:

```
mysql_connect([servername[, username[, password]]])
```

语法说明如下:

- servername:可选项,为字符串型,用于指定要连接的数据库服务器。默认值是“localhost:

3306"。

- username:可选项,为字符串型,用于指定登录数据库服务器所使用的用户名。默认值是拥有服务器进程的用户的名称,如超级用户 root。
- password:可选项,为字符串型,用于指定登录数据库服务器所用的密码。默认为空串。
- 函数 mysql_connect()的返回值为资源句柄型(resource)。若其成功执行,则返回一个连接标识号;否则返回逻辑值 FALSE。

在 PHP 程序中,通常是将 mysql_connect()函数返回的连接标识号保存在某个变量中,以备 PHP 程序使用。实际上,在后续其他有关操作 MySQL 数据库的函数中,一般都需要指定相应的连接标识号作为该函数的实参。

例 13.2 编写一个数据库服务器的连接示例程序 connect.php,要求以超级用户 root 及其密码 123456 连接本地主机中的 MySQL 数据库服务器,并使用变量 $con 保存连接的结果。

首先,在文本编辑器(例如记事本)中输入如下 PHP 程序,并命名为 connect.php:(注意,PHP 程序是被包含在标记符"<? php"与"? >"之间的代码段,同时 PHP 程序中的变量名是以"$"开头)

```
<? php
   $con=mysql_connect("localhost:3306","root","123456");
  if (!$con)
  {
    echo "连接失败! <br>";
    echo "错误编号:".mysql_errno()."<br>";
    echo "错误信息:".mysql_error()."<br>";
    die();  //终止程序运行
  }
  echo "连接成功! <br>";
? >
```

然后,将程序 connect.php 部署在已开启的 Appserv 平台环境中,并在浏览器地址栏中输入"http://localhost/connect.php",按回车键即可查看程序执行结果:若连接成功,则显示"连接成功!"的信息,如图 13.2 所示;若连接失败,则显示相应的错误信息,同时会终止程序的运行,如图 13.3 所示,即为该程序连接密码不正确时的运行结果。

建立连接是执行其他 MySQL 数据库操作的前提条件,因此在执行函数 mysql_connect()之后,应当立即进行相应的判断,以确定数据库连接是否已被成功建立。在 PHP 中,一切非 0 值会被认为是逻辑值 TRUE,而数值 0 则被当作逻辑值 FALSE。函数 mysql_connect()执行成功后,所返回的连接标识号实质上是一个非 0 值,即被当作逻辑值 TRUE 来处理。因而,若要判断是否已成功建立与 MySQL 数据库服务器的连接,只需判断函数 mysql_connect()的返回值即可。

如果连接失败,则可进一步调用 PHP 中的函数 mysql_errno()和 mysql_error(),以获取相应的错误编号和错误提示信息。函数 mysql_errno()和 mysql_error()的功能就是分别获取 PHP 程序中前一个 MySQL 函数执行后的错误编号和错误提示信息。当前一个 MySQL 函数成功执行后,函数 mysql_errno()和 mysql_error()会分别返回数值 0 和空字符串,因此,这两个函数也可用于判断函数 mysql_connect()或其他 MySQL 函数的执行情况,即成功或失败。

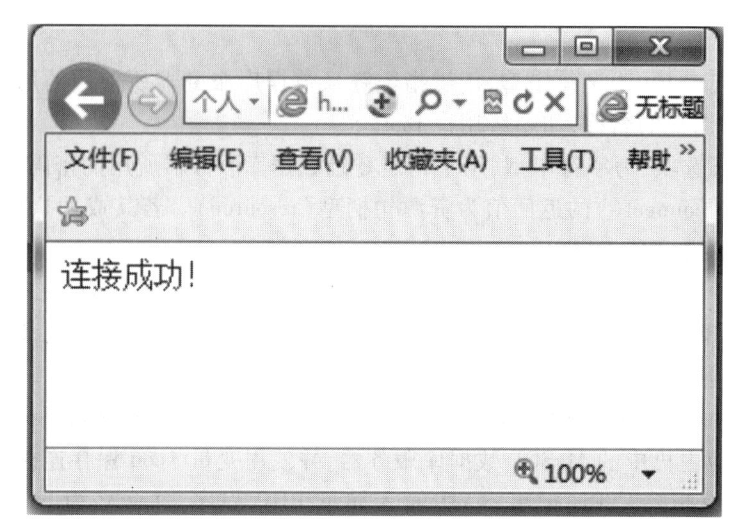

图 13.2 程序 connect.php 成功运行的结果

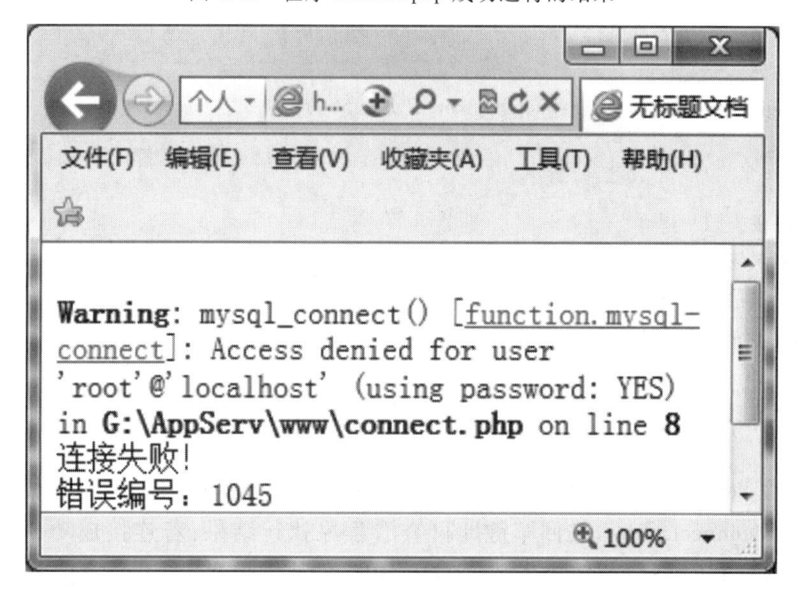

图 13.3 程序 connect.php 密码不正确时的运行结果

2. 使用函数 mysql_pconnect( )建立持久连接

连接 MySQL 数据库服务器,也可以使用函数 mysql_pconnect( ),其语法格式为:

```
mysql_pconnect([servername[, username[, password]]])
```

此函数与函数 mysql_connect( )基本相同,但存在以下几点区别:

- 由函数 mysql_connect( )建立的连接,当数据库操作结束之后将自动关闭,而由函数 mysql_pconnect( )建立的连接会一直存在,是一种稳固持久的连接。
- 对于函数 mysql_pconnect( )而言,每次连接前都会检查是否使用了同样的 servername、username、password 进行连接,如果有,则直接使用上次的连接,而不会重复打开。
- 由函数 mysql_connect( )建立的连接可以使用函数 mysql_close( )关闭,而使用函数mysql_

pconnect( )建立起来的连接不能使用函数 mysql_close( )关闭。

例 13.3　编写一个数据库服务器的持久连接示例程序 pconnect.php,要求使用函数 mysql_pconnect( ),并以超级用户 root 及其密码 123456 连接本地主机中的 MySQL 数据库服务器。

首先,在文本编辑器(例如记事本)中输入如下 PHP 程序,并命名为 pconnect.php:

```
<? php
  /*定义三个变量,分别存储服务器名、用户名和密码,以备后续程序引用*/
  $server = "localhost:3306";
  $user = "root";
  $pwd = "123456";
  $con = mysql_pconnect( $server, $user, $pwd);
  if (!$con)
  {
    die("连接失败!".mysql_error());   //终止程序运行,并返回错误信息。
  }
  echo "MySQL 服务器: $server<br>用户名: $user<br>";
  echo "使用函数 mysql_pconnect( )永久连接数据库。<br>";
?>
```

然后,将程序 pconnect.php 部署在已开启的 Appserv 平台环境中,并在浏览器地址栏中输入"http://localhost/pconnect.php",按回车键即可查看程序执行结果:若连接成功,则显示如图13.4所示的运行结果。

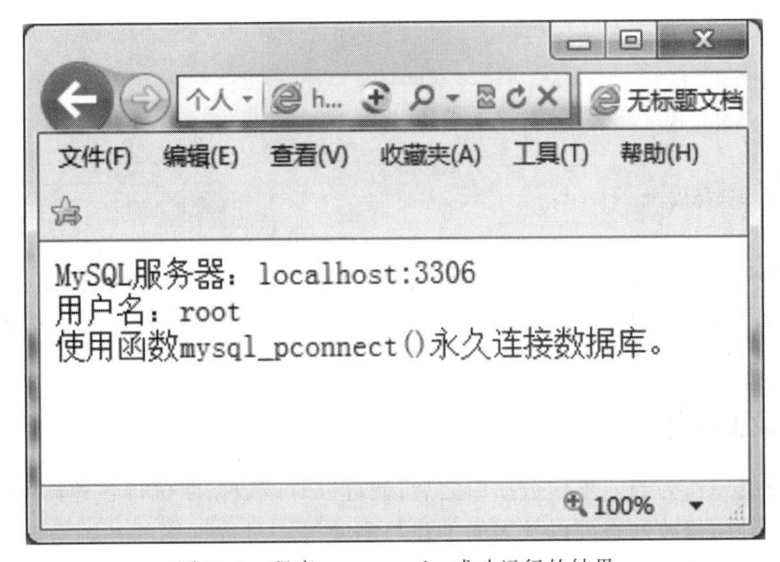

图 13.4　程序 pconnect.php 成功运行的结果

13.3.3　选择数据库

一个 MySQL 数据库服务器通常会包含许多数据库,因而在执行具体的 MySQL 数据库操作之前,应当首先选定相应的数据库作为当前工作数据库。在 PHP 5 中,可以使用函数 mysql_select_db( )来选定某个 MySQL 数据库。其语法格式为:

```
mysql_select_db(database[, connection])
```

语法说明如下：

- database：必需项，为字符串型，用于指定要选择的数据库名称。
- connection：可选项，为资源句柄型，用于指定相应的与 MySQL 数据库服务器相连的连接标识号。若未指定该项，则使用上一个打开的连接。若没有打开的连接，则会使用不带参数的函数 mysql_connect()来尝试打开一个连接并使用之。
- 函数 mysql_connect()的返回值为布尔型。若成功执行，则返回 TRUE；否则返回 FALSE。

例 13.4 编写一个选择数据库的 PHP 示例程序 selectdb.php，要求选定数据库 mysql_test 作为当前工作数据库。

首先在文本编辑器(例如记事本)中输入如下 PHP 程序，并命名为 selectdb.php：

```
<? php
  $con=mysql_connect("localhost:3306","root","123456");
  if (mysql_errno())
  {
    echo "数据库服务器连接失败！<br>";
    die();   //终止程序运行
  }
  mysql_select_db("db_school", $con);
  if (mysql_errno())
  {
    echo "数据库选择失败！<br>";
    die();   //终止程序运行
  }
  echo "数据库选择成功！<br>";
? >
```

然后，将程序 selectdb.php 部署在已开启的 Appserv 平台环境中，并在浏览器地址栏中输入"http://localhost/selectdb.php"，按回车键即可查看程序执行结果。若数据库选择成功，则会显示"数据库选择成功！"的信息，如图 13.5 所示。

13.3.4 执行数据库操作

选定某个数据库作为当前工作数据库之后，就可以对该数据库执行各种具体的数据库操作，如数据的添加、删除、修改和查询以及表的创建与删除等。对数据库的各种操作，都是通过提交并执行相应的 SQL 语句来实现的。

在 PHP 5 中，可以使用函数 mysql_query()提交并执行 SQL 语句。其语法格式为：

```
mysql_query(query[,connection])
```

语法说明如下：

- query：必需项，为字符串型，指定要提交的 SQL 语句。注意，SQL 语句是以字符串的形式提交，且不以分号作为结束符。

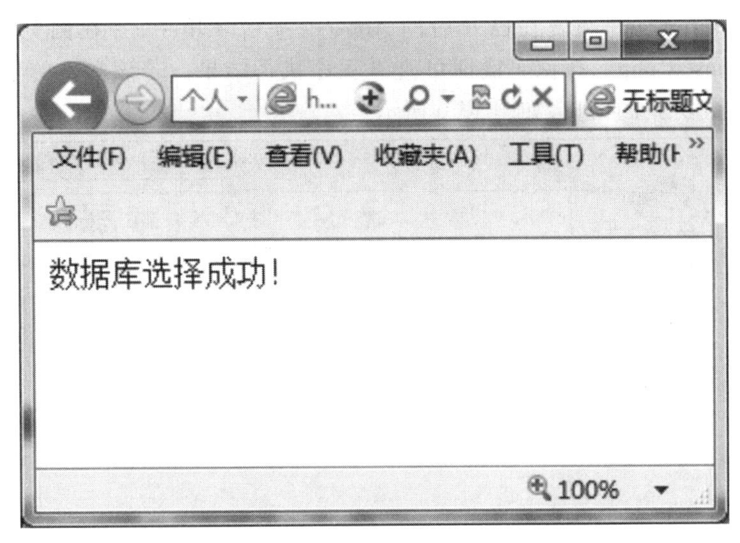

图 13.5 程序 select.php 成功运行的结果

- connection:可选项,为资源句柄型,用于指定相应的与 MySQL 数据库服务器相连的连接标识号。若未指定该项,则使用上一个打开的连接。若没有打开的连接,则会使用不带参数的函数 mysql_connect( )来尝试打开一个连接并使用之。
- 函数 mysql_query( )的返回值是资源句柄型。对于 SELECT、SHOW、EXPLAIN 或 DESCRIBE 语句,若执行成功,则返回相应的结果标识符,否则返回 FALSE;而对于 INSERT、DELETE、UPDATE、REPLACE、CREATE TABLE、DROP TABLE 或其他非检索语句,若执行成功,则返回 TRUE,否则返回 FALSE。

1. 数据的添加

在 PHP 程序中,可以将 MySQL 中用于插入数据的 INSERT 语句置于函数 mysql_query( )中,实现向选定的数据库表中添加指定的数据。

例 13.5 编写一个添加数据的 PHP 示例程序 insert.php,要求可向数据库 db_school 中的表 tb_student 添加一个名为“张晓勇”的学生的全部信息。

首先在文本编辑器(例如记事本)中输入如下 PHP 程序,并命名为 insert.php:

```
<? php
  $con=mysql_connect("localhost:3306","root","123456")
    or die("数据库服务器连接失败! <br>");
  mysql_select_db("db_school",$con) or die("数据库选择失败! <br>");
  mysql_query("set names 'gbk'");  //设置中文字符集
  $sql="INSERT INTO tb_student(studentNo,studentName,sex,birthday,native,nation,classNo)";
  $sql=$sql." VALUES('2013110101','张晓勇','男','1997-12-11','山西','汉','AC1301')";
  if (mysql_query($sql,$con))
       echo "学生添加成功! <br>";
  else
       echo "学生添加失败! <br>";
? >
```

然后，将程序 insert.php 部署在已开启的 Appserv 平台环境中，并在浏览器地址栏中输入“http://localhost/insert.php”，按回车键即可查看程序执行结果。若该学生的信息添加成功，则会显示“学生添加成功!”的信息，如图 13.6 所示。

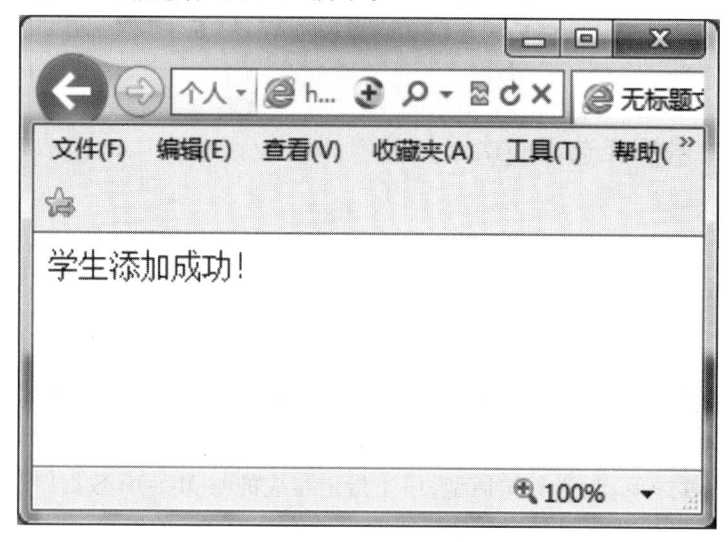

图 13.6　程序 insert.php 成功运行的结果

2. 数据的修改

在 PHP 程序中，可以将 MySQL 中用于更新数据的 UPDATE 语句置于函数 mysql_query( ) 中，实现在选定的数据库表中修改指定的数据。

例 13.6　编写一个修改数据的 PHP 示例程序 update.php，要求可将数据库 db_school 的表 tb_student 中一个名为“张晓勇”的学生的籍贯修改为“广州”。

首先在文本编辑器(例如，记事本)中输入如下 PHP 程序，并命名为 update.php:

```
<? php
   $con=mysql_connect("localhost:3306","root","123456")
   or die("数据库服务器连接失败！<br>");
   mysql_select_db("db_school",$con) or die("数据库选择失败！<br>");
   mysql_query("set names 'gbk'");  //设置中文字符集
   $sql="UPDATE tb_student SET native='广州'";
   $sql=$sql." WHERE studentName='张晓勇'";
   if (mysql_query($sql,$con))
       echo "学生籍贯修改成功！<br>";
   else
       echo "学生籍贯修改失败！<br>";
? >
```

然后，将程序 update.php 部署在已开启的 Appserv 平台环境中，并在浏览器地址栏中输入“http://localhost/update.php”，按回车键即可查看程序执行结果。若该学生的籍贯信息修改成功，则会显示“学生籍贯修改成功!”的信息，如图 13.7 所示。

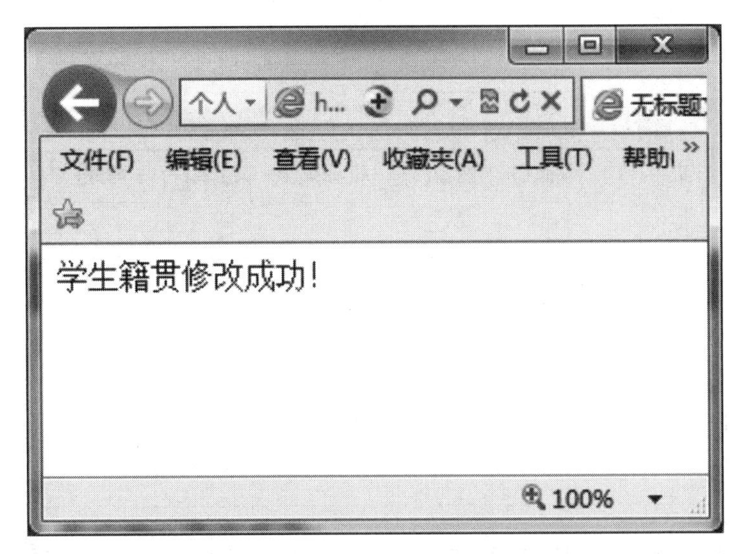

图 13.7 程序 update.php 成功运行的结果

3. 数据的删除

在 PHP 程序中,可以将 MySQL 中用于删除数据的 DELETE 语句置于函数 mysql_query( ) 中,实现在选定的数据库表中删除指定的数据。

例 13.7 编写一个删除数据的 PHP 示例程序 delete.php,要求可将数据库 db_school 的表 tb_student中一个名为“张晓勇”的学生信息删除。

首先在文本编辑器(例如,记事本)中输入如下 PHP 程序,并命名为 delete.php:

```
<? php
  $con=mysql_connect("localhost:3306","root","123456")
  or die("数据库服务器连接失败! <br>");
  mysql_select_db("db_school", $con) or die( "数据库选择失败! <br>");
  mysql_query("set names 'gbk'");  //设置中文字符集
  $sql="DELETE FROM tb_student";
  $sql= $sql." WHERE studentname='张晓勇'";
  if (mysql_query( $sql, $con))
      echo "学生删除成功! <br>";
  else
      echo "学生删除失败! <br>";
? >
```

然后,将程序 delete.php 部署在已开启的 Appserv 平台环境中,并在浏览器地址栏中输入“http://localhost/delete.php”,按回车键即可查看程序执行结果。若该学生的信息被成功删除,则会显示“学生删除成功!”的信息,如图 13.8 所示。

4. 数据的查询

在 PHP 程序中,可以将 MySQL 中用于数据检索的 SELECT 语句置于函数 mysql_query( ) 中,实现在选定的数据库表中查询所要的数据。此时,当函数 mysql_query( ) 成功被执行时,其返回

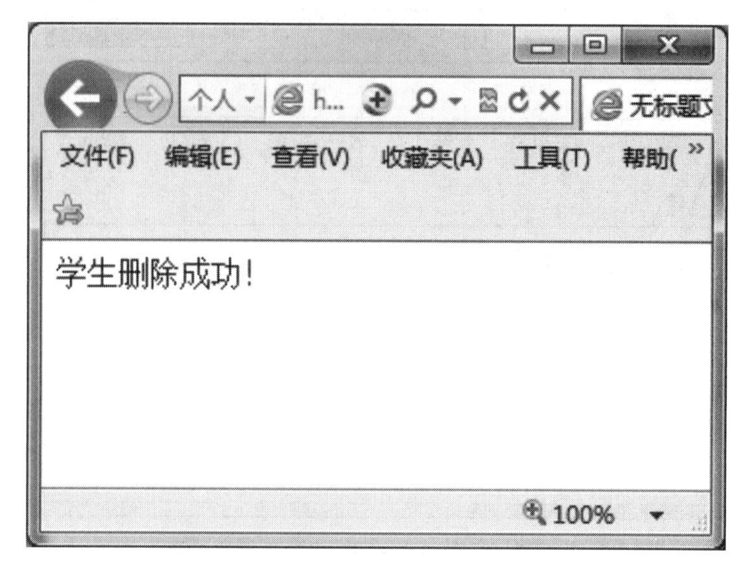

图 13.8 程序 delete.php 成功运行的结果

值不再是一个逻辑值 TRUE,而是一个资源句柄型的结果标识符。结果标识符也称结果集,代表了相应查询语句的查询结果。每个结果集都有一个记录指针,所指向的记录即为当前记录。在初始状态下,结果集的当前记录就是第一条记录。为了灵活地处理结果集中的相关记录,PHP 提供了一系列的处理函数,包括结果集中记录的读取、指针的定位以及记录集的释放等。

(1) 读取结果集中的记录

在 PHP 5 中,可以使用函数 mysql_fetch_array( )、mysql_fetch_row( )或 mysql_fetch_assoc( )来读取结果集中的记录。它们的语法格式分别为:

```
mysql_fetch_array(data[ , array_type])
mysql_fetch_row(data)
mysql_fetch_assoc(data)
```

语法说明如下:

- data:为资源句柄型,用于指定要使用的数据指针。该数据指针可指向函数 mysql_query( )产生的结果集,即结果标识符。
- array_type:可选项,为整型(int),用于指定函数返回值的形式,其有效取值为 PHP 常量 MYSQL_NUM(表示数字数组)、MYSQL_ASSOC(表示关联数组)或 MYSQL_BOTH(表示同时产生关联数组和数字数组)。其默认值为 MYSQL_BOTH。
- 三个函数成功被执行后,其返回值均为数组类型(array)。若成功,即读取到当前记录,则返回一个由结果集当前记录所生成的数据,其中每个字段的值会保存到相应的索引元素中,并自动将记录指针指向下一个记录。若失败,即没有读取到记录,则返回 FALSE。

在使用函数 mysql_fetch_array( )时,若以常量 MYSQL_NUM 作为第二个参数,则其功能与函数 mysql_fetch_row( )的功能是一样的,所返回的数据为数字索引方式的数组,只能以相应的序号(从 0 开始)作为元素的下标进行访问;若以常量 MYSQL_ASSOC 作为第二个参数,则其功能与

mysql_fetch_assoc()的功能是一样的,所返回的数组为关联索引方式的数组,只能以相应的字段名(若指定了别名,则为相应的别名)作为元素的下标进行访问;若未指定第二个参数,或以 MYSQL_BOTH 作为第二个参数,则返回的数组为数字索引方式与关联索引方式的数组,既能以序号为元素的下标进行访问,也能以字段名为元素的下标进行访问。由此可见,函数 mysql_fetch_array()完全包含了函数 mysql_fetch_row()和函数 mysql_fetch_assoc()的功能。因此,在实际编程中,函数 mysql_fetch_array()是最为常用的。

例 13.8 编写一个检索数据的 PHP 示例程序 select.php,要求在数据库 db_school 的表 tb_student 中查询学号为“2013110101”的学生的姓名。

首先在文本编辑器(例如,记事本)中输入如下 PHP 程序,并命名为 select.php:

```
<? php
  $con=mysql_connect("localhost:3306","root","123456")
  or die("数据库服务器连接失败! <br>");
  mysql_select_db("db_school",$con) or die("数据库选择失败! <br>");
  mysql_query("set names 'gbk'");  //设置中文字符集
  $sql="SELECT studentname FROM tb_student";
  $sql= $sql." WHERE studentNo=2013110101";
  $result=mysql_query($sql,$con);
  if ( $result)
  {
    echo "学生查询成功! <br>";
    $array=mysql_fetch_array($result,MYSQL_NUM);
    if ( $array)
    {
      echo "读取到学生信息! <br>";
      echo "所要查询学生的姓名是:".$array[0];
    }
    else echo "没有读取到学生信息! <br>";
  }
  else
      echo "学生查询失败! <br>";
? >
```

然后,将程序 select.php 部署在已开启的 Appserv 平台环境中,并在浏览器地址栏中输入“http://localhost/select.php”,按回车键即可查看程序执行结果。若该学生的姓名被成功检索到,则会显示如图 13.9 所示的结果信息。

(2) 读取结果集中的记录数

在 PHP 5 中,可以使用函数 mysql_num_rows()来读取结果集中的记录数,即数据集的行数。其语法格式分别是:

```
mysql_num_rows(data)
```

语法说明如下:

- data:为资源句柄型,用于指定要使用的数据指针。该数据指针可指向函数 mysql_query()

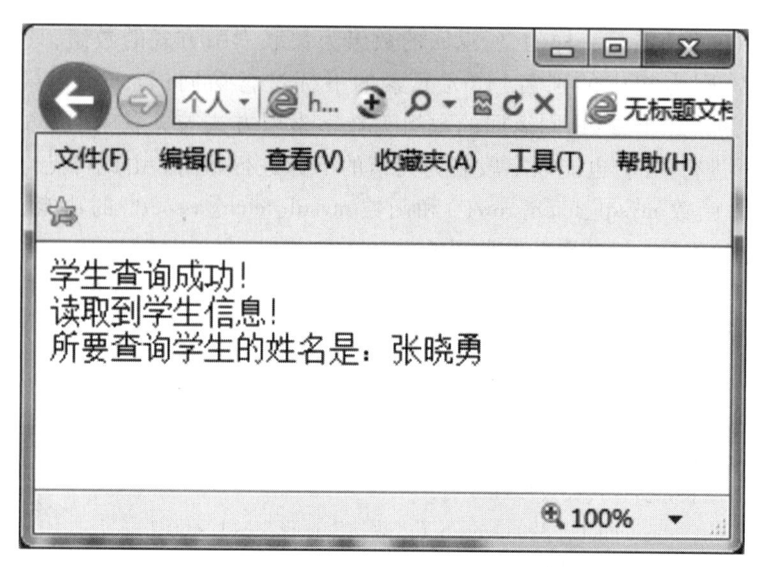

图 13.9 程序 select.php 成功运行的结果

产生的结果集,即结果标识符。

- 函数 mysql_num_rows( ) 成功被执行后,其返回值是结果集中行的数目。

例 13.9 编写一个读取查询结果集中行数的 PHP 示例程序 num.php,要求在数据库 db_school 的表 tb_student 中查询女学生的人数。

首先在文本编辑器(例如,记事本)中输入如下 PHP 程序,并命名为 num.php:

```
<? php
   $con=mysql_connect("localhost:3306","root","123456")
   or die("数据库服务器连接失败! <br>");
   mysql_select_db("db_school", $con) or die( "数据库选择失败! <br>");
   mysql_query("set names 'gbk'");   //设置中文字符集
   $sql="SELECT * FROM tb_student";
   $sql= $sql." WHERE sex='女'";
   $result=mysql_query( $sql, $con);
   if ( $result)
   {
       echo "查询成功! <br>";
        $num=mysql_num_rows( $result);
       echo "数据库 db_school 中女学生数为:". $num."位";
   }
   else
       echo "查询失败! <br>";
? >
```

然后,将程序 num.php 部署在已开启的 Appserv 平台环境中,并在浏览器地址栏中输入“http://localhost/num.php”,按回车键即可查看程序执行结果。若成功读取到数据库中女学生的人数,则会显示如图 13.10 所示的结果信息。

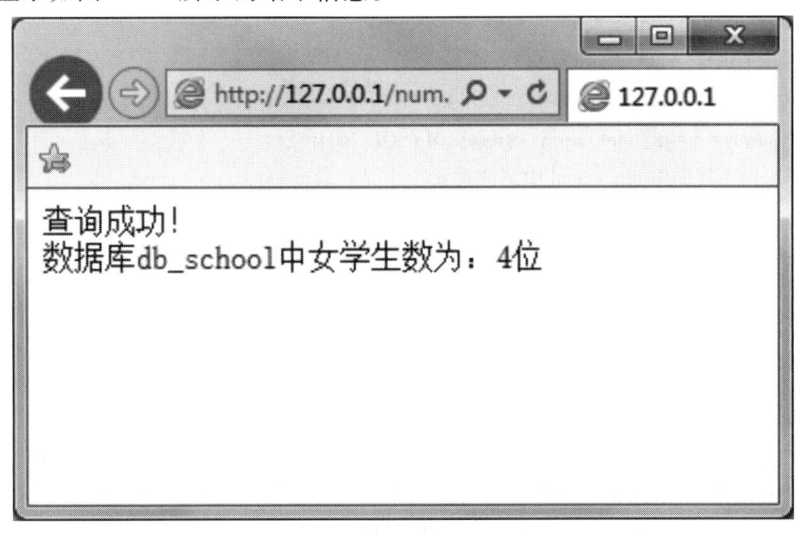

图 13.10 程序 num.php 成功运行的结果

(3) 读取指定记录号的记录

在 PHP 5 中,可以使用函数 mysql_data_seek( )在结果集中随意移动记录的指针,也就是将记录指针直接指向某个记录。其语法格式为:

```
mysql_data_seek(data, row)
```

语法说明如下:

- data:必需项,为资源句柄型,用于指定要使用的数据指针。该数据指针可指向函数 mysql_query( )产生的结果集,即结果标识符。
- row:必需项,为整型(int),用于指定记录指针所要指向的记录的序号,其中 0 指示结果集中第一条记录。
- 函数 mysql_data_seek( )返回值为布尔型(bool)。若成功执行,则返回 TRUE;否则,返回 FALSE。

例 13.10 编写一个读取指定结果集中记录号的记录的 PHP 示例程序 seek.php,要求在数据库 db_school 的表 tb_student 中查询第 3 位女学生的姓名。

首先,在文本编辑器(例如,记事本)中输入如下 PHP 程序,并命名为 seek.php:

```
<? php
   $con=mysql_connect("localhost:3306","root","123456")
   or die("数据库服务器连接失败! <br>");
   mysql_select_db("db_school", $con) or die( "数据库选择失败! <br>");
   mysql_query("set names 'gbk'");  //设置中文字符集
   $sql="SELECT * FROM tb_student";
   $sql= $sql." WHERE sex='女'";
   $result=mysql_query( $sql, $con);
   if ( $result)
```

```
    {
        echo "查询成功! <br>";
        if ( mysql_data_seek( $result,2))
        {
            $array=mysql_fetch_array( $result,MYSQL_NUM);
            echo "数据库 db_school 中第 3 位女学生是:".$array[1];
        }
        else echo "记录定位失败! <br>";
    }
    else
        echo "查询失败! <br>";
?>
```

然后,将程序 seek.php 部署在已开启的 Appserv 平台环境中,并在浏览器地址栏中输入“http://localhost/seek.php”,按回车键即可查看程序执行结果。若成功读取到数据库中第 3 位女学生的姓名,则会显示如图 13.11 所示的结果信息。

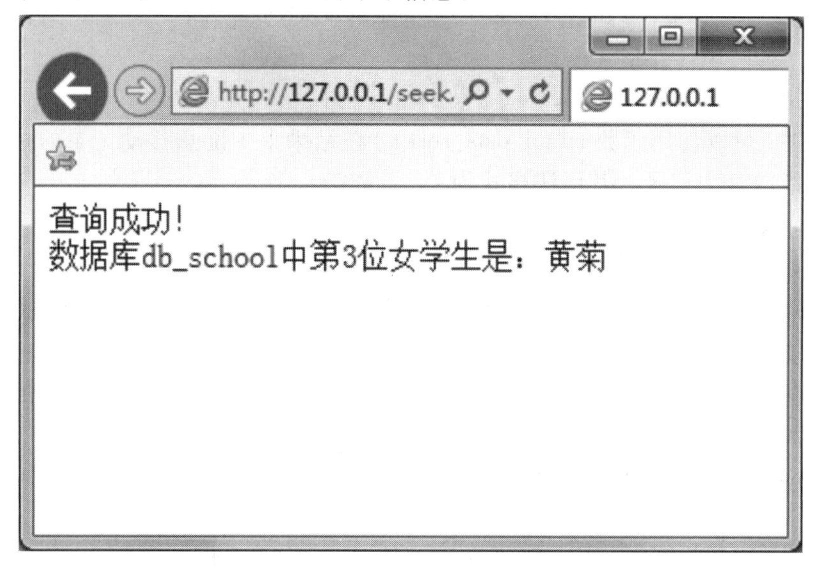

图 13.11 程序 seek.php 成功运行的结果

13.3.5 关闭与数据库服务器的连接

对 MySQL 数据库的操作执行完毕后,应当及时关闭与 MySQL 数据库服务器的连接,以释放其所占用的系统资源。在 PHP 5 中,可以使用函数 mysql_close()来关闭由函数 mysql_connect()所建立的与 MySQL 数据库服务器的非持久连接。其语法格式为:

```
mysql_close([connection])
```

语法说明如下:

- connection:可选项,为资源句柄型,用于指定相应的与 MySQL 数据库服务器相连的连接标识号。如若未指定该项,则默认使用最后被函数 mysql_connect()打开的连接。若没有打开的连接，则会使用不带参数的函数 mysql_connect()来尝试打开一个连接并使用之。如果发生意外，没有找到连接或无法建立连接，系统发出 E_WARNING 级别的警告信息。

- 函数 mysql_close()的返回值为布尔型。若成功执行，则返回 TRUE；否则返回 FALSE。

例 13.11 编写一个关闭与 MySQL 数据库服务器连接的 PHP 示例程序 close.php。

首先在文本编辑器（例如，记事本）中输入如下 PHP 程序，并命名为 close.php：

```
<? php
   $con=mysql_connect("localhost:3306","root","123456")
   or die("数据库服务器连接失败！<br>");
   echo "已成功建立与 MySQL 服务器的连接！<br>";
   mysql_select_db("db_school", $con) or die( "数据库选择失败！<br>");
   echo "已成功选择数据库 db_school！<br>";
   mysql_close( $con) or die( "关闭与 MySQL 数据库服务器的连接失败！<br>");
   echo "已成功关闭与 MySQL 数据库服务器的连接！<br>";
? >
```

然后，将程序 close.php 部署在已开启的 Appserv 平台环境中，并在浏览器地址栏中输入“http://localhost/close.php”，按回车键即可查看程序执行结果。若该程序成功被执行，则会显示如图 13.12 所示的运行结果。

图 13.12 程序 close.php 成功运行的结果

需要指出的是，函数 mysql_close()仅关闭指定的连接标识号所关联的 MySQL 服务器的非持久连接，而不会关闭由函数 mysql_pconnect()建立的持久连接。另外，由于已打开的非持久连接会在 PHP 程序脚本执行完毕后自动关闭，因而在 PHP 程序中通常无须使用函数 mysql_close()。

思考与练习

一、编程题

请编写一段 PHP 程序，要求可通过该程序实现向数据库 db_test 的表 content 中插入一行描述了下列留言信息的数据:留言 ID 号由系统自动生成;留言标题为“MySQL 问题请教”;留言内容为“MySQL 中对表数据的基本操作有哪些?”;留言人姓名为“MySQL 初学者”;脸谱图标文件名为“face.jpg”;电子邮件为“tom@ gmail.com”;留言创建日期和时间为系统当前时间。

二、简答题

1. 请简述 PHP 是什么类型的语言?

2. 请解释嵌入在 HTML 文档中的 PHP 脚本用什么标记符进行标记?

3. 请简述使用 PHP 进行 MySQL 数据库编程的基本步骤。

4. 请解释持久连接和非持久连接的区别。

第十四章　开发实例

为便于读者学习和理解 MySQL 应用程序的编制，本章将介绍使用 PHP 语言开发的一个基于 B/S 结构的简单实例系统——学生成绩管理系统。

14.1　需求描述

学生成绩管理系统是一类十分常用的学生信息管理系统（Information Management System，IMS），它对于一个学校是不可缺少的，它的内容对于学校的决策者和管理者来说都至关重要，能有效减轻教职工的工作压力，比较系统地对教务、教学上的各项服务和信息进行管理。同时，可以减少劳动力的使用，加快查询速度、加强管理，使各项管理更加规范。

在实际使用中，学生成绩管理系统主要负责管理与维护本系统内部所有学生的个人基本信息以及每个学生的成绩信息。

14.2　系统分析与设计

学生成绩管理系统主要供该系统的管理员进行操作和使用。根据学生成绩管理系统的需求特征，一个简单的学生成绩管理系统可设计为图 14.1 所示的学生管理、班级管理、课程管理、成绩管理四个功能模块。

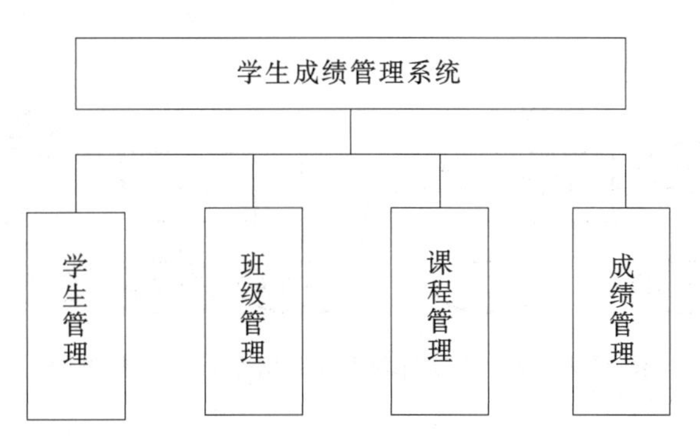

图 14.1　学生成绩管理系统功能模块示意图

各个功能模块描述如下：

（1）学生管理模块

主要负责管理与维护系统中每个学生的个人基本信息，例如，学生的姓名、学生的性别、学生的年龄等。该模块的具体功能操作主要包括对每个学生及其个人基本信息的添加、删除、修改和查看。

(2) 班级管理模块

主要负责管理与维护系统中学生所在班级的各相关信息，例如，班级的名称、所属院系、班级最大人数等。该模块的具体功能操作主要包括对每个班及其相关信息的添加、删除、修改和查看。

(3) 课程管理模块

主要负责管理与维护系统中课程的各相关信息，例如，课程的名称、课程的学分等。该模块的具体功能操作主要包括对每门课程及其相关信息的添加、删除、修改和查看。

(4) 成绩管理模块

主要负责管理与维护系统中学生成绩的相关信息，例如，学生的学号、学生的课程号、该课程的成绩，其具体功能操作主要包括对学生成绩及其相关信息的添加、删除、修改和查看。

14.3 数据库设计与实现

1. 数据库表结构的设计

根据前面对学生成绩管理系统基本功能的分析与设计，一个简单的学生成绩管理系统数据库可设计成如图 14.2 所示的 E-R 模型。

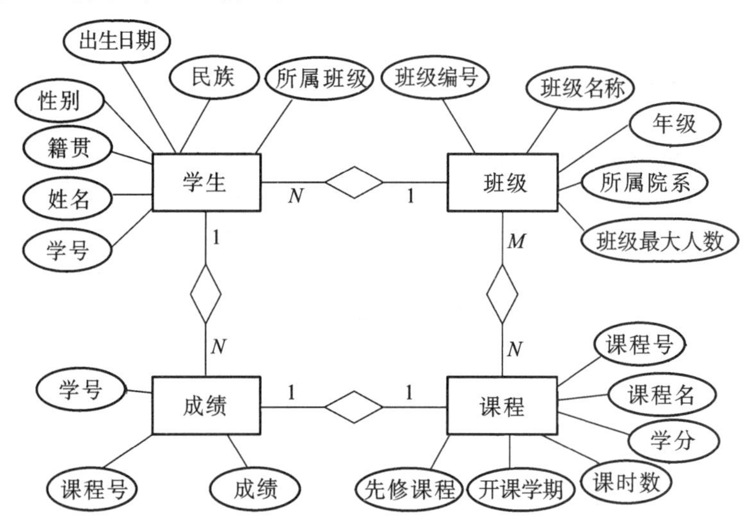

图 14.2 学生成绩管理系统数据库的 E-R 模型图

通过使用 E-R 图转换为关系模型的方法，可将图 14.2 所示的 E-R 图转换为四种关系表，其表结构分别描述如下：

(1) 学生表 tb_student

该表用于存储每个学生的个人基本信息、所在班级信息，其表结构如表 14.1 所示。

表 14.1 表 tb_student 的结构

含义	字段名	数据类型	宽度
学号	studentNo	字符型	10
姓名	studentName	字符型	20
性别	sex	字符型	2
出生日期	birthday	日期型	
籍贯	native	字符型	20
民族	nation	字符型	10
所属班级	classNo	字符型	6

(2) 班级表 tb_class

该表用于存储每个班级的名称、所属院系、班级最大人数等信息,其表结构如表 14.2 所示。

表 14.2 表 db_class 的结构

含义	字段名	数据类型	宽度
班级编号	classNo	字符型	6
班级名称	className	字符型	20
所属院系	department	字符型	30
年级	grade	数值型	
班级最大人数	classNum	数值型	

(3) 课程表 tb_course

该表用于存储每门课程的名称及相关描述信息,其表结构如表 14.3 所示。

表 14.3 表 tb_course 的结构

含义	字段名	数据类型	宽度
课程号	courseNo	字符型	6
课程名	courseName	字符型	20
学分	credit	数值型	
课时数	courseHour	数值型	
开课学期	term	字符型	2
先修课程	priorCourse	字符型	6

(4) 成绩表 tb_score

该表用于存储每个学生的学号及对应的课程成绩等,其表结构如表 14.4 所示。

表 14.4 表 tb_score 的结构

含义	字段名	数据类型	宽度
学号	studentNo	字符型	10
课程号	courseNo	字符型	6
成绩	score	数值型	

2. 数据库表结构的实现

在实现本实例系统的数据库表结构之前，首先需要在 MySQL 数据库的命令行客户端中输入如下 SQL 语句，用以创建一个名为 db_school 的数据库，来存放上述四种关系数据表。

```
mysql> CREATE DATABASE db_school;
Query OK, 1 row affected (0.33 sec)
```

接着，可在 MySQL 命令行客户端中分别输入下列 SQL 语句，逐个创建学生表 tb_student、班级表 tb_class、课程表 tb_course、成绩表 tb_score。

（1）学生表 tb_student 的实现

```
mysql> USE db_school;
Database changed
mysql> CREATE TABLE tb_student
    -> (studentNo CHAR(10) NOT NULL,
    ->  studentName VARCHAR(20) NOT NULL,
    ->  sex CHAR(2) NOT NULL,
    ->  birthday DATE,
    ->  native VARCHAR(20),
    ->  nation VARCHAR(10) DEFAULT '汉',
    ->  classNo CHAR(6),
    ->  CONSTRAINT PK_student PRIMARY KEY(studentNo),
    ->  CONSTRAINT FK_student FOREIGN KEY (classNo)   REFERENCES
    ->  tb_class(classNo))ENGINE=InnoDB;
Query OK, 0 row affected (0.13 sec)
```

（2）班级表 tb_class 的实现

```
mysql> USE db_school;
Database changed
mysql> CREATE TABLE tb_class
    -> (classNo CHAR(6) NOT NULL PRIMARY KEY,
    ->  className VARCHAR(20) NOT NULL,
    ->  department VARCHAR(30) NOT NULL,
    ->  grade SMALLINT,
    ->  classNum TINYINT,
    ->  CONSTRAINT UQ_class UNIQUE(className))ENGINE=InnoDB;
Query OK, 0 row affected (0.39 sec)
```

(3) 课程表 tb_course 的实现

```
mysql> USE db_school;
Database changed
mysql> CREATE TABLE tb_course
    -> (courseNo CHAR(6) NOT NULL,
    ->  courseName VARCHAR(20) NOT NULL,
    ->  credit INT NOT NULL,
    ->  courseHour INT NOT NULL,
    ->  term CHAR(2),
    ->  priorCourse CHAR(6),
    ->  CONSTRAINT PK_course PRIMARY KEY(courseNo),
    ->  CONSTRAINT FK_course FOREIGN KEY (priorCourse)   REFERENCES
    ->  tb_course(courseNo),
    ->  CONSTRAINT CK_course CHECK(credit=courseHour/16))ENGINE=InnoDB;
Query OK, 0 row affected (0.39 sec)
```

(4) 成绩表 tb_score 的实现

```
mysql> USE db_school;
Database changed
mysql> CREATE TABLE tb_score
    -> (studentNo CHAR(10) NOT NULL,
    ->  courseNo CHAR(6) NOT NULL,
    ->  score FLOAT CHECK(score>=0 AND score<=100),
    ->  CONSTRAINT PK_score PRIMARY KEY(studentNo,courseNo),
    ->  CONSTRAINT FK_score1 FOREIGN KEY (studentNo) REFERENCES
    ->  tb_student(studentNo),
    ->  CONSTRAINT FK_score2 FOREIGN KEY (courseNo) REFERENCES
    ->  tb_course(courseNo))ENGINE=InnoDB;
Query OK, 0 row affected (0.16 sec)
```

14.4 应用系统的编程与实现

由于本实例系统的最终运行与应用是基于 B/S 结构,因此本实例系统的开发与实现将采用图 14.3 所示的三层软件体系架构。

图 14.3 所示的三层软件体系架构由表示层、应用层和数据层构成。其中,表示层是本实例系统的用户接口(User Interface, UI),具体表现为 Web 页面,其主要使用 HTML 标签语言来实现(为便于简洁地描述所有构成表示层的 Web 页面的实现代码,本小节给出的各个页面实现代码均未添加 CSS、JavaScript 等脚本);应用层是本实例系统的功能层,表现为应用服务器,位于表示层与数据层之间,主要负责具体的业务逻辑处理,以及与表示层、数据层的信息交互,其所处理的各种业务逻辑主要由 PHP 语言编写的动态脚本来实现;数据层位于本实例系统的最底层,具体表现为 MySQL 数据库服务器,其主要通过 SQL 数据库操作语言,负责对

MySQL 数据库中的数据进行读写管理，以及更新与检索，并与应用层实现数据交互。

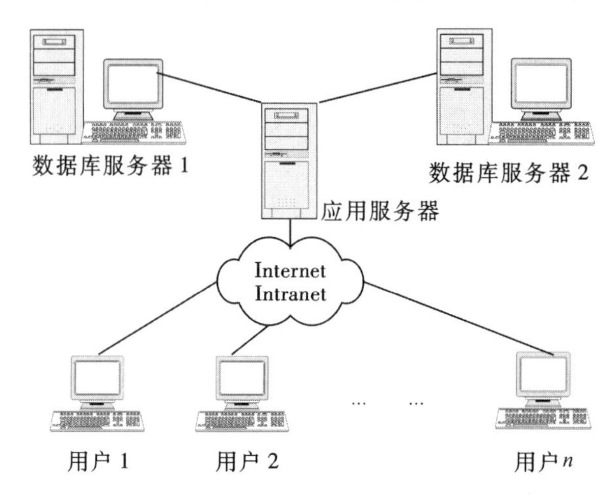

图 14.3 本实例系统的三层架构示意图

本实例系统选用 Apache 作为应用服务器，所有由 PHP 语言编写的业务逻辑处理代码，以及由 HTML 标签语言编写的 Web 页面代码，都将置于 Apache 安装目录的 www 子目录下。例如，对于本实例系统中学生管理模块的实现，www 子目录下所包含的对应代码文件有：index.html、add_student.php、show_student.php、insert_student.php、select_student.php、change_student.php、update_student.php、delete_student.php，这些代码文件之间链接关系如图 14.4 所示。

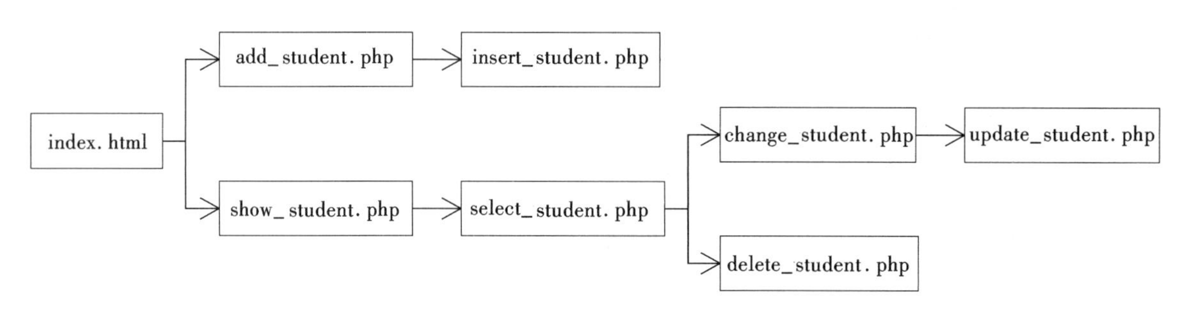

图 14.4 学生管理模块中所有实现代码文件间的关系图

本节主要以本实例系统中学生管理模块为例，介绍其所有 Web 页面及底层业务逻辑处理的代码实现，而对于实例系统中其余三个功能模块的实现，因它们的实现方法与过程均与学生管理模块的实现基本相同，故不再重复介绍。

1. 实例系统的主页面设计与实现

图 14.5 展示了本实例系统的主页面效果，其包含了系统设计中四个功能模块所对应的各操作页面超链接入口。

实例系统主页面文件 index.html 的实现代码描述如下，其中包含了本实例系统四个功能模块分别对应的操作页面超链接文件名：

图 14.5 学生管理系统的主页面

```
<html>
  <head>
    <title>一个学生成绩管理系统实例</title>
  </head>
  <body>
    <h2>学生成绩管理系统</h2>
    <h3>学生管理</h3>
    <a href="add_user.php">添加学生</a><br />
    <a href="show_user.php">查看学生</a>
    <h3>班级管理</h3>
    <a href="add_dept.php">添加班级</a><br />
    <a href="show_dept.php">查看班级</a>
```

```
      <h3>课程管理</h3>
      <a href="add_usergroup.php">添加课程</a><br />
      <a href="show_usergroup.php">查看课程</a>
      <h3>成绩管理</h3>
      <a href="add_fun.php">添加成绩</a><br />
      <a href="show_fun.php">查看成绩</a>
   </body>
</html>
```

2. 公共代码模块的设计与实现

在学生管理模块中存在一些应用层的业务逻辑处理代码，它们经常需要使用相同的代码来实现与数据层 MySQL 数据库的连接，因此可将对数据库的连接操作编写成一个单独的公共代码文件 common.php，以供那些应用层的业务逻辑处理代码在需要连接数据库时可直接通过 PHP 语言的 require_once 函数进行加载，而不必针对所有需要处理数据库连接的业务逻辑代码都重复编写相同的数据库连接代码。

公共代码模块 common.php 的实现代码描述如下：

```
<? php
  $con=mysql_connect("localhost:3306","root","123456")
  or die("数据库服务器连接失败！<br>");
  mysql_select_db("db_school",$con) or die( "数据库选择失败！<br>");
  mysql_query("set names 'gbk'");   //设置中文字符集
? >
```

3. 添加学生的页面设计与实现

图 14.6 所示为学生管理模块中添加学生的 Web 页面效果。通过该页面，可以向学生管理系统添加一位新的学生个人信息。

添加学生的 Web 页面文件 add_student.php 的实现代码描述如下：

```
<html>
<head><title>添加学生</title>
</head>
<? php require_once "common.php"; ? >
<body>
  <h3>添加学生</h3>
  <form id="add_student" name="add_student" method="post" action="insert_student.php">
       学生学号：<input type="text" name="studentNo" /><br />
       学生姓名：<input type="text" name="studentName" /><br />
       学生性别：<input type="text" name="sex" /><br />
       学生年龄：<input type="text" name="birthday" /><br />
       学生籍贯：<input type="text" name="native" /><br />
       学生民族：<input type="text" name="nation" /><br />
       所属班级：<select name="classNo">
                   <? php
                     $sql="select * from tb_class";
```

```
                    $result = mysql_query($sql,$con);
                    while($rows = mysql_fetch_row($result)){
                      echo "<option value = ".$rows[0]." >".$rows[1]."</option>";
                    }
                  ?>
                </select><br />
        <input type = "submit"  value = "添加" />
      </form>
  </body>
  </html>
```

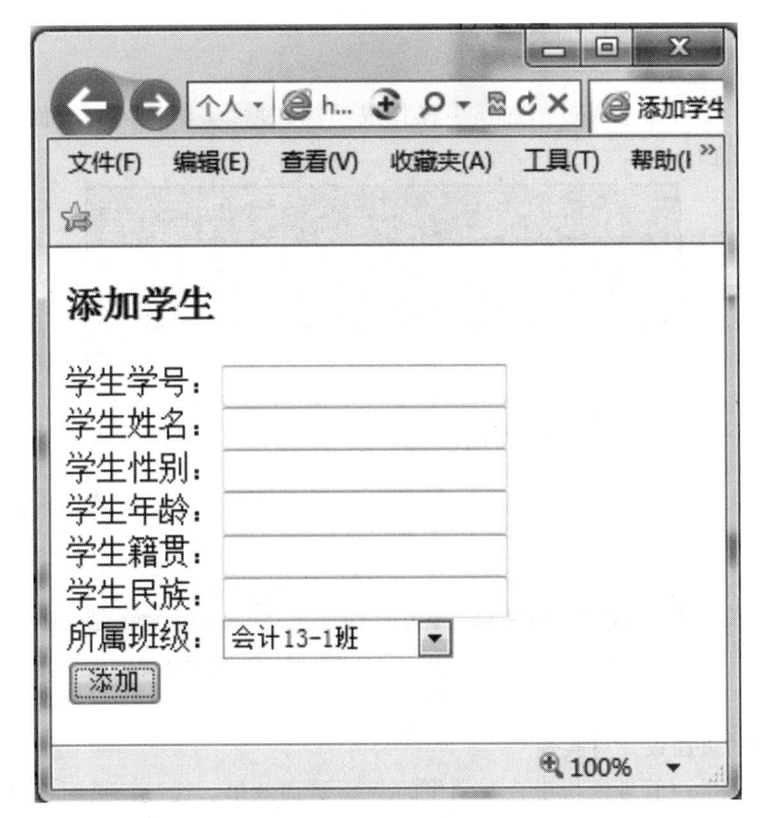

图 14.6　学生管理模块中添加学生的 Web 页面

当在添加学生的 Web 页面中输入完新的学生个人信息后，单击该页面中的“添加”按钮，即可调用应用层中用于执行添加学生操作的业务逻辑处理代码 insert_student.php，该代码的文件内容描述如下：

```
<? php
  require_once "common.php";
  $studentNo =$_POST['studentNo'];
  $studentName =$_POST['studentName'];
  $sex =$_POST['sex'];
```

```
    $birthday=$_POST['birthday'];
    $native=$_POST['native'];
    $nation=$_POST['nation'];
    $classNo=$_POST['classNo'];
    $sql="INSERT  INTO tb_student(studentNo,studentName,sex,birthday,native,nation,classNo)";
    $sql=$sql." VALUES('".$studentNo."','".$studentName."',
                            '".sex."','".$birthday."','".$native."','".$nation."','".$classNo."')";
    if (mysql_query($sql,$con))
        echo "学生添加成功! <br>";
    else
        echo "学生添加失败! <br>";
?>
```

当一个学生的个人信息通过添加学生操作成功添加后，实例系统的页面会自动跳转到图14.7所示的Web页面。

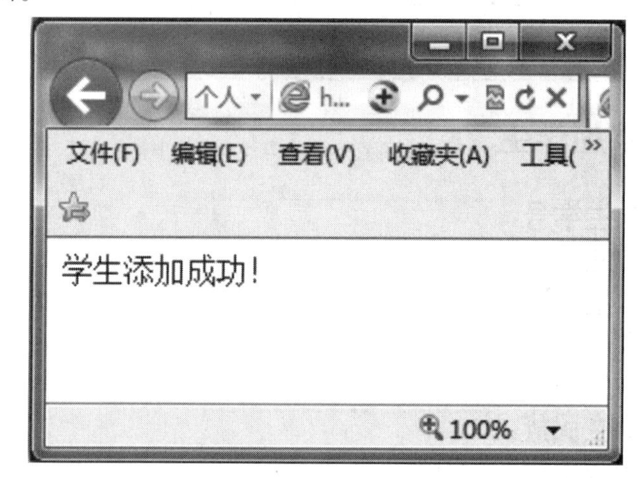

图 14.7　学生管理模块中成功添加学生后的结果页面

4. 查看学生的页面设计与实现

图 14.8 展示了学生管理模块中查看学生的 Web 页面效果。通过该页面，可以通过指定学生姓名或学生所属班级来查看该学生的全部个人信息。

查看学生的 Web 页面文件 show_student.php 的实现代码描述如下：

```
<html>
<head><title>查看学生</title>
</head>
<body>
  <h3>查看学生</h3>
  <form id="show_student" name="show_student" method="post" action="select_student.php">
      学生姓名:<input type="text" name="show_student_name" /><br />
      所属班级:<select name="show_student_class">
                  <option value=0>所有班级</option>
```

```
                  <? php require_once "common.php";
                    $sql="select * from tb_class";
                    $result=mysql_query($sql,$con);
                    while($rows=mysql_fetch_row($result)){
                      echo "<option value=".$rows[0].">".$rows[1]."</option>";
                    }
                  ?>
                </select><br />
        <br />
        <input type="submit" value="查看" />
      </form>
    </body>
  </html>
```

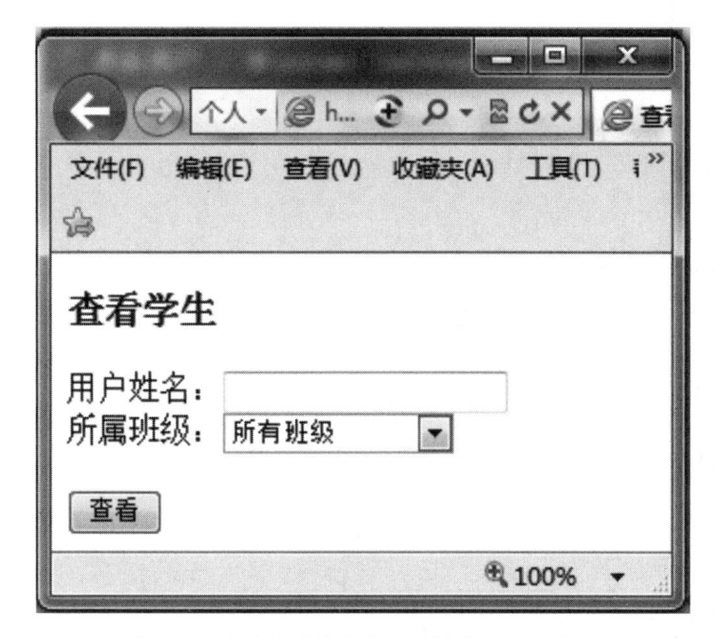

图 14.8　学生管理模块中查看学生的 Web 页面

当在查看学生的 Web 页面中输入要查看的学生姓名及所属班级信息后，单击该页面中的“查看”按钮，即可调用应用层中用于执行查看学生操作的业务逻辑处理代码 select_student.php，该代码的文件内容描述如下：

```
<? php
  require_once "common.php";
  $studentName=trim($_POST['show_student_name']);
  $classNo=trim($_POST['show_student_class']);
  $sql="SELECT * FROM tb_student WHERE studentName='";
  if ($classNo==0)
      $sql=$sql.$studentName."'";
```

```
else
    $sql=$sql.$studentname."' AND classNo=".$classNo;
$result=mysql_query($sql,$con);
$array=mysql_fetch_array($result,MYSQL_NUM);
$studentNo=$array[0];
$class_sql="SELECT * FROM tb_class WHERE classNo=";
$class_sql=$dept_sql.$classNo;
$class_result=mysql_query($class_sql,$con);
$class_array=mysql_fetch_array($class_result,MYSQL_NUM);
$class_name=$class_array[1];
echo "学生学号:";
echo $array[0];
echo "<br />";
echo "学生姓名:";
echo $array[1];
echo "<br />";
echo "学生性别:";
echo $array[2];
echo "<br />";
echo "出生日期:";
echo $array[3];
echo "<br />";
echo "籍贯:";
echo $array[4];
echo "<br />";
echo "民族";
echo $array[5];
echo "<br />";
echo "所属班级:";
echo $class_name;
echo "<br />";
?>
<a href="<? php echo 'change_student.php? num='.$studentNo? >">修改学生</a>";
<br />
<a href="<? php echo 'delete_student.php? num='.$studentNo? >">删除学生</a>";
```

例如,当在图 14.8 所示查看页面中的学生姓名输入框中输入一个学生姓名“张晓勇”后,并单击“查看”按钮,即可进入图 14.9 所示的学生查看结果页面。在该学生的查看结果页面中包含了执行修改该学生和删除该学生操作的超链接入口,分别对应链接文件 change_student.php 和 delete_student.php。

5. 修改学生的页面设计与实现

图 14.10 展示了学生管理模块中修改学生信息的 Web 页面效果。通过该页面,可以在学生

管理系统中修改一位已有学生的个人信息。

图 14.9 学生查看结果页面

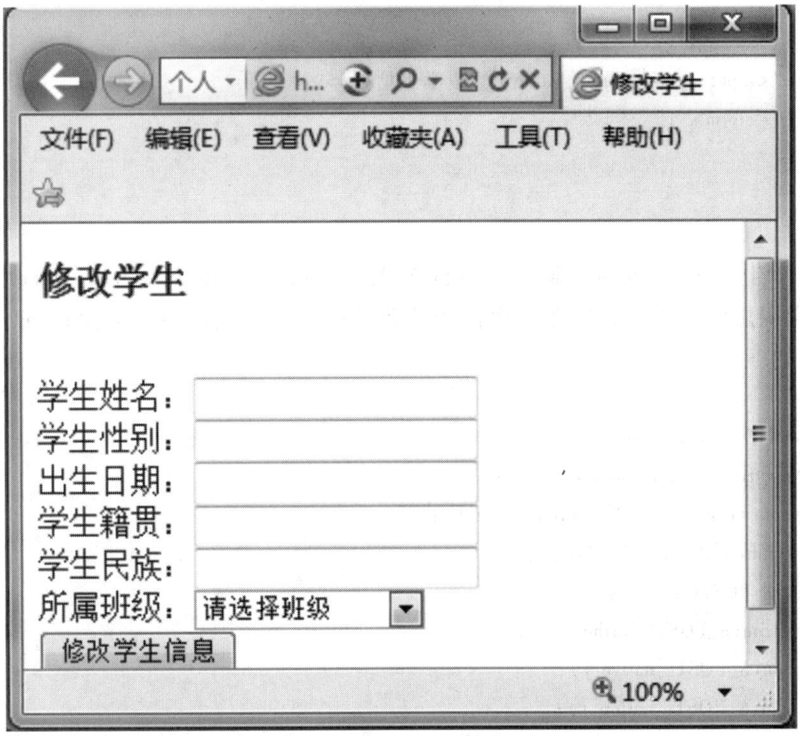

图 14.10 学生管理模块中修改学生信息的 Web 页面

修改学生的 Web 页面文件 change_student.php 的实现代码描述如下：

```
<html>
<head><title>修改学生</title>
</head>
<body>
    <h3>修改学生</h3>
    <? php require_once "common.php";
      $studentNo=trim($_GET['num']);
      echo "<form id='add_student' name='add_student' method='post' action='update_student.php'>";
      echo "<input type='text' name='studentNo' value=' $studentNo'/><br />";
      echo "学生姓名:<input type='text' name='studentName'/><br />";
      echo "学生性别:<input type='text' name='sex'/><br />";
      echo "出生日期:<input type='text' name='birthday'/><br />";
      echo "学生籍贯:<input type='text' name='native'/><br />";
      echo "学生民族:<input type='text' name='nation'/><br />";
      echo "所属班级:<select name='classNo'>";
      echo "<option value=0>请选择班级</option>";
      $sql="select * from tb_class";
      $result=mysql_query($sql,$con);
      while($rows=mysql_fetch_row($result)){
           echo "<option value=".$rows[0].">".$rows[1]."</option>";
      }
      echo  "</select><br />";
      echo "<input type='submit' value='修改学生信息'/>";
      echo "</form>";
    ?>
  </body>
</html>
```

当在修改学生的 Web 页面中输入完新的个人信息后，单击该页面中的“修改学生信息”按钮，即可调用应用层中用于执行修改学生操作的业务逻辑处理代码 update_student.php，该代码的文件内容描述如下：

```
<? php
  require_once "common.php";
  $studentNo=trim($_GET['studentNo']);
  $studentName=trim($_POST['studentName']);
  $classNo=trim($_POST['classNo']);
  $sex=trim($_POST['sex']);
  $birthday=trim($_POST['birthday']);
  $native=trim($_POST['native']);
  $nation=trim($_POST['nation']);
  $sql="UPDATE tb_student SET studentName='".$studentName."',sex='".$sex."',birthday=
```

```
    ' ".$birthday."',native='".$native."',nation' ".$nation."',classNo=' ".$classNo."' WHERE studentNo='";
  $sql=$sql.$studentNo."'";
  if (mysql_query($sql,$con))
      echo "学生修改成功! <br>";
  else
      echo "学生修改失败! <br>";
?>
```

6. 删除学生的底层代码实现

通过单击图 14.9 所示学生查看结果页面中的超链接“删除学生”,即可调用应用层中用于执行删除学生操作的业务逻辑处理代码 delete_student.php,从而实现对指定学生的删除。其中,代码 delete_student.php 的文件内容描述如下:

```
<?php require_once "common.php"; ?>
<html>
<head><title>删除学生</title>
</head>
<body>
    <?php
      $studentNo=trim($_GET['studentNo']);
      $sql="DELETE FROM tb_student WHERE
studentNo='";
      $sql=$sql.$studentNo."'";
      if (mysql_query($sql,$con))
          echo "学生删除成功! <br>";
      else
          echo "学生删除失败! <br>";
    ?>
</body>
</html>
```

当一个指定学生被成功删除后,实例系统的页面会自动跳转到图 14.11 所示的 Web 页面。

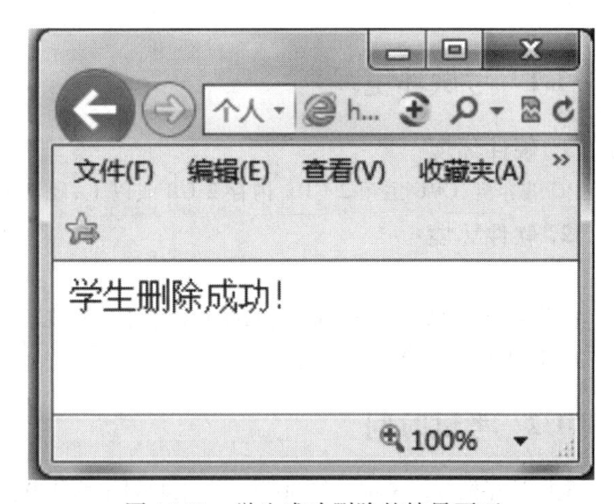

图 14.11 学生成功删除的结果页面

思考与练习

编程题

1. 请使用 PHP 语言和 MySQL 数据库编写一个论坛留言板系统。
2. 请使用 PHP 语言和 MySQL 数据库编写一个电子公告系统。
3. 请使用 PHP 语言和 MySQL 数据库编写一个博客管理系统。
4. 请使用 PHP 语言和 MySQL 数据库编写一个学生登录系统。

附录1 考试指导

全国计算机等级考试上机考试系统专用软件（以下简称“考试系统”）是在 Windows 平台下开发的应用软件。它提供了开放式的考试环境，具有自动计时、断点保护、自动阅卷和回收等功能。

为了更好地让考生在应考前了解和掌握考试系统环境及模式，熟练操作考试系统，提高应试能力，下面将详细介绍如何使用考试系统以及二级 MySQL 考试的内容。

1 考试系统使用说明

1.1 考试环境

1. 硬件环境

PC 兼容机，CPU 主频 2 GHz、内存 2 GB 或以上，硬盘剩余空间 10 GB 或以上。

2. 软件环境

上机考试软件。

操作系统：中文版 Windows 7(32/64 位均可)，安装了.net framework 4.x。

应用软件：WampServer 2.3。

1.2 考试时间

全国计算机等级考试二级 MySQL 考试时间定为 120 分钟。考试时间由考试系统自动进行计时，提前 5 分钟自动报警来提醒考生应及时存盘，考试时间用完，考试系统将自动锁定计算机，考生将不能继续进行考试。

1.3 考试题型及分值

全国计算机等级考试二级 MySQL 考试试卷满分为 100 分，包括单项选择题 40 分（含公共基础知识部分 10 分）和操作题 60 分（基本操作题 25 分、简单应用题 20 分和综合应用题 15 分）。

1.4 考试登录

登录考试系统的操作步骤如下：

双击桌面上的“NCRE 考试系统”图标，考试系统启动后将显示考生登录界面，如图 1 所示，界面右上角的数字是考试机对应的座位号。

此时请考生输入自己的准考证号（必须是满 16 位的数字），单击“下一步”按钮进行输入确认，考试系统将

图 1　考生登录

对输入的准考证号进行有效性检查,并获取考生姓名、证件号等信息。下面列出在登录过程中可能会出现的提示信息。

输入的准考证号不存在时,考试系统会显示如图 2 所示的提示信息并要考生重新输入准考证号。

如果输入的准考证号有效,则屏幕显示此准考证号所对应的证件号和姓名,如图 3 所示。

图 2　准考证号无效

图 3　考生信息确认

考生核对自己的姓名和证件号,如果发现不符合,单击“重输准考证号”按钮,则重新输入准考证号;如果核对后相符,单击“下一步”按钮,接着考试系统进行一系列处理后将随机生成一份二级 MySQL 考试的试卷。考试系统抽取试题成功后,在屏幕上会显示二级 MySQL 考试须知,如图 4 所示。

考生仔细阅读考试须知后,勾选“已阅读”,然后单击“开始考试并计时”按钮,随后将进入考试作答界面。选择题作答界面只允许进入一次,退出后不能再次进入;操作题的答题均在考生文件夹下完成。考生在考试过程中,一旦发现不在考生文件夹中时,应及时返回到考生文件夹下。在答题过程中,允许考生自由选择答题顺序,已经作答的试题可以重新作答。

当考生在上机考试时遇到死机等意外情况(即无法进行正常考试时),考生应向监考人员说明情况,由监考人员确认为非人为造成停机时,方可进行二次登录。二次登录时需要由监考人员输入密码方可继续进行上机考试,因此考生必须注意在上机考试时不得随意关机,否则考点有权终止其考试资格。

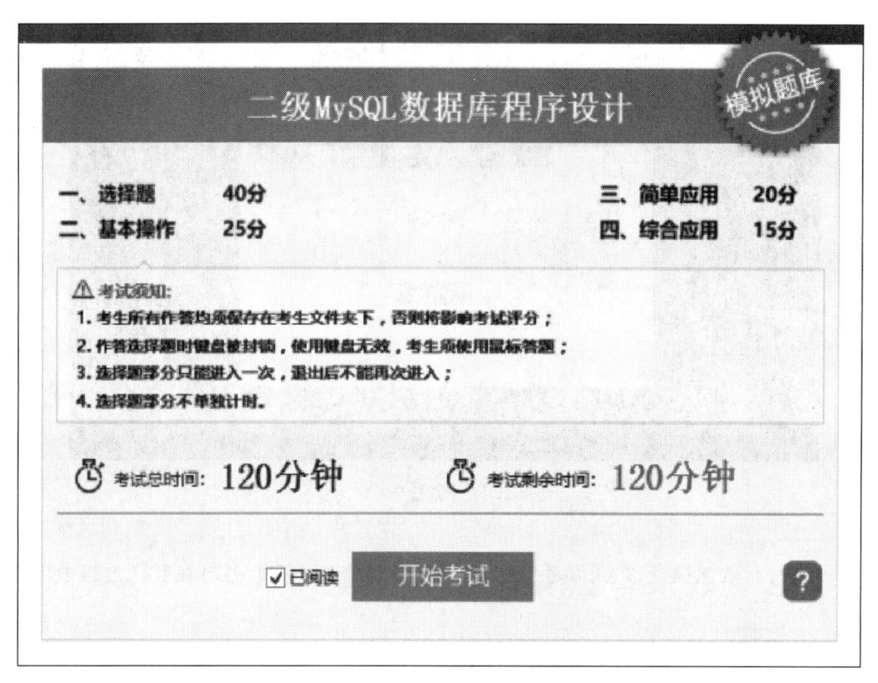

图 4　考试须知

当考试系统提示“考试时间已到，请停止答卷”后，此时由监考人员输入延时密码后对还没有存盘的数据进行存盘，如果考生擅自关机或启动机器，可能会影响考生自己的考试成绩。

1.5　考试作答界面的使用

系统登录完成以后，将进入考试作答界面。考试作答界面分为两部分。

屏幕中间是显示试题内容和查阅作答工具按钮的主窗口，如图 5 所示。

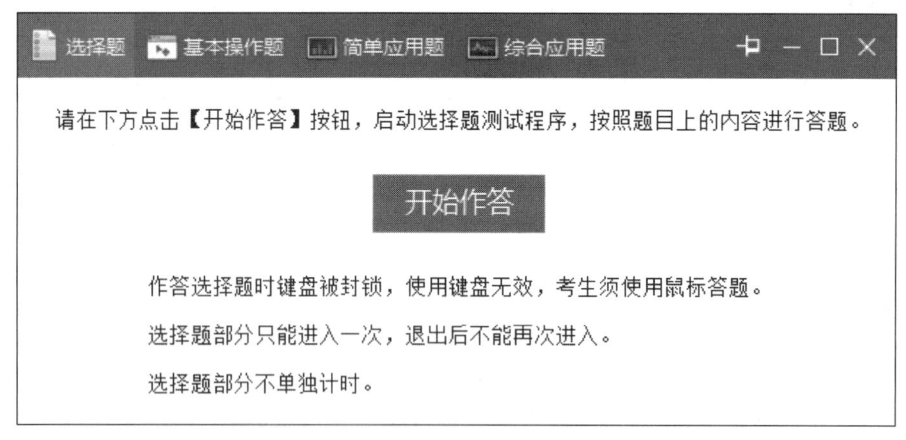

图 5　考试作答界面主窗口

屏幕顶部是一个工具栏，始终显示着考生的准考证号、姓名、考试剩余时间，并提供了隐藏/显示试题内容窗口、查看作答进度、查看系统帮助、交卷等功能按钮，如图 6 所示。

图 6　考试作答界面顶部工具栏

二级 MySQL 共四种类型的考题,相应的选择标签分别为“选择题”“基本操作”“简单应用”“综合应用”。用鼠标单击标签就能显示相应类型的试题内容。

当考生单击“选择题”标签后,会显示选择题作答的说明。选择题作答界面只能进入一次,退出后不能再次进入。考生可以单击右上角的“开始作答”按钮进入选择题作答界面,如图 7 所示。在屏幕的下方有一排数字按钮,白色背景表示相应试题未作答,绿色背景表示已作答。可以单击下方的“上一题”或“下一题”按钮,按顺序切换试题;也可以单击数字按钮直接跳转到相应的试题。在作答界面单击题号图标时,可以对试题进行标注,标注过的试题题号下方会出现红色波浪线。

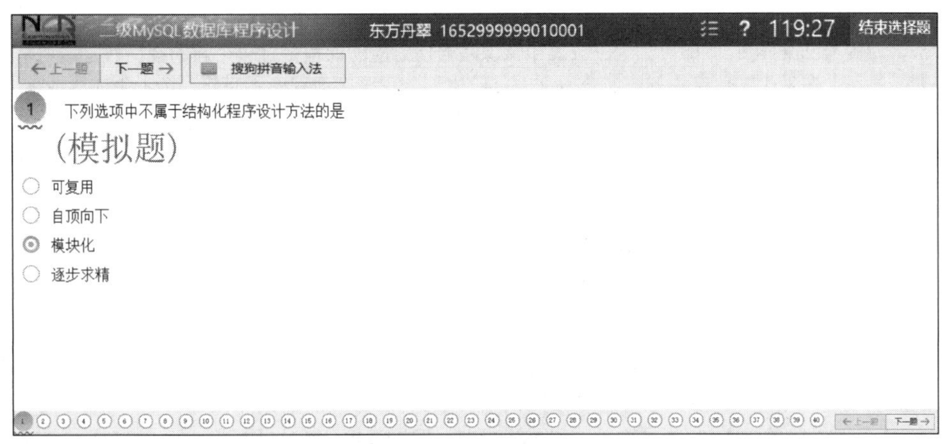

图 7　选择题作答

当考生单击“基本操作”标签后,会显示基本操作题的内容,如图 8 所示。考生可以单击工具箱的“MySQL”按钮,打开 MySQL 控制台。考生应该按照试题要求,完成相应的数据库操作。

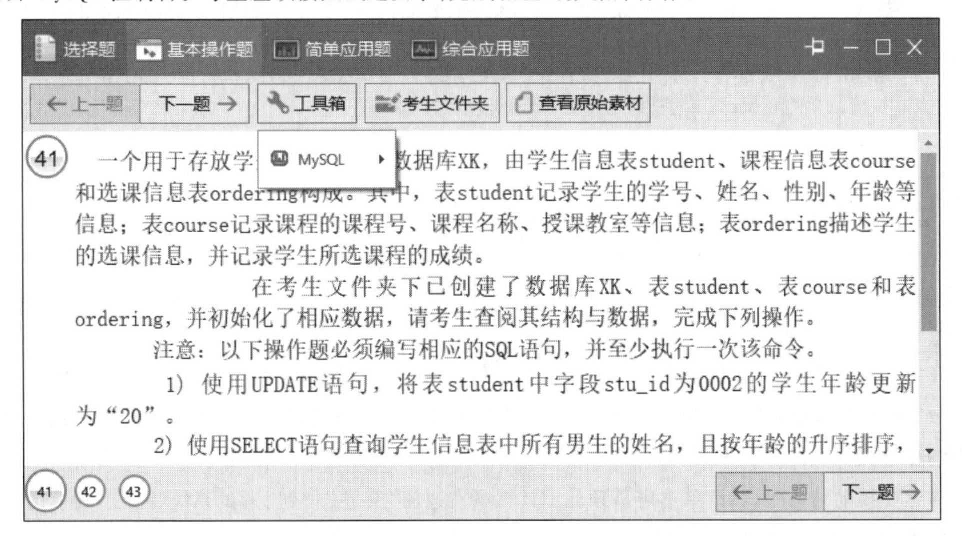

图 8　基本操作题作答

当考生单击“简单应用”标签后，会显示简单应用题的内容，如图9所示。考生可以单击工具箱的“MySQL”按钮，打开MySQL控制台。考生应该按照试题要求，完成相应的数据库操作。

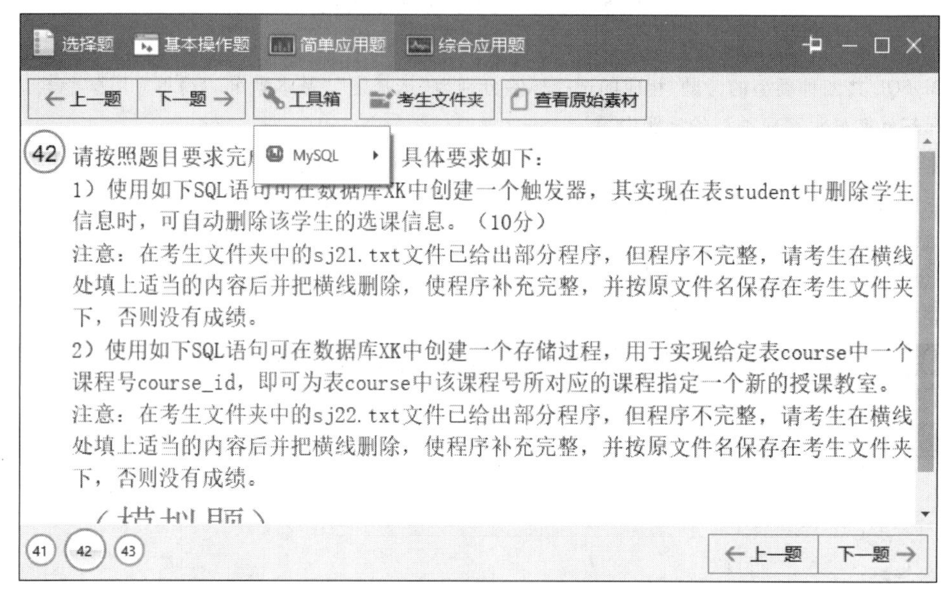

图9 简单应用题作答

当考生单击“综合应用”标签后，会显示综合应用题的内容，如图10所示。考生可以单击工具箱的“MySQL”按钮，打开MySQL控制台。考生应该按照试题要求，完成相应的数据库操作。

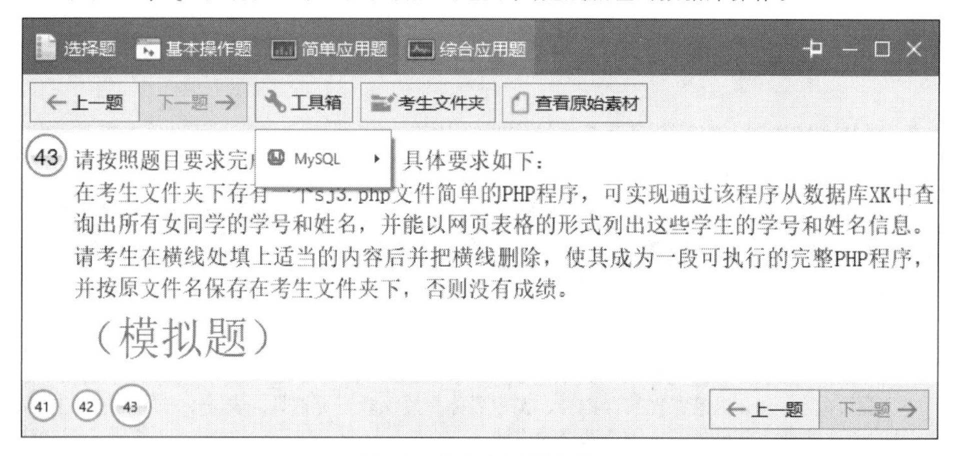

图10 综合应用题作答

考生在考试过程中，随时可以单击顶部工具栏中的“作答进度”按钮，查看作答情况，如图11所示。其中绿色背景的数字按钮代表已作答的试题，白色背景的数字按钮代表未作答的试题。考生可以单击按钮直接跳转到相应试题的作答页面。

如果考生要提前结束考试，请单击屏幕顶部工具栏最右边的“交卷”按钮，考试系统将显示当前的作答情况并提示考生未作答试题的数量，如图12所示。考生如果选择“确认”按钮，系统会再次显示确认对话框，如果考生仍然选择“确认”，考试系统将执行交卷操作，并显示考试结束的锁屏界面，如图13所示。因此考生要特别注

图 11　查看作答进度

意，如果考生还没有做完试题，则选择“取消”按钮继续进行考试。

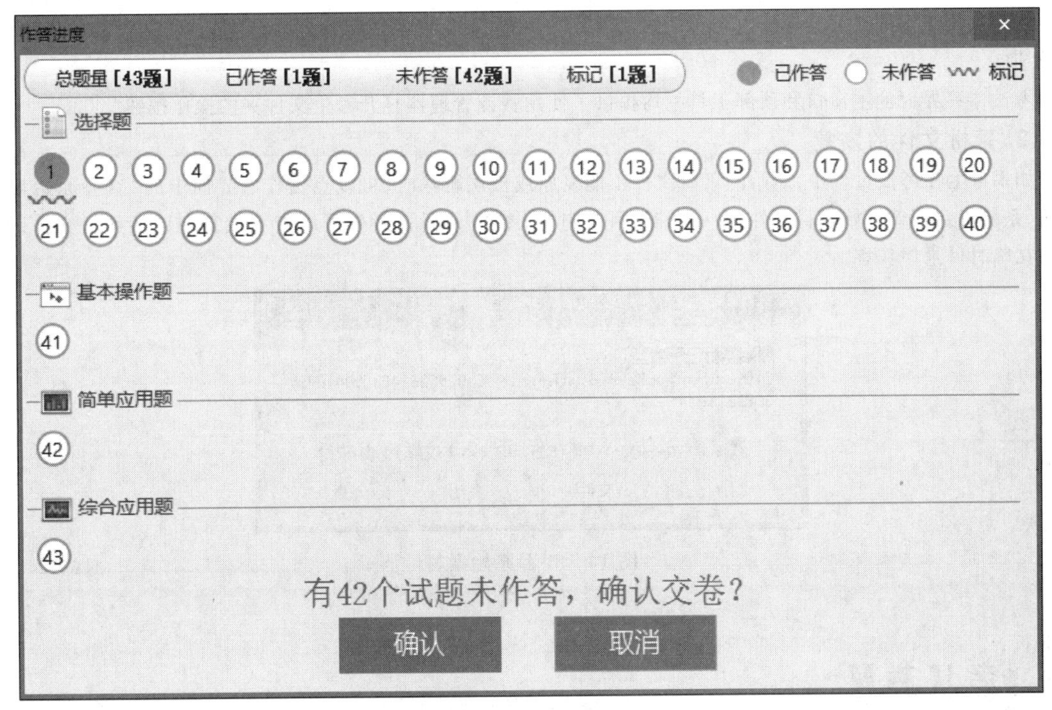

图 12　交卷确认

图13 考试结束

1.6 考生文件夹和文件的恢复

1. 考生文件夹

当考生登录成功后，上机考试系统会自动在本计算机上创建一个以考生准考证号命名的考试文件夹，形如C:\KSWJJ\6345999999010001。该文件夹将存放该考生所有操作题的作答和输出文件，因此考生不能随意删除该文件夹以及该文件夹下与考试内容有关的文件及文件夹，避免在考试和评分时产生错误，从而影响考生的考试成绩。

考试作答界面的主窗口和顶部工具栏均提供了使用资源管理器打开考生文件夹的操作按钮。

2. 素材文件的恢复

如果考生在考试过程中，原始的素材文件不能复原或被误删除时，可以点击作答界面中的“查看原始素材”按钮，系统将会下载原始素材文件到一个临时目录中，如图14所示。考生可以查看或复制原始素材文件，但是请勿在临时目录中作答。

图14 查看原始素材

2 考试样题

1. 选择题

略。

2. 基本操作

给定一个用于存放学生选课信息的数据库XK,由学生信息表student、课程信息表course和选课信息表ordering构成。其中,表student记录学生的学号、姓名、性别、年龄等信息;表course记录课程的课程号、课程名称、授课教室等信息;表ordering描述学生的选课信息,并记录学生所选课程的成绩。

在考生文件夹下已创建了数据库XK、表student、表course和表ordering,并初始化了相应数据,请考生查阅其结构与数据,完成下列操作。

注意:以下操作题必须编写相应的SQL语句,并至少执行一次该命令。

① 使用UPDATE命令,将表student中字段stu_id为2的学生年龄更新为"20"。

② 使用SELECT语句查询学生信息表中所有男生(取值为'M')的姓名,且按年龄的升序排序,最后把此SELECT语句存入考生文件夹下的sj12.txt文件中。

③ 使用SELECT语句查询课程成绩不及格的学生姓名,并将此SELECT语句存入考生文件夹下的sj13.txt文件中。

④ 建立一个名为stu_user的用户,主机名为localhost,并为其授予关于表student的SELECT、INSERT权限。

⑤ 使用INSERT语句向表ordering中添加如下一条信息:学号为1的学生选修了课程号为5的课程,因该课程尚未结束,故目前没有成绩。

3. 简单应用

① 在数据库XK中创建一个名称为trigger_delete_student的触发器,其实现当从表student中删除学生信息时,可自动删除该学生的选课信息。

注意:在考生文件夹中的sj21.txt文件已给出部分程序,但该程序不完整,请考生在横线处填上适当的内容后并把横线删除,使程序补充完整,并按原文件名保存在考生文件夹下,否则没有成绩。

② 在数据库XK中创建一个名称为sp_update_room的存储过程,其功能是为表course中指定的一个课程号course_i安排一个新的授课教室。

注意:在考生文件夹中的sj22.txt文件已给出部分程序,但该程序不完整,请考生在横线处填上适当的内容后并把横线删除,使程序补充完整,并按原文件名保存在考生文件夹下,否则没有成绩。

4. 综合应用

在考生文件夹下存有一个名为sj3.php的简单PHP程序,其功能是从数据库XK中查询出所有女同学的学号和姓名,并能以网页表格的形式列出这些学生的学号和姓名信息。

但该程序是不完整的,请在注释行"//* * * * * * * * * found * * * * * * * * * *"的下一行中填入正确的内容,然后删除下画线,但不要改动程序中的其他内容,也不能删除或移动"//* * * * * * * * * * found * * * * * * * * *"。修改后的程序存盘时不得改变文件名和文件夹,否则没有成绩。

附录2 全国计算机等级考试二级 MySQL 数据库程序设计考试大纲

基本要求

1. 掌握数据库的基本概念和方法。
2. 熟练掌握 MySQL 的安装与配置。
3. 熟练掌握 MySQL 平台下使用 SQL 语言实现数据库的交互操作。
4. 熟练掌握 MySQL 的数据库编程。
5. 熟悉 PHP 应用开发语言,初步具备利用该语言进行简单应用系统开发的能力。
6. 掌握 MySQL 数据库的管理与维护技术。

考试内容

一、基本概念与方法

1. 数据库基础知识
(1) 数据库相关的基本概念
(2) 数据库系统的特点与结构
(3) 数据模型
2. 关系数据库、关系模型
3. 数据库设计基础
(1) 数据库设计的步骤
(2) 关系数据库设计的方法
4. MySQL 概述
(1) MySQL 系统特性与工作方式
(2) MySQL 编程基础(结构化查询语言 SQL、MySQL 语言结构)

二、MySQL 平台下的 SQL 交互操作

1. 数据库
(1) MySQL 数据库对象的基本概念与作用

(2) 使用 SQL 语句创建、选择、修改、删除、查看 MySQL 数据库对象的操作方法及应用

2. 数据表(或表)

(1) MySQL 数据库中数据表(或表)、表结构、表数据的基本概念与作用

(2) 使用 SQL 语句创建、更新、重命名、复制、删除、查看数据表的操作方法及应用

(3) 使用 SQL 语句实现表数据的插入、删除、更新等操作方法及应用

(4) 使用 SQL 语句实现对一张或多张数据表进行简单查询、聚合查询、连接查询、条件查询、嵌套查询、联合查询的操作方法及应用

(5) 数据完整性约束的基本概念、分类与作用

(6) 使用 SQL 语句定义、命名、更新完整性约束的操作方法及应用

3. 索引

(1) 索引的基本概念、作用、存储与分类

(2) 使用 SQL 语句创建、查看、删除索引的操作方法、原则及应用

4. 视图

(1) 视图的基本概念、特点及使用原则

(2) 视图与数据表的区别

(3) 使用 SQL 语句创建、删除视图的操作方法及应用

(4) 使用 SQL 语句修改、查看视图定义的操作方法及应用

(5) 使用 SQL 语句更新、查询视图数据的操作方法及应用

三、MySQL 的数据库编程

1. 触发器

(1) 触发器的基本概念与作用

(2) 使用 SQL 语句创建、删除触发器的操作方法及应用

(3) 触发器的种类及区别

(4) 触发器的使用及原则

2. 事件

(1) 事件、事件调度器的基本概念与作用

(2) 使用 SQL 语句创建、修改、删除事件的操作方法及应用

3. 存储过程和存储函数

(1) 存储过程、存储函数的基本概念、特点与作用

(2) 存储过程和存储函数的区别

(3) 存储过程体的基本概念及构造方法

(4) 使用 SQL 语句创建、修改、删除存储过程的操作方法及应用

(5) 存储过程的调用方法

(6) 使用 SQL 语句创建、修改、删除存储函数的操作方法及应用

(7) 存储函数的调用方法

四、MySQL 的管理与维护

1. MySQL 数据库服务器的使用与管理

(1) 安装、配置 MySQL 数据库服务器的基本方法

(2) 启动、关闭 MySQL 数据库服务器的基本方法

(3) MySQL 数据库服务器的客户端管理工具

2. 用户账号管理

(1) MySQL 数据库用户账号管理的基本概念与作用

(2) 使用 SQL 语句创建、修改、删除 MySQL 数据库用户账号的操作方法及应用

3. 账户权限管理

(1) MySQL 数据库账户权限管理的基本概念与作用

(2) 使用 SQL 语句授予、转移、限制、撤销 MySQL 数据库账户权限的操作方法及应用

4. 备份与恢复

(1) 数据库备份与恢复的基本概念与作用

(2) MySQL 数据库备份与恢复的使用方法

(3) 二进制日志文件的基本概念与作用

(4) 二进制日志文件的使用方法

五、MySQL 的应用编程

1. PHP 语言的基本使用方法

(1) PHP 语言的特点与编程基础

(2) 使用 PHP 语言进行 MySQL 数据库应用编程的基本步骤与方法

2. MySQL 平台下编制基于 B/S 结构的 PHP 简单应用程序

(1) 了解 MySQL 平台下编制基于 B/S 结构 PHP 简单应用程序的过程

(2) 掌握 PHP 简单应用程序编制过程中，MySQL 平台下数据库应用编程的相关技术与方法

考试方式

上机考试，考试时长 120 分钟，满分 100 分。

1. 题型及分值

单项选择题 40 分(含公共基础知识部分① 10 分)

操作题 60 分(包括基本操作题、简单应用题及综合应用题)

2. 考试环境

开发环境：WAMP 5.0 及以上

数据库管理系统：MySQL 5.5

编程语言：PHP

① 公共基础知识部分内容详见高等教育出版社出版的《全国计算机等级考试二级教程——公共基础知识》。

附录3 MySQL的安装与配置

以 MySQL 5.5.25a 版本为例，其在 Windows XP 操作系统下的具体安装和配置步骤描述如下：

（1）下载 Windows（x86，32-bit）版的 MySQL 5.5.25a 在本地计算机之后，双击安装文件直接进入安装向导，如图 1 所示。

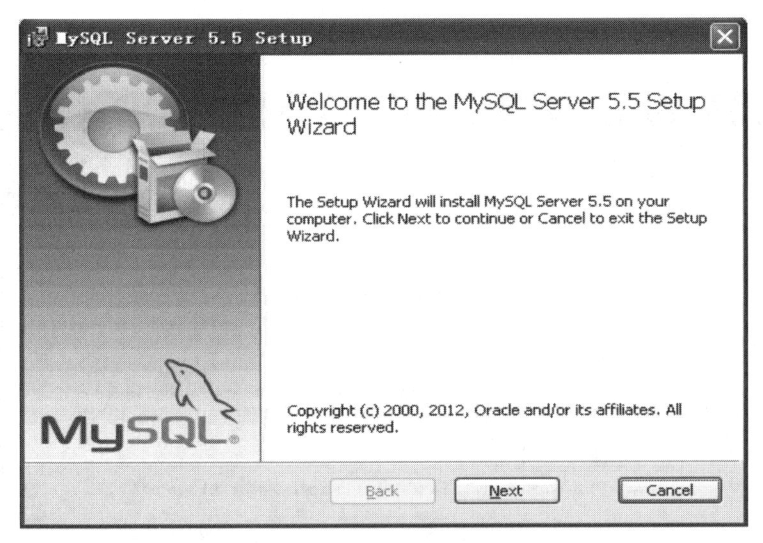

图 1　MySQL 安装向导界面

（2）单击“Next”按钮进入如图 2 所示的 MySQL 许可证协议界面，这里需要勾选“I accept the terms in the License Agreement”。

（3）单击“Next”按钮进入如图 3 所示的 MySQL 安装类型选择界面，这里有 Typical（典型安装）、Custom（定制安装）和 Complete（完全安装）三种安装方式可供选择，对于大多数用户，选择 Typical 即可。

（4）接着单击“Next”按钮即可完成 MySQL 的安装，并进入如图 4 所示的 MySQL 安装完成提示界面。此时若需配置 MySQL，则只需勾选该提示界面中的“Launch the MySQL Instance Configuration Wizard（启动 MySQL 安装配置向导）”，然后单击“Finish”按钮即进入 MySQL 的配置过程。

（5）如图 5 所示，在 MySQL 的配置向导中有两种配置类型供选择，即：Detailed Configuration（详细配置）和 Standard Configuration（标准配置），标准配置选项适合希望快速启动 MySQL 而不必考虑服务器配置的新用户，而详细配置选项适合要求更加细粒度控制服务器配置的高级用户，这里选择 Detailed Configuration。

（6）接着单击“Next”按钮进入如图 6 所示的 MySQL 服务器类型选择界面。该界面中有 Developer Machine

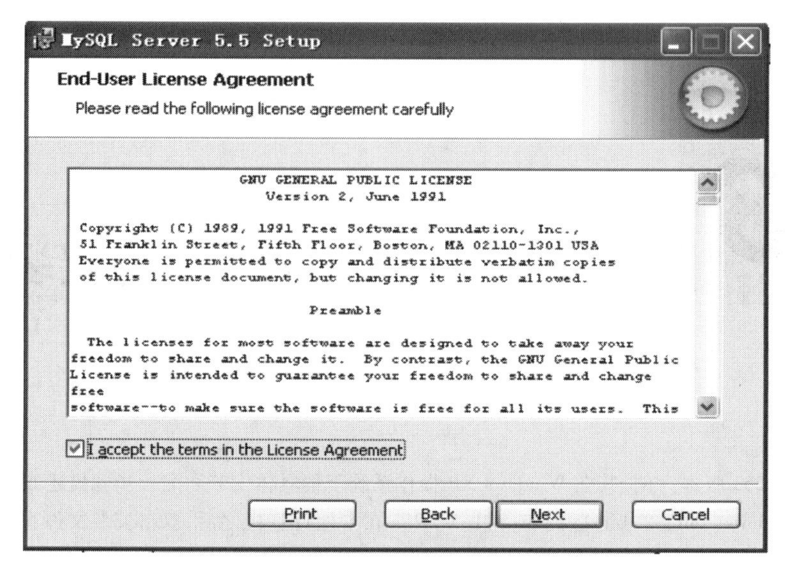

图 2　MySQL 许可证协议界面

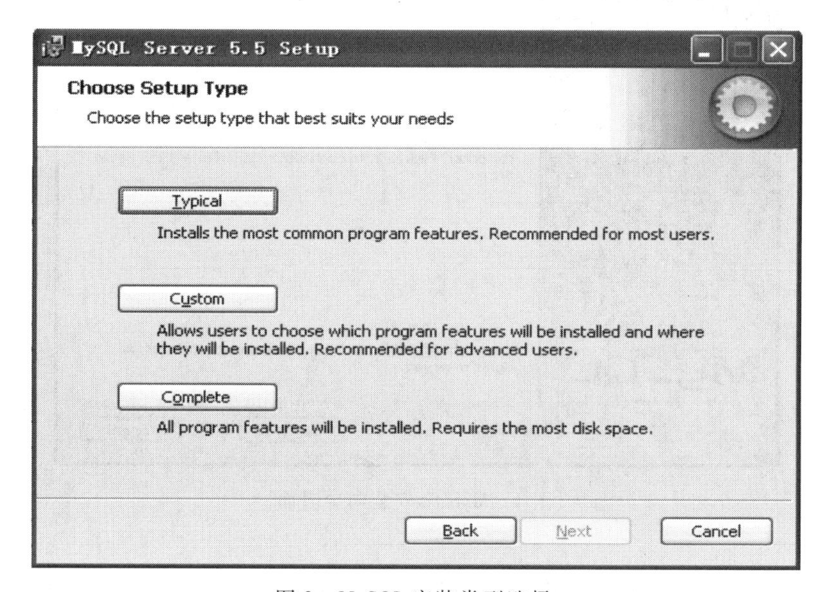

图 3　MySQL 安装类型选择

(开发者机器)、Server Machine(服务器)和 Dedicated MySQL Server Machine(专用 MySQL 服务器)三个选项可选择配置。作为 MySQL 初学者,这里可选择 Developer Machine 选项。

(7) 单击"Next"按钮后进入如图 7 所示的 MySQL 数据库使用情况对话框,其中有三个选项:Multifunctional Database(多功能数据库)、Transactional Database Only(只是事务处理数据库)和 Non-Transactional Database Only(只是非事务处理数据库),由于多功能数据库对 InnoDB 和 MyISAM 表都适用,这里则选择"Multifunctional Database"。

(8) 然后单击"Next"按钮后进入如图 8 所示的 InnoDB 表空间对话框,在此可以修改 InnoDB 表空间文件的位置,这里我们不做修改,直接进入下一步。

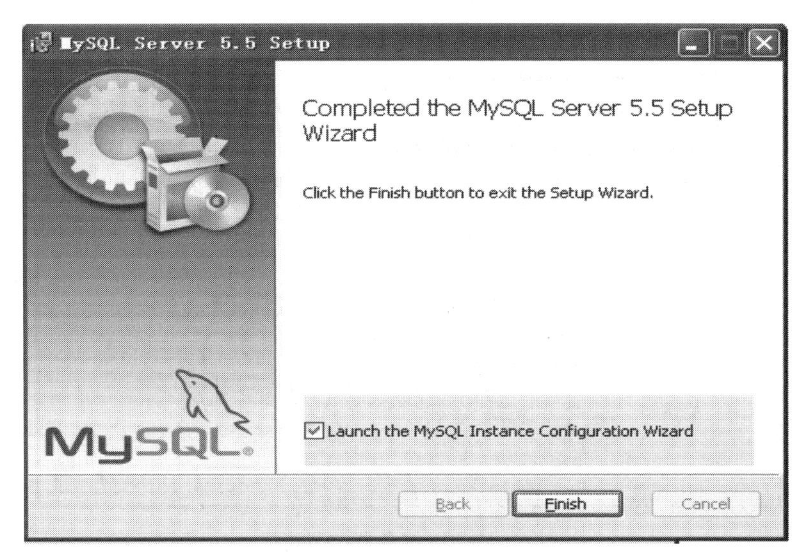

图 4 MySQL 安装完成

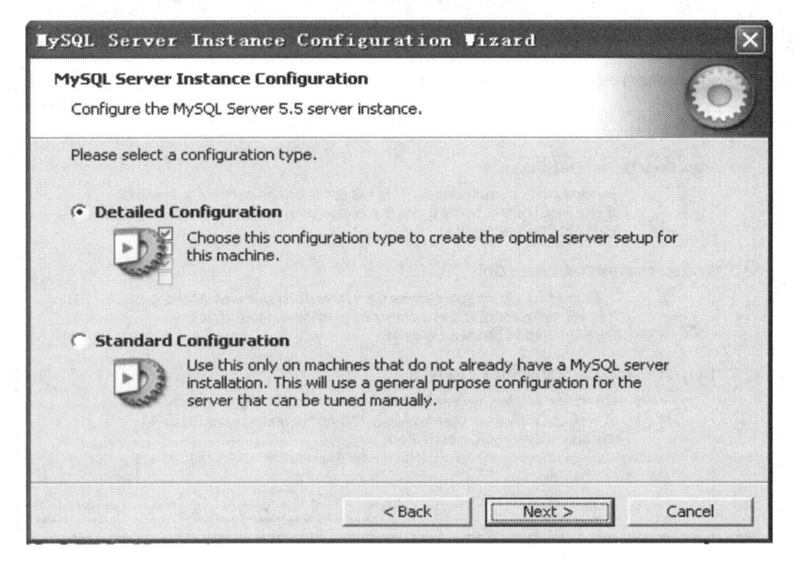

图 5 MySQL 配置类型选择

(9) 接下来进入如图 9 所示的 MySQL 并发连接选择对话框界面,其中有三个选项,分别为 Decision Support (决策支持)(DSS)/OLAP:如果服务器不需要大量的并行连接可以选择该选项;Online Transaction Processing(联机事务处理)(OLTP):如果服务器需要大量的并行连接则选择该选项;Manual Setting(人工设置):选择该选项可以手动设置服务器并行连接的最大数目。这里选择“Decision Support(DSS)/ OLAP”。

(10) 单击“Next”按钮后进入如图 10 所示的 MySQL 联网选项对话框界面,这里选择默认选项,即启用 TCP/IP 网络,默认端口为 3306。

(11) 单击“Next”按钮后进入如图 11 所示的 MySQL 字符集选择对话框界面,其中有三个选项,为能支持中文,这里选择“Manual Selected Default Character Set/Collation”选项,并在“Character Set”选择框中选定为 gb2312。

(12) 接着进入如图 12 所示的 MySQL 服务选项对话框界面,这里选用服务名的默认值 MySQL。

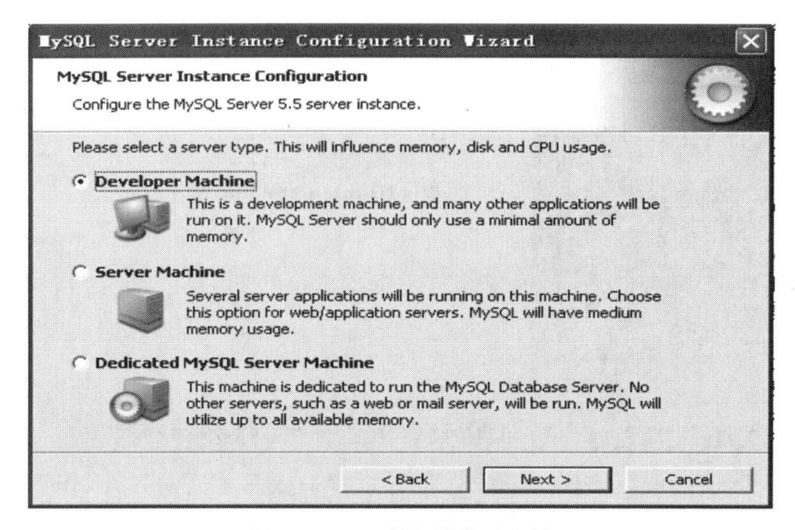

图 6　MySQL 服务器类型选择

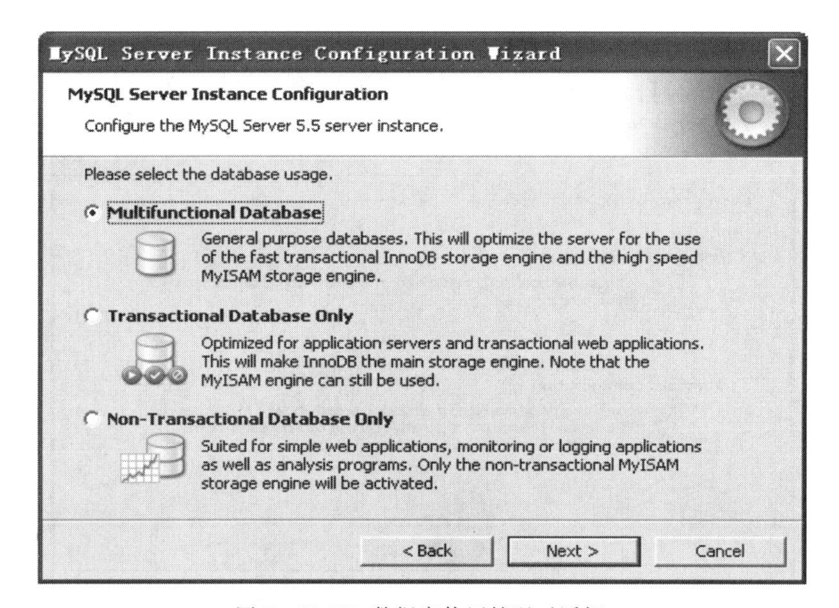

图 7　MySQL 数据库使用情况对话框

（13）单击“Next”按钮后进入如图 13 所示的 MySQL 安全选项对话框界面，在密码输入框中输入需要设定的 root 用户密码，若希望通过网络以 root 登录，则可勾选“Enable root access from remote machines（允许从远程登录连接 root）”选项旁边的框，若希望创建一个匿名用户账户，则勾选“Create An Anonymous Account（创建匿名账户）”选项旁边的框，出于安全因素考虑，这里不建议勾选此项。

（14）完成上述步骤后，单击“Next”按钮进入如图 14 所示的 MySQL 配置向导执行界面，这里单击“Execute”按钮，即可开始 MySQL 配置向导的执行操作，直至整个配置过程结束。

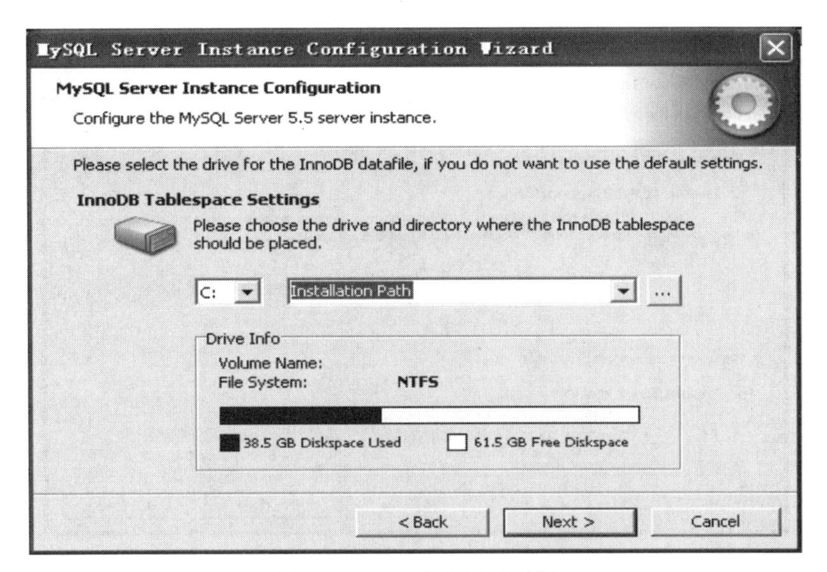

图 8　InnoDB 表空间对话框

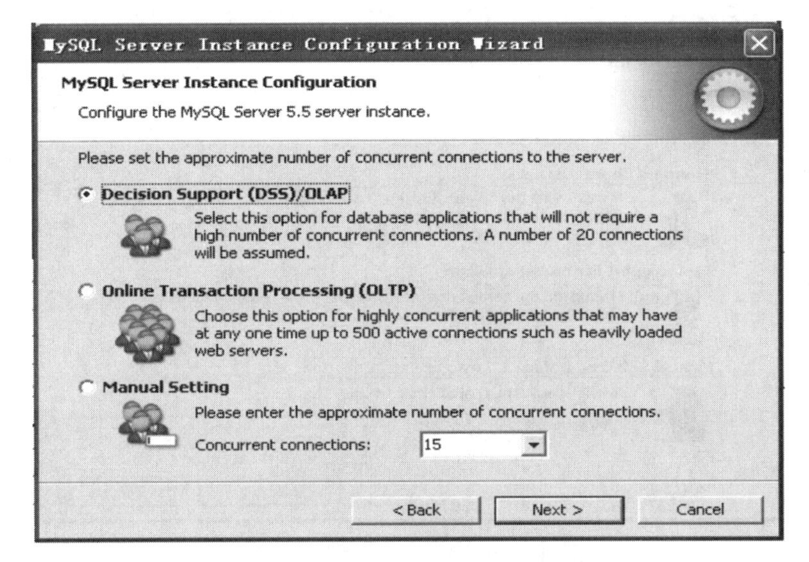

图 9　MySQL 并发连接选择对话框

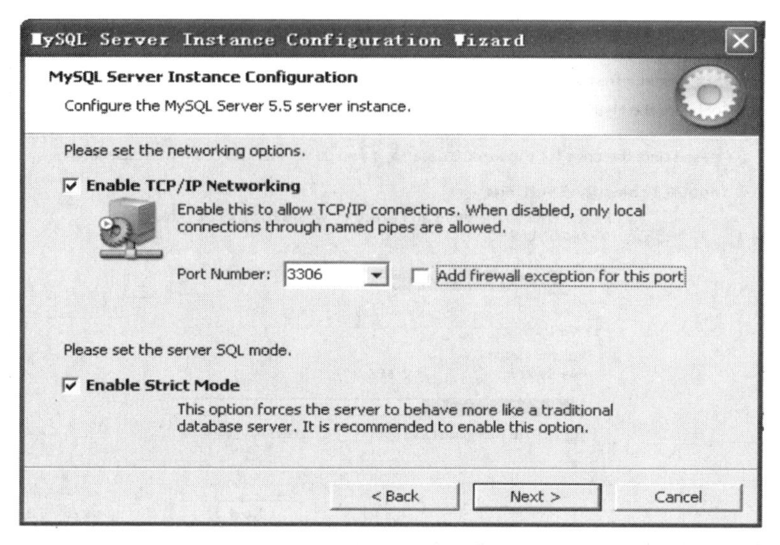

图 10　MySQL 联网选项对话框

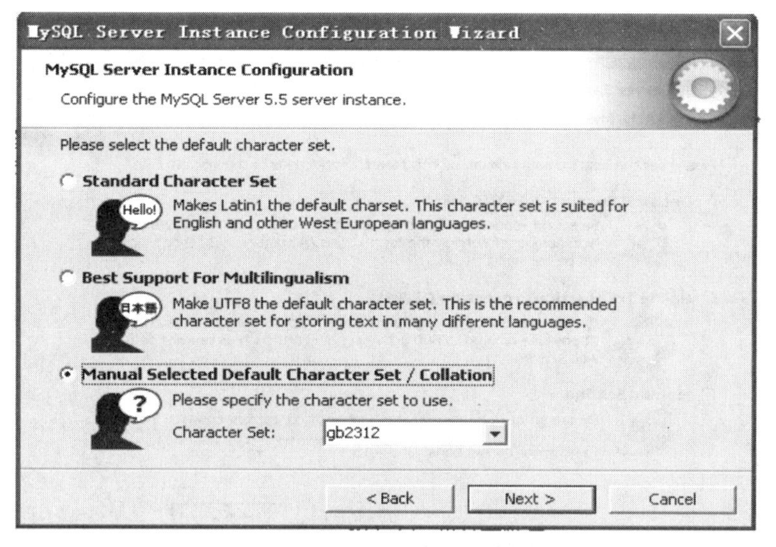

图 11　MySQL 字符集选择对话框

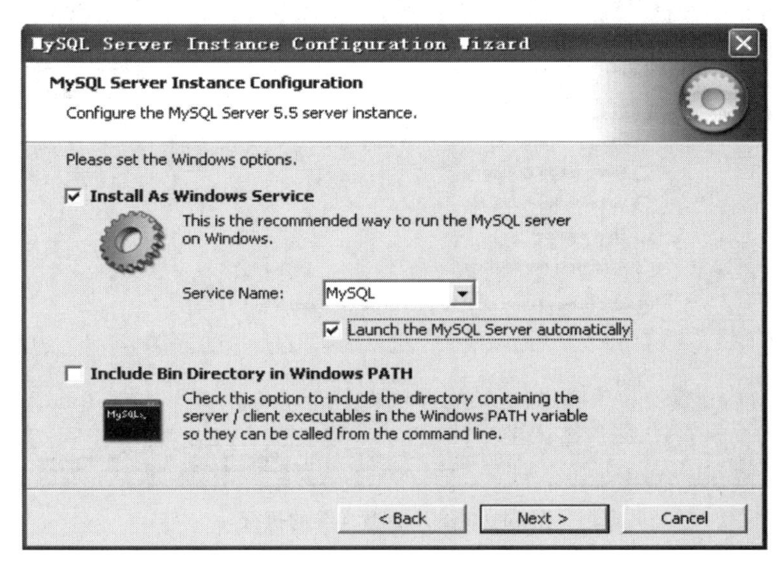

图 12　MySQL 服务选项对话框

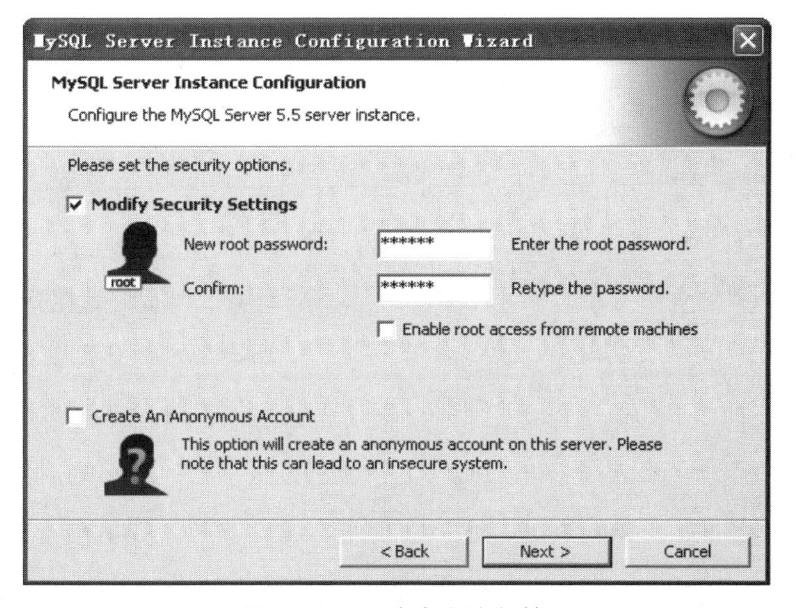

图 13　MySQL 安全选项对话框

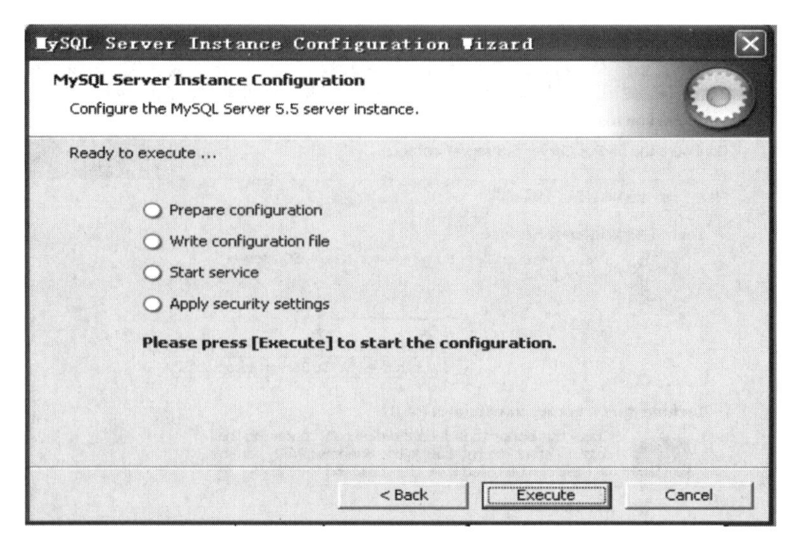

图 14　MySQL 配置向导的执行

附录4 思考与练习参考答案

第一章

一、选择题

1. B　2. B　3. A　4. B　5. C　6. C　7. D　8. B　9. A　10. B

二、填空题

1. 浏览器/服务器结构(B/S 结构)　2. 关系　3. 逻辑结构设计　数据库实施　4. 实体

三、简答题

1. 略。可参考第一章 1.1.1 节内容。

2. 数据库、数据库管理系统与操作数据库的应用程序,加上支撑它们的硬件平台、软件平台和与数据库有关的人员(如 DBA、程序设计者等)一起,就构成了一个完整的数据库系统。

3. 略。可参考第一章 1.1.3 小节内容。

4. 略。可参考第一章 1.4.1 小节内容。

5. 略。

第二章

一、选择题

C

二、编程题

1. 略。可参考书中例子。

2. 略。可参考书中例子。

3. 略。可参考书中例子。

三、简答题

SQL 是结构化查询语言(Structured Query Language)的英文首字母,它是一种专门用来与数据库通信的语言。

第三章

一、选择题

1. D　2. B

二、填空题

1. NULL 2. PRIMARY KEY 3. 实体完整性 参照完整性 用户定义的完整性

三、应用题

1. 在 MySQL 命令行客户端输入如下 SQL 语句即可实现：

```
mysql> CREATE DATABASE db_sp
    ->DEFAULT CHARACTER SET GB2312
    ->DEFAULT COLLATE GB2312_chinese_ci;
Query OK, 1 row affected (0.05 sec)
```

2. 在 MySQL 命令行客户端输入如下 SQL 语句即可实现：

```
mysql> USE db_sp;
Database changed
mysql> CREATE TABLE S
    -> (SNO CHAR(5),
    -> SNAME VARCHAR(20) NOT NULL UNIQUE,
    -> STATUS SMALLINT ,
    -> CITY VARCHAR(20),
    -> CONSTRAINT PK_S Primary key (SNO),
    -> CONSTRAINT CK_S CHECK(CITY ! = 'London 'OR STATUS = 20)
    -> ) ENGINE=InnoDB;
Query OK, 0 rows affected (0.06 sec)

mysql> CREATE TABLE P
    -> (PNO CHAR(5),
    -> PNAME VARCHAR(15) NOT NULL,
    -> COLOR VARCHAR(10) CHECK(COLOR IN ('Red ', 'Yellow ', 'Green ', 'Blue ')),
    -> WEIGHT INT,
    -> CONSTRAINT PK_P Primary key (PNO)
    -> ) ENGINE=InnoDB;
Query OK, 0 rows affected (0.12 sec)

mysql> CREATE TABLE SP
    -> (SNO CHAR(5) ,
    -> PNO CHAR(5) ,
    -> QTY INT,
    -> CONSTRAINT PK_SPJ Primary key (SNO,PNO),
    -> CONSTRAINT FK_SPJ1  FOREIGN KEY (SNO)  REFERENCES S (SNO),
    -> CONSTRAINT FK_SPJ2  FOREIGN KEY (PNO)  REFERENCES P(PNO)
    -> ) ENGINE=InnoDB;
Query OK, 0 rows affected (0.17 sec)
```

四、简答题

1. 略。可参考第三章 3.2.1 节内容。

2. 略。可参考第三章 3.3.1 节内容。

3. 略。可参考第三章 3.3.1 节内容。

第四章

一、选择题

1. A　2. B

二、填空题

1. 行　列　临时表　2. LIMIT

三、应用题

1. 在 MySQL 命令行客户端输入如下 SQL 语句：

```
mysql> SELECT DISTINCT SNO FROM SP WHERE PNO = 'P1';
+--------+
| SNO    |
+--------+
| S1     |
| S2     |
| S5     |
+--------+
3 rows in set <0.01 sec>
```

2. 在 MySQL 命令行客户端输入如下 SQL 语句：

```
mysql> SELECT * FROM SP WHERE QTY BETWEEN 300 AND 500;
+--------+--------+--------+
| SNO    | PNO    | QTY    |
+--------+--------+--------+
| S1     | P5     | 400    |
| S2     | P3     | 500    |
| S2     | P5     | 400    |
| S3     | P4     | 500    |
| S4     | P2     | 300    |
| S4     | P5     | 300    |
| S5     | P5     | 400    |
+--------+--------+--------+
7 rows in set <0.00 sec>
```

3. 在 MySQL 命令行客户端输入如下 SQL 语句：

```
mysql> SELECT DISTINCT S.SNO,SNAME FROM S JOIN SP JOIN P
    -> ON S.SNO=SP.SNO AND SP.PNO=P.PNO
    -> WHERE P.COLOR='Red';
+--------+--------+
| SNO    | SNAME  |
+--------+--------+
| S5     | Adams  |
| S3     | Blake  |
| S2     | Jones  |
| S1     | Smith  |
+--------+--------+
```

4 rows in set <0.06 sec>

4. 在 MySQL 命令行客户端输入如下 SQL 语句：

```
mysql> SELECT PNO,PNAME FROM P WHERE WEIGHT<=15 AND PNO IN
    -> (SELECT PNO FROM SP WHERE SNO IN
    -> (SELECT SNO FROM S WHERE CITY='Paris'));
```

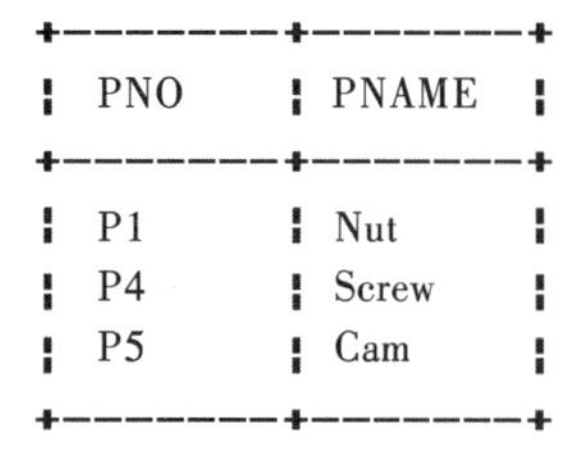

PNO	PNAME
P1	Nut
P4	Screw
P5	Cam

3 rows in set <0.00 sec>

5. 在 MySQL 命令行客户端输入如下 SQL 语句：

```
mysql> SELECT DISTINCT PNAME FROM P,SP,S
    -> WHERE S.SNO=SP.SNO AND SP.PNO=P.PNO AND CITY='London';
```

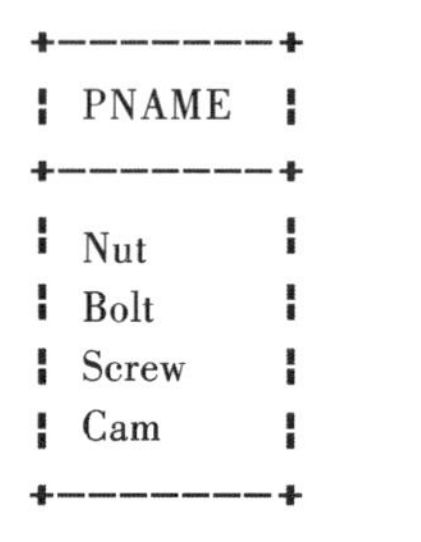

PNAME
Nut
Bolt
Screw
Cam

4 rows in set <0.00 sec>

6. 在 MySQL 命令行客户端输入如下 SQL 语句：

```
mysql> SELECT SNAME FROM S
    -> WHERE SNO NOT IN
    -> (SELECT SNO FROM SP JOIN P
    -> ON SP.PNO=P.PNO
    -> WHERE COLOR ='Red');
```

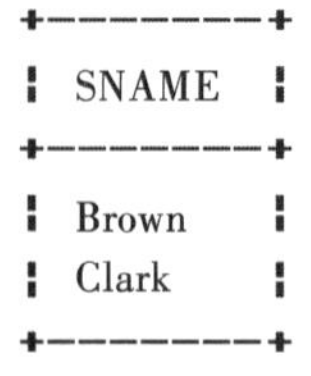

SNAME
Brown
Clark

2 rows in set <0.00 sec>

7. 在 MySQL 命令行客户端输入如下 SQL 语句：

```
mysql> SELECT PNAME FROM P
    -> WHERE NOT EXISTS
    -> (SELECT * FROM SP
    -> WHERE SP.PNO=P.PNO AND SNO='S3');
```

```
+--------+
| PNAME  |
+--------+
| Nut    |
| Bolt   |
| Cam    |
| Cog    |
+--------+
4 rows in set <0.00 sec>
```

8. 在 MySQL 命令行客户端输入如下 SQL 语句：

```
mysql> SELECT SNAME FROM S JOIN SP
    -> ON S.SNO=SP.SNO
    -> WHERE PNO='P1'AND S.SNO IN
    -> (SELECT SNO FROM SP WHERE PNO='P2');
+--------+
| SNAME  |
+--------+
| Jones  |
| Adams  |
+--------+
2 rows in set <0.00 sec>
```

9. 在 MySQL 命令行客户端输入如下 SQL 语句：

```
mysql> SELECT PX.PNO,PX.PNAME
    -> FROM P PX JOIN P PY
    -> ON PX.COLOR=PY.COLOR
    -> WHERE PY.PNAME='Nut'AND PX.PNAME! ='Nut';
+--------+--------+
| PNO    | PNAME  |
+--------+--------+
| P4     | Screw  |
| P6     | Cog    |
+--------+--------+
2 rows in set <0.00 sec>
```

10. 在 MySQL 命令行客户端输入如下 SQL 语句：

```
mysql> SELECT SNAME FROM S
    -> WHERE NOT EXISTS
    -> (SELECT * FROM P
    -> WHERE NOT EXISTS
    -> (SELECT * FROM SP
    -> WHERE S.SNO=SP.SNO AND SP.PNO=P.PNO));
+--------+
| SNAME  |
+--------+
| Jones  |
+--------+
1 row in set <0.00 sec>
```

四、简答题

1. 略。可参考第四章4.5节内容。

2. 略。可参考第四章4.6节内容。

第五章

一、选择题

A

二、填空题

1. REPLACE 2. DELETE TRANCATE TABLE 3. UPDATE

三、应用题

1. 在MySQL命令行客户端输入如下SQL语句：

```
mysql> INSERT INTO S VALUES
    -> ('S1','Smith',20,'London'),
    -> ('S2','Jones',10,'Paris'),
    -> ('S3','Blake',30,'Paris'),
    -> ('S4','Clark',20,'London'),
    -> ('S5','Adams',30,'Athens');
Query OK, 5 rows affected (0.07 sec)
Records:5  Duplicates: 0  Warnings: 0

mysql> INSERT INTO S(SNO,SNAME,CITY) VALUES
    -> ('S6','Brown','New York');
Query OK, 1 row affected (0.00 sec)

mysql> INSERT INTO P VALUES
    -> ('P1','Nut','Red',12),
    -> ('P2','Bolt','Green',17),
    -> ('P3','Screw','Blue',17),
    -> ('P4','Screw','Red',14),
    -> ('P5','Cam','Blue',12),
    -> ('P6','Cog','Red',19);
Query OK, 6 rows affected (0.00 sec)
Records: 6  Duplicates: 0  Warnings: 0

mysql> INSERT INTO SP VALUES
    -> ('S1','P1',200),
    -> ('S1','P4',700),
    -> ('S1','P5',400),
    -> ('S2','P1',200),
    -> ('S2','P2',200),
    -> ('S2','P3',500),
    -> ('S2','P4',600),
```

```
    -> ('S2','P5',400),
    -> ('S2','P6',800),
    -> ('S3','P3',200),
    -> ('S3','P4',500),
    -> ('S4','P2',300),
    -> ('S4','P5',300),
    -> ('S5','P1',100),
    -> ('S5','P6',200),
    -> ('S5','P2',100),
    -> ('S5','P3',200),
    -> ('S5','P5',400);
Query OK, 18 rows affected (0.05 sec)
Records: 18  Duplicates: 0  Warnings: 0
```

2. 在 MySQL 命令行客户端输入如下 SQL 语句：

```
mysql> UPDATE P
    -> SET WEIGHT=WEIGHT * 1.2
    -> WHERE COLOR='Blue';
Query OK, 2 rows affected (0.00 sec)
Rows matched: 2  Changed: 2  Warnings: 0
```

3. 在 MySQL 命令行客户端输入如下 SQL 语句：

```
mysql> DELETE FROM S WHERE STATUS IS NULL;
    Query OK, 1 row affected (0.07 sec)
```

4. 在 MySQL 命令行客户端输入如下 SQL 语句：

```
mysql> DELETE FROM S WHERE SNO NOT IN
    -> (SELECT SNO FROM SP);
Query OK, 1 row affected (0.06 sec)
```

(注:验证结果时可先使用 INSERT 语句向表 S 中插入一条记录)

第六章

一、选择题

1. C　2. D　3. B

二、编程题

1. 略。

2. 略。

3. 略。

三、简答题

1. 略。

2. 略。

3. 略。

4. 略。

第七章

一、选择题

D

二、填空题

1. CREATE VIEW　2. DROP VIEW

三、编程题

1. 在 MySQL 命令行客户端输入如下 SQL 语句即可实现：

```
mysql> USE db_test;
Database changed
mysql> CREATE VIEW content_view
    -> AS
    -> SELECT * FROM content
    -> WHERE username='MySQL初学者
    -> WITH CHECK OPTION;
Query OK, 0 rows affected (0.17 sec)
```

2. 在 MySQL 的命令行客户端输入如下 SQL 语句，即可创建所需视图 v_score：

```
mysql> CREATE OR REPLACE VIEW db_score. v_score
    -> AS
    -> SELECT * FROM db_score.tb_score
    -> WHERE score > 90
    -> WITH CHECK OPTION;
Query OK, 0 rows affected (0.16 sec)
```

3. 在 MySQL 的命令行客户端输入如下 SQL 语句即可：

```
mysql> SELECT studentNo,score
    -> FROM v_score
    -> WHERE courseNo='21002';
+------------+-------+
| studentNo  | score |
+------------+-------+
| 2014210101 | 93    |
| 2014210102 | 95    |
+------------+-------+
2 rows in set <0.00 sec>
```

4. 这里，使用 INSERT 语句在 MySQL 的命令行客户端输入如下 SQL 语句即可插入数据：

```
mysql>INSERT INTO db_score. v_score
    -> VALUES ('2014310101','31005',95);
    Query OK,1 row affected(0.05 sec)
```

然后使用下列语句就可以查看视图 v_student 中插入新的数据后的内容：

```
mysql> SELECT * FROM db_score.v_score;
```

```
+-------------+--------------+--------+
| studentNo   | courseNo     | score  |
+-------------+--------------+--------+
| 2013110201  | 21001        |    92  |
| 2014210101  | 21002        |    93  |
| 2014210102  | 21002        |    95  |
| 2014310101  | 31005        |    95  |
| 2014310102  | 21001        |    92  |
+-------------+--------------+--------+
5 rows in set <0.01 sec>
```

5. 使用 DELETE 语句在 MySQL 的命令行客户端输入如下 SQL 语句删除指定数据：

```
mysql> DELETE FROM db_score.v_score
    -> WHERE studentNo='2014310101';
Query OK, 1 row affected (0.12 sec)
```

四、简答题

1. 略。可参考第 7 章 7.1 节内容。

2. 略。可参考第 7 章 7.1 节内容。

第八章

一、填空题

INSERT 触发器　DELETE 触发器　UPDATE 触发器

二、编程题

1. 在 MySQL 命令行客户端输入如下 SQL 语句即可实现：

```
mysql> USE db_test;
Database changed
mysql> CREATE TRIGGER content_delete_trigger AFTER DELETE
    -> ON content FOR EACH ROW SET @ str='old content deleted! ';
Query OK, 0 row affected (2.59 sec)
```

2. 首先，在 MySQL 命令行客户端输入如下 SQL 语句：

```
mysql> CREATE TRIGGER db_score.tb_score_insert_trigger AFTER INSERT
    -> ON db_score.tb_score FOR EACH ROW SET @ str="new score record added!";
Query OK, 0 row affected (0.14 sec)
```

然后，在 MySQL 命令行客户端使用 INSERT 语句向表 tb_score 插入如下一行数据：

```
mysql> INSERT INTO db_score.tb_score
    -> VALUES('2014210102','11005',88);
Query OK, 1 row affected (0.12 sec)
```

最后，在 MySQL 命令行客户端输入如下 SQL 语句验证触发器：

```
mysql> select @ str;
+--------------------------+
| @str                     |
+--------------------------+
| new score record added!  |
+--------------------------+
1 row in set <0.00 sec>
```

3. 首先,在 MySQL 命令行客户端输入如下 SQL 语句:

```
mysql> CREATE TRIGGER db_score.tb_score_update_trigger BEFORE UPDATE
    -> ON db_score.tb_score FOR EACH ROW
    -> SET NEW. score=OLD. Score+1;
Query OK, 0 row affected (0.19 sec)
```

然后,在 MySQL 命令行客户端使用 UPDATE 语句更新表 tb_student 中学生名为“张晓勇”的 nation 列的值为“壮”:

```
mysql> UPDATE db_score.tb_score SET score=90
    -> WHERE studentNo='2014310102'AND courseNo='21004';
Query OK, 1 row affected (0.14 sec)
Rows matched: 1  Changed: 1  Warnings: 0
```

最后,在 MySQL 命令行客户端输入如下 SQL 语句,会发现学号为“2014310102”的课程号为“2014310102”的成绩为 88,即被触发器更新为了原表中 score 列对应的值+1:mysql> select score from db_score.tb_score where studentNo='2014310102'AND courseNo='21004';

```
+--------+
| score  |
+--------+
|    88  |
+--------+
1 row in set <0.01 sec>
```

4. 在 MySQL 命令行客户端输入如下 SQL 语句即可删除该触发器:

```
mysql> DROP TRIGGER IF EXISTS db_score.tb_score_insert_trigger;
Query OK, 0 row affected (0.00 sec)
```

第九章

一、编程题

1. 在 MySQL 命令行客户端输入如下 SQL 语句即可实现:

```
mysql> USE db_test;
Database changed
mysql> DELIMITER $ $
mysql> CREATE EVENT IF NOT EXISTS event_delete_content
    ->     ON SCHEDULE EVERY 1 MONTH
    ->         STARTS CURDATE()+INTERVAL 1 MONTH
    ->         ENDS '2016-12-31'
    ->         DO
    ->         BEGIN
    ->             IF YEAR(CURDATE()) < 2013 THEN
    ->                 DELETE FROM content
    ->                     WHERE username='MySQL 初学者';
    ->             END IF;
    ->         END $ $
Query OK, 0 row affected (2.35 sec)
```

2. 在 MySQL 命令行客户端输入如下 SQL 语句即可实现:

```
mysql> ALTER EVENT event_delete_content DISABLE;
Query OK, 0 row affected (0.00 sec)
```

3. 在 MySQL 命令行客户端输入如下 SQL 语句即可实现：

```
mysql> ALTER EVENT event_delete_content ENABLE;
Query OK, 0 row affected (0.00 sec)
```

4. 在 MySQL 命令行客户端输入如下 SQL 语句即可实现：

```
mysql> ALTER EVENT event_delete_content
    ->      RENAME TO e_ delete;
Query OK, 0 row affected (0.00 sec)
```

二、简答题

1. 事件就是需要在指定的时刻才被执行的某些特定任务，其中这些特定任务通常是一些确定的 SQL 语句。

2. 事件可以根据需要在指定的时刻被事件调度器调用执行，并以此可取代原先只能由操作系统的计划任务来执行的工作。

3. 事件和触发器相似，都是在某些事情发生的时候才被启动，因此事件也可称作临时触发器(temporal trigger)。其中，事件是基于特定时间周期触发来执行某些任务，而触发器是基于某个表所产生的事件触发的，它们的区别也在于此。

第十章

一、编程题

1. 在 MySQL 命令行客户端输入如下 SQL 语句即可实现：

```
mysql> USE db_test;
Database changed
mysql> DELIMITER $ $
mysql> CREATE PROCEDURE sp_update_email(IN user_name VARCHAR(50),IN e_mail VARCHAR(50))
    -> BEGIN
    ->      UPDATE content SET email=e_mail WHERE username=user_name;
    -> END $ $
Query OK, 0 row affected (0.06 sec)
```

2. 在 MySQL 命令行客户端输入如下 SQL 语句即可实现：

```
mysql> DROP PROCEDURE sp_update_email;
Query OK, 0 row affected (0.02 sec)
```

3. 在 MySQL 命令行客户端输入如下 SQL 语句即可实现这个存储函数：

```
mysql> USE db_score;
Database changed
mysql> DELIMITER $ $
mysql> CREATE FUNCTION fn_search(sno CHAR(10),cno CHAR(5))
    ->      RETURNS FLOAT
    ->      DETERMINISTIC
    -> BEGIN
    ->      DECLARE SScore FLOAT;
    ->      SELECT score INTO SScore FROM tb_score
```

```
    ->         WHERE studentNo=sno AND courseNo=cno;
    ->     IF SScore IS NULL THEN
    ->         RETURN(SELECT 0);
    ->     ELSE RETURN SScore;
    ->     END IF;
    -> END $ $
Query OK, 0 row affected (0.11 sec)
```

4. 在 MySQL 命令行客户端输入如下 SQL 语句即可实现：

```
mysql>select fn_search('2014310102','21004');
```

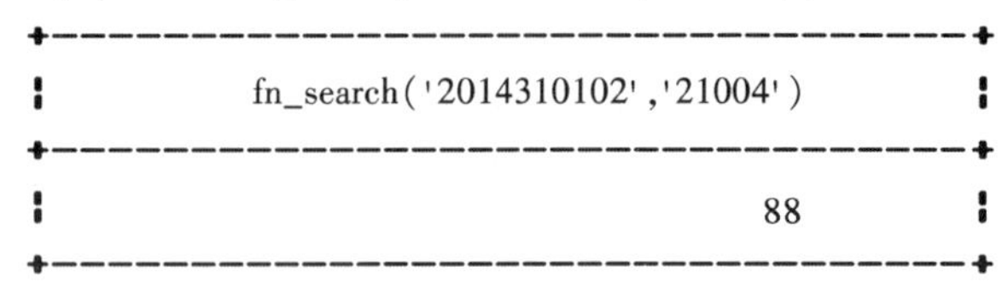

```
+-----------------------------------+
|   fn_search('2014310102','21004') |
+-----------------------------------+
|                               88  |
+-----------------------------------+
1 row in set <0.07 sec>
```

5. 在 MySQL 命令行客户端输入如下 SQL 语句即可实现：

```
mysql> DROP FUNCTION IF EXISTS fn_search;
Query OK, 0 row affected (0.00 sec)
```

二、简答题

1. 存储过程是一组为了完成某特定功能的 SQL 语句集，其实质上就是一段存放在数据库中的代码，它可以由声明式的 SQL 语句（如 CREATE、UPDATE 和 SELECT 等语句）和过程式 SQL 语句（如 IF-THEN-ELSE 控制结构语句）组成。

2. 略。可参考第 10 章 10.1 节内容。

3. 游标是一个被 SELECT 语句检索出来的结果集。在存储了游标后，应用程序或用户就可以根据需要滚动或浏览其中的数据。

4. 存储函数与存储过程之间存在这样几点区别：

（1）存储函数不能拥有输出参数，这是因为存储函数自身就是输出参数；而存储过程可以拥有输出参数。

（2）可以直接对存储函数进行调用，且不需要使用 CALL 语句；而对存储过程的调用，需要使用 CALL 语句。

（3）存储函数中必须包含一条 RETURN 语句，而这条特殊的 SQL 语句不允许包含于存储过程中。

第十一章

一、填空题

1. CREATE USER　2. REVOKE

二、编程题

在 MySQL 命令行客户端输入如下 SQL 语句即可实现：

```
mysql> USE db_test;
Database changed
mysql> GRANT SELECT,UPDATE
    ->     ON db_test.content
    ->     TO 'wanming'@'localhost'IDENTIFIED BY '123';
Query OK, 0 rows affected (0.05 sec)
```

三、简答题

1. 在MySQL中可以授予的权限有这样几组:列权限;表权限;数据库权限;用户权限。

2. 在MySQL的权限授予语句中,可用于指定权限级别的值有下面几类格式:

(1) * :表示当前数据库中的所有表。

(2) *.* :表示所有数据库中的所有表。

(3) db_name.* :表示某个数据库中的所有表,db_name指定数据库名。

(4) db_name.tbl_name:表示某个数据库中的某个表或视图,db_name指定数据库名,tbl_name指定表名或视图名。

(5) tbl_name:表示某个表或视图,tbl_name指定表名或视图名。

(6) db_name.routine_name:表示某个数据库中的某个存储过程或函数,routine_name指定存储过程名或函数名。

第十二章

一、编程题

在MySQL命令行客户端输入如下SQL语句即可实现:

```
mysql> USE db_test;
Database changed
mysql> SELECT * FROM content
    -> INTO OUTFILE 'C:/BACKUP/backupcontent.txt'
    -> FIELDS TERMINATED BY ','
    -> OPTIONALLY ENCLOSED BY '"'
    -> LINES TERMINATED BY '? ';
Query OK, 1 row affected (0.01 sec)
```

二、简答题

1. 略。可参考第12章12.1节内容。

2. MySQL数据库备份与恢复的常用方法有:

(1) 使用SQL语句备份和恢复表数据

(2) 使用MySQL客户端实用程序备份和恢复数据

(3) 使用MySQL图形界面工具备份和恢复数据

(4) 直接复制

3. 使用直接从一个MySQL服务器拷贝文件到另一个服务器的方法,需要特别注意以下两点:

(1) 两个服务器必须使用相同或兼容的MySQL版本。

(2) 两个服务器必须硬件结构必须相同或相似,除非要复制的表使用MyISAM存储格式,这是因为这种表可以为在不同的硬件体系中共享数据提供了保证。

4. 由于二进制日志包含了数据备份后进行的所有更新,因此二进制日志的主要目的就是在数据恢复时能够最大可能地更新数据库。

第十三章

一、编程题

在文本编辑器中编写如下PHP程序,并命名为insert_content.php

```
<? php
```

```
    $ con=mysql_connect("localhost:3306","root","123456")
        or die("数据库服务器连接失败！<br>");
    mysql_select_db("db_test",$con) or die("数据库选择失败！<br>");
    mysql_query("set names 'gbk'");  //设置中文字符集
    $sql="INSERT INTO content(content_id,subject,words,username,face,email,createtime)";
    $sql = $sql." VALUES(NULL,'MySQL 问题请教','MySQL 中对表数据的基本操作有哪些？',
        'MySQL 初学者','face.jpg','tom@gmail.com',NOW());";
    if (mysql_query($sql,$con))
        echo "留言信息添加成功！<br>";
    else
        echo "留言信息添加失败！<br>";
?>
```

二、简答题

1. 服务端动态脚本语言。

2. 使用标签“<? php”和“? >”。

3. 使用 PHP 进行 MySQL 数据库编程的基本步骤如下：

(1) 首先建立与 MySQL 数据库服务器的连接。

(2) 然后选择要对其进行操作的数据库。

(3) 再执行相应的数据库操作，包括对数据的添加、删除、修改和查询等。

(4) 最后关闭与 MySQL 数据库服务器的连接。

4. 略。

第十四章

编程题

1—4. 略。可参照第十四章中介绍的开发实例进行编写。

参 考 文 献

[1] 萨师煊,王珊. 数据库系统概论[M].3 版.北京:高等教育出版社,2000.
[2] 张友生.软件体系结构[M].2 版.北京:清华大学出版社,2006.
[3] 郑阿奇.MySQL 实用教程[M].北京:电子工业出版社,2009.
[4] MySQL 5.1 参考手册.http://dev.mysql.com/doc/refman/5.1/zh/index.html.
[5] 徐辉.PHP Web 程序设计教程与实验[M].北京:清华大学出版社,2008.
[6] 凯文瑞克.PHP5&MySQL 5 基础与实例教程[M].北京:中国电力出版社,2007.

读者意见反馈

为收集对教材的意见建议，进一步完善教材编写并做好服务工作，读者可将对本教材的意见建议通过如下渠道反馈至我社。

咨询电话　400-810-0598

反馈邮箱　gjdzfwb@pub.hep.cn

通信地址　北京市朝阳区惠新东街4号富盛大厦1座

　　　　　高等教育出版社总编辑办公室

邮政编码　100029

防伪查询说明

用户购书后刮开封底防伪涂层，使用手机微信等软件扫描二维码，会跳转至防伪查询网页，获得所购图书详细信息。

防伪客服电话　(010)58582300